Als Otto Lilienthal 1891 am Derwitzer Mühlenberg bei Potsdam mit einem selbst gebauten Gleitflugzeug die ersten sicheren Landungen gelangen, begann ein neues Zeitalter. Es war die Geburtsstunde des Menschenflugs. Kurz zuvor erschien sein Buch über die Grundlage der Fliegekunst, mit dem Untertitel »Auf Grund zahlreicher von Otto und Gustav Lilienthal ausgeführter Versuche«. Die Lebenswege der beiden Brüder aus der Mittellosigkeit des Elternhauses zu erfolgreichen Berliner Unternehmern spiegeln den Aufbruch Deutschlands ab Mitte des 19. Jahrhunderts in die Moderne. Mit ihren genialen Ideen und revolutionären Visionen haben die Brüder Lilienthal Geschichte geschrieben.

Manuela Runge lebt als freie Autorin in Berlin. Unter anderem erschienen von ihr *Ein Koffer in Berlin. Marlene Dietrich – Geschichten von Politik und Liebe* (mit H. Kreutzer, 2001) und *Kurt Masur. Zeiten und Klänge – Biographie* (mit J. Forner, 2002).

Bernd Lukasch leitet seit 1992 das Otto Lilienthal-Museum in Anklam (www.lilienthal-museum.de), das sich unter seiner Leitung zu einer international anerkannten Einrichtung entwickelt hat.

Manuela Runge / Bernd Lukasch

ERFINDER LEBEN

Die Brüder
Otto und Gustav Lilienthal

Berliner Taschenbuch Verlag

FSC
Mix
Produktgruppe aus vorbildlich
bewirtschafteten Wäldern und
anderen kontrollierten Herkünften

Zert.-Nr. GFA-COC-1223
www.fsc.org
© 1996 Forest Stewardship Council

Mai 2007
BvT Berliner Taschenbuch Verlags GmbH, Berlin
© 2005 Berlin Verlag GmbH, Berlin
Alle Rechte vorbehalten
Umschlaggestaltung: Rothfos & Gabler, Hamburg,
unter Verwendung von Abbildungen aus dem
Otto-Lilienthal-Museum, Anklam sowie je einer Abbildung
aus dem Deutschen Museum, München, und dem
Familienarchiv Reinhard Halle, Berlin
Druck und Bindung: Clausen & Bosse, Leck
Printed in Germany
ISBN 978-3-8333-0467-5

www.berlinverlage.de

Inhalt

PROLOG   9
Flugstunde 1   11

1. KAPITEL
Künstler und Kaufmann
»Wir beide waren uns genug«   13

Flugstunde 2   35

2. KAPITEL
Ankunft in »Feuerland«
»Ob man Berliner wird, entscheidet sich meist
nach zwei Jahren«   37

3. KAPITEL
Im bunten Rock der Gardefüsiliere
Ein »grausiges Schauspiel«   59

4. KAPITEL
Auf eigenen Füßen
»Jetzt werden wir es machen«   81

Flugstunde 3   98

5. KAPITEL
Erfinderglück
»Technische Unmöglichkeiten gibt es nicht«   99

6. KAPITEL
Gehen auf unbetretenen Wegen
»Der Funke wird bald zu zünden anfangen«   121

Flugstunde 4   141

7. KAPITEL
Aufstieg zum Unternehmer
»Weniger Geld als Arbeit und Ausdauer«   143

8. KAPITEL
In die Neue Welt
»Dieses abgehetzte Europa …,
mit ihm habe ich gebrochen«   167

9. KAPITEL
Pfennigtheater
»Geld, Gut und Blut für die Volksbühne«   193

Flugstunde 5   215

10. KAPITEL
Freiland
»Wir leben in Deutschland
meistens auf zu großem Fuß«   217

11. KAPITEL
Die Kunst zu fliegen
»Eine interessante Belustigung und angenehme Körperübung …
zur Bekämpfung moderner Culturkrankheiten«   243

Flugstunde 6   276

EPILOG   279

ANHANG

Dank   293
Quellennachweis   295
Benutzte Literatur   319
Abbildungsnachweis   327
Personenregister   329

»Nicht wie wir sind, wie wir sein möchten,
danach sollte man uns beurteilen.«
Gustav Lilienthal

PROLOG

»Wir beide waren uns genug.« Otto Lilienthal, der erste erfolgreiche Flieger, und Gustav Lilienthal, der Erfinder des Modellbaukastens: zwei Brüder, wie sie unterschiedlicher kaum denkbar sind, der eine stets fröhlich und voller Selbstvertrauen, der andere eher melancholisch und den eigenen Ansprüchen selten genügend. Dennoch waren sie ein hoch effizientes Erfinderteam. »Mein Bruder Gustav war und ist mein zweites ›Ich‹«, sagte Otto auch dann noch, als sich ihre Wege bereits trennten.

Was die Brüder einte, war die Vielfalt ihrer Interessen, geistige Unabhängigkeit und eine ungezügelte Phantasie. Ob sie sich mit Technik, Architektur, Theater oder Spielzeug befassten, sie nahmen nichts als gegeben hin, sondern sie stellten Fragen neu, auf die es scheinbar bereits Antworten gab. Und sie hatten Visionen. Die bekannteste, die vom fliegenden Menschen, war weit mehr als nur eine technische Idee.

1894, zwei Jahre vor seinem Tod, beschreibt Otto Lilienthal sie in einem Brief an den Kandidaten der Reichstagswahlen Moritz von Egidy. Die Anschauungen dieses charismatischen Aufrührers über einen gewaltfreien Zukunftsstaat zogen damals nicht nur Otto, sondern Tausende andere Deutsche in ihren Bann. »Mit Begeisterung habe ich oft Ihren Worten gelauscht, in denen Sie die Grenzen nicht als Trennung, sondern als die Verbindung der Länder bezeichneten. Auch ich habe mir die Beschaffung eines Kulturelements zur Lebensaufgabe gemacht, das Länder verbindend und Völker versöhnend wirken soll. Unser Kulturleben krankt daran, dass es sich nur an der Erdoberfläche abspielt ... Der freie, unbeschränkte Flug des Menschen ... würde von tief einschneidender Wirkung auf alle unsere Zustände sein. Die Grenzen der Länder würden ihre Bedeutung verlieren, weil sie sich nicht mehr absperren lassen, die Unterschiede der Sprachen würden mit der zunehmenden Beweglichkeit der Menschen sich verwischen. Die Landesverteidigung ... würde aufhören, die besten Kräfte der Staaten zu verschlingen, und das zwingende Bedürfnis, die Streitigkeiten der Nationen auf andere Weise zu schlichten als den blutigen Kämpfen um die imaginär gewordenen Grenzen, würde uns den ewigen Frieden verschaffen ... Das Scherflein, was ich hierzu beigetragen habe, finden Sie in den Anlagen.«

Das »Kulturelement« Flugzeug ist seither mit dem Namen Lilienthal verbunden. Den »ewigen Frieden« hat es nicht gebracht. Sind die Visionen der Brüder Lilienthal deshalb gescheitert oder nur noch nicht erfüllt?

Zu Beginn des 21. Jahrhunderts, in einer Zeit, da Utopien außer Mode gekommen sind und Visionen nach einem bekannten Politikerwort eher ein Krankheitsbild darstellen, beschreiben wir das Leben zweier sympathischer, unkonventioneller Sonderlinge, die gezeigt haben, dass man mit Visionen die Welt verändern kann. In jener stürmischen Epoche, als Deutschland industrielle Weltmacht und Berlin zu einer der vitalsten Großstädte der Welt wurde, schwammen die Lilienthal-Brüder gleichermaßen mit dem und gegen den Strom. Sie glaubten an die Segen bringenden Wunder der Technik wie auch an die Möglichkeit einer gerechteren Gesellschaft, und dies mit einer Hartnäckigkeit, die eines der Geheimnisse von *Erfinderleben* ist.

Flugstunde 1

In den Häusern von Anklam werden die Petroleumlampen gelöscht. Nur wenige Minuten versetzt, haben die Glocken der Marien- und Nikolaikirche im Wettlauf gegen das Geklapper eines einsamen Fuhrwerks soeben neun geschlagen. Ein leichter Wind treibt Wolken über den Nachthimmel. Immer deutlicher tritt die Kontur des Großen Wagens hervor. Draußen vor den Toren der Stadt stören seltsame Geräusche die Stille. Zwei halbwüchsige Jungen laufen die Anhöhe des Garnisonsschießplatzes hinunter. An den Armen des Jüngeren schleifen weit über seine Hände hinausgehende Holzgestelle wie Sensen über den Rasen. Ihre Gesichter sind erhitzt. »Schneller, schneller!«, ruft der Ältere seinem Bruder zu. Sein blonder Lockenkopf leuchtet in der Dunkelheit, die Stimme kiekst enttäuscht. »Es muss doch gehen ..., es muss! Versuch es noch einmal. Flieg, flieg wie ein Storch! Los!« Mit der ganzen Kraft seiner dreizehn Jahre hebt und senkt der Jüngere seine Arme. Vergeblich. Die Flügelflächen aus leichtem Buchenholz sind ihm zu schwer. Das Bild der Störche über den Wiesen der Karlsburger Heide verschwimmt vor den Augen des Älteren. Mit nur wenigen Schlägen hatten sich die großen Vögel nach kurzem Anlauf in die Lüfte erhoben. Wie leicht das schien. Abrupt bleibt er stehen und lacht auf. Zu komisch sieht sein Bruder aus: wie er versucht abzuspringen, jede Faser seines untersetzten Körpers anspannend, um wenigstens für einen Moment das Gefühl des Schwebens zu erleben, sein verbissener Blick unter dem schweißverklebten Pony. Doch kein Gramm scheinen die Beine des Jüngeren leichter zu werden. Wütend stampft er auf. Mit den steif vom Körper abgespreizten Armen sieht er aus wie eine Vogelscheuche. Da muss auch er lachen. »Komm, lass uns gehen. Mutter wartet sicher schon.« Die Brüder verstecken die Flügel im nahe gelegenen Kornfeld.

1. KAPITEL

Künstler und Kaufmann
»Wir beide waren uns genug«

Caroline Lilienthal war stolz auf ihre Söhne. Sie scherte sich nicht um die abfälligen Blicke der Nachbarn. Auch wenn sie selbst nicht ganz verstand, weshalb sich Otto und Gustav ausgerechnet darauf versteift hatten, fliegen zu wollen. Eines Tages hatte Caroline ihren Kindern die Geschichten über die Luftreisen des Grafen Zambeccary, eines berühmten Luftschiffers, der bei einer Ballonfahrt den Tod fand, vorgelesen. Die Erzählung vom Storch, der dem Zaunkönig erklärt, weshalb er so mühelos fliegen kann, hatte ihnen besonders gefallen. Seitdem war den Brüdern das Thema nicht mehr aus dem Kopf gegangen. Was sie dabei am Fliegen interessierte, war nicht der Aufstieg in einem Ballon oder sonst einem Gefährt. Immerhin war das noch eine Sensation, obwohl seit den ersten Ballonversuchen der Brüder Montgolfier im Jahr 1783 europaweit schon Hunderte Menschen aufgestiegen waren.

Die Brüder Lilienthal wollten etwas anderes: mit ausgebreiteten Armen aus eigener Kraft fliegen – wie die Störche. Auf ihren Streifzügen durch das Anklamer Umland hatten sie die großen Vögel oft beobachten können. Ihr eleganter Kreisflug hatte sie stets begeistert. Wie schaffen sie es, ihre schweren Körper in die Luft zu erheben? Diese Frage ließ Otto und Gustav nicht mehr los. Stundenlang verfolgten sie daraufhin den Flug der Störche und hielten ihre Beobachtungen in Zeichnungen fest. Kaum waren sie zu Hause, zogen sie sich auf den Boden des Hinterhauses über der Waschküche zurück, wo sie das Gemalte diskutierten und irgendwann anfingen, sich Flügel zu basteln, die sie dann vor der Stadt ausprobieren wollten. »Nur Narren und Betrüger versuchen nach

Art der Vögel zu fliegen«, schimpfte Carolines Schwager, der Bruder ihres verstorbenen Mannes, über dieses seiner Meinung nach unsinnige Unterfangen. Wilhelm Lilienthal, der Gutspächter und Vormund von Otto und Gustav, vertrat damit nicht nur »gesunden Menschenverstand«, sondern auch die Ansicht der meisten Wissenschaftler zu Beginn der zweiten Hälfte des 19. Jahrhunderts.

Die Brüder waren Halbwaisen. Ihr Vater, ein Anklamer Tuchhändler, starb im April 1861. Damals waren sie elf und zwölf Jahre alt. Danach hatte die Mutter den Tuchhandel ihres Mannes aufgeben müssen und stattdessen ein Putzgeschäft eröffnet, in dem sie opulent verzierte Hüte und Accessoires verkaufte. Das warf zwar »einen leidlichen Verdienst« ab, aber nebenbei musste sie einige Räume ihres Hauses an Pensionäre vermieten, vermutlich Gymnasiasten. Sie erteilte Gesangsstunden und gab hin und wieder ein kleines Konzert, das ein paar Einnahmen brachte. Eine Zeit lang verlegte sie sich auf Hühnerzucht, um den Hof und den kleinen Garten auszunutzen. Auch mit dem Verkauf von Malzextrakt, den sie durch die Krankheit ihres Mannes kennen gelernt hatte, verdiente sie ein paar Taler.

»Nichts verleiht uns im Leben eine festere Basis, eine sicherere Stütze als die Kraft des Willens«, notierte Caroline 1854 in ihr Tagebuch. Mit diesem eisernen Willen, den sie sich mühsam antrainieren musste, schaffte sie es, ihre kleine Familie durchzubringen. Dennoch seien die Nahrungssorgen niemals von ihnen gewichen, erinnerte sich Otto später in der Familienchronik. Ihr pommerscher Speisezettel war karg: Mehlsuppe, Kartoffelbrei mit Apfelmus und Speck, sonntags manchmal Entenhälse, dazu selbst eingemachtes Obst. An geistigen Anregungen fehlte es jedoch nie im Hause Lilienthal. Gute Kenntnisse und Fähigkeiten auf vielen Gebieten zu haben, war Carolines Meinung nach das einzig Sichere und Bleibende. Deshalb war sie auch dankbar über die Neugier ihrer Söhne und sah in den ungewöhnlichen Aktivitäten ihrer Kinder einen Forscherdrang, den sie gern zu unterstützen bereit war. »Wie oft schon wurden bedeutende Künstlertalente im Keime erstickt, wie oft der Götterfunke großartigen Forschens, herrlicher Erfindungen und Revolutionen durch dies sinnlose Widerstreben im Entglimmen gelöscht.« Vorbildwirkung war für sie dabei entscheidend. Wie Otto rückblickend bewundernd schreibt, nahm seine Mutter sich Zeit für »alles Gute und Schöne, für bildende Lectionen, Wissenschaft und Kunst«. Musik gehörte ebenso zum Familienalltag wie das gemeinsame Basteln. Otto lernte das Waldhorn blasen, Gustav die Pedalharfe spielen und Marie Klavier. Weihnachtsgeschenke wurden prinzipiell selbst gefertigt. Carolines Geschenke waren »meist Kunstwerke, deren Phantasie keine Grenzen kannte«, ganze Dörfer mit Schloss, Häusern, Scheunen und Ställen, mit Fenstern, Türen, Riegeln und Geräten, mit Schwanenteich und Parkanlagen. Sie gab Gesellschaften, bei denen man nicht nur musizierte, sondern auch diskutierte, und das brachte ihr in Anklam und Umgebung großes Ansehen ein.

Caroline Lilienthal, geborene Pohle, war eine moderne Frau, zupackend, offen und wissbegierig. »Oh! wäre ich doch ein Knabe«, hatte sie als Achtzehnjährige geklagt, »dann hätte ich doch mehr Gelegenheit, Lehren zu hören, dann würden sie mir dargeboten … Jeder, der sie wohl geben könnte, behält sie gern für sich, wenn er mit einem Mädchen spricht, denn o ein Mädchen ist ja nur ein halber Mensch. Wenn die nur nähen und kochen kann …« Doch damit gab sie sich nicht zufrieden. »Man kann alles, wenn man will.« Mit dem festen Vorsatz, Künstlerin zu werden, war Caroline Pohle 1843 nach Berlin gegangen und hatte dank der wohlhabenden Schwester ihres Vaters ein Studium an der Gesangsakademie aufnehmen können.

Es war ein mutiger Schritt von der Beschaulichkeit der Anklamer Provinz in die angehende Großstadt mit ihren bereits über 300 000 Einwohnern gewesen. Berlin war zu der Zeit nach wie vor vom Militär und Beamtenstand geprägt, begann sich aber ganz all-

»Anclam von der Westseite« und »Die Peene«, um 1860,
von Bernhard Peters, Zeichenlehrer der Lilienthals

mählich auch als Industriestandort zu etablieren. Der Artillerieoffizier Werner Siemens vermarktete dort zusammen mit dem Bruder seine ersten Erfindungen.

Caroline fühlte sich von Anfang an wohl in der preußischen Residenz. Das wenige Taschengeld, das sie besaß, gab sie vor allem für Bildung und Kultur aus. Sie nahm neben dem Studium Zeichenunterricht, wobei sie ein ausgesprochenes Talent für filigrane Nachahmungen der Natur entwickelte, und nutzte begeistert das vielfältige Musikangebot. Das Berliner Opern- und Konzertleben war für das Mädchen aus der pommerschen Provinz eine Offenbarung. In Anklam hatte es nichts dergleichen gegeben. Dort musizierte man allein im häuslichen Zirkel.

Nach ihrer Ausbildung verließ Caroline im November 1845 Berlin, um ihre Studien in Dresden fortzusetzen. Dort, wo Richard

Wagner als Hofkapellmeister wirkte und Robert Schumann und Clara Wieck hingezogen waren, erwartete sie ein noch spannenderes musikalisches Umfeld als in Berlin. Sie hörte Wagners Nichte in der Rolle der Norma und erlebte die Uraufführung des *Tannhäuser* am 1841 neu eröffneten Königlichen Hoftheater, der später nach ihrem Erbauer benannten Semperoper. Sie ging im Hause von Claras Vater Friedrich Wieck ein und aus und sang zusammen mit dessen Tochter Marie Partien aus Webers *Freischütz* oder spielte Szenen aus Lessings *Minna von Barnhelm*. Gelegentlich prüfte Friedrich Wieck ihre musikalischen Fortschritte, lobte ihre Stimme und empfahl ihr die »schwedische Nachtigall« Jenny Lind als Vorbild – ein Lob, das Caroline kaum anzunehmen wagte und das sie in ihrem Traum von einer Karriere als Sängerin bestärkte.

Doch wenige Monate vor Ende ihrer Ausbildung, die schon weit über 600 Taler gekostet hatte, starb Carolines Tante und Mäzenatin. Aus den höchsten Höhen einer glänzend ausgemalten Zukunft verfiel Caroline in tiefe Selbstzweifel. Mit einem Mal bekam sie Angst vor der eigenen Courage und lehnte ein Bühnenangebot in Chemnitz, zu dem ihr Friedrich Wieck verholfen hatte, ab. Angeblich sei ihr der dortige Direktor zu ungebildet gewesen. Dieses »unentschlossene Wesen ist mein böser Dämon, der mir schon so viel zu schaffen gemacht hat«, notiert sie am 11. November 1846 in ihr Tagebuch. Sie fühlte sich der Bühne plötzlich nicht mehr gewachsen. Für ein paar Monate ging sie noch einmal nach Berlin, wo sie Gesangsstunden erteilte und in der Philharmonischen Gesellschaft als Solistin geschätzt wurde. Schließlich aber kehrte sie Weihnachten 1846 nach Anklam zurück.

Der Traum von der Künstlerin war ausgeträumt. Statt sich auf die Bretter der Welt zu begeben, heiratete Caroline. Kurz nach ihrer Rückkehr hatte sie den gut aussehenden Tuchhändler Gustav Lilienthal kennen gelernt. Etwas verlegen, was so gar nicht zu seinem Ruf als Haudegen passte, hatte er unmittelbar danach um ihre Hand angehalten.

Carl Friedrich Gustav Lilienthal, so der volle Name, war ein lebenslustiger Mann, breitschultrig, mit krummer Nase, verwegen blickenden hellgrauen Augen, dunkelblonden krausen Haaren und schwachem Bartwuchs. Er war in Stralsund aufgewachsen. Die Vorfahren Liliendal oder auch von Liliendal kamen vermutlich aus Schweden, aus Darlekarlien, dem heutigen Dalarne. Den Namen »von Lilienthal« findet man bis ins 17. Jahrhundert häufig im pommerschen Landadel oder unter preußischen Offizieren. Einer von ihnen aus der direkten Linie, ein Prediger, soll den Adelstitel abgelegt haben. Die meisten von Gustavs Vorfahren waren pommersche Landwirte, kräftig, gewandt und sinnenfroh. Auch findet sich in der mütterlichen Linie von Tigerström, einst Beckenström, ein mutiger Major, der im Dreißigjährigen Krieg aufgrund seiner Verdienste bei der »tigerhaften Verteidigung der Peenemündung« gegen die Schweden seinen Namen änderte.

Für Gustav war Caroline die Frau von Welt, die ihn zumindest geistig aus der Provinzialität Anklams herausführen mochte. Natürlich hatte man zuvor in der Stadt über die künftige Sängerin gesprochen. Caroline fand ihn »sehr angenehm« und hoffte, dass ihr weiteres Leben »kein Trauerspiel, sondern ein moralisches Sittengemälde« sein möge. Sie freute sich auf ein »gemütliches Leben«, in dem sie durch ihre Liebe auf ihren Mann wirken könnte, ist ihrem Tagebuch unter dem 24. Februar 1847 zu entnehmen.

Doch nur vier Monate darauf folgte dem Brauttaumel die Ernüchterung. Bereits »zum zweiten Male« hing das Aufgebot in der Kirche aus, denn Gustavs Vermögenslage war ungeklärt. Was für eine Schmach in einer Kleinstadt wie Anklam, in der noch jeder jeden kannte! Carolines Mutter hatte sich deshalb mit dem zukünftigen Schwiegersohn überworfen, und das wollte etwas heißen, denn Großmutter Pohle war eine gütige wie praktisch veranlagte Frau, die wusste, worauf es im Leben ankommt, und die für ihre Tochter nur das Beste wollte. Ihr wohlmeinende Bürger der Stadt hatten sie vor der Leichtfertigkeit Gustavs gewarnt, insbesondere vor dessen Anfälligkeit für gewisse Vergnügungen, denen man gewöhnlich im Wirtshaus nachging. Wahrscheinlich hatte Gustav Spielschulden. Außerdem war das Tuchgeschäft, das er 1845 mit Krediten seines Vaters über 1500 und 3800 Reichstaler eröffnet hatte, noch lange nicht schuldenfrei.

Trotz des Widerstands seitens der Mutter hielt Caroline zu ihrem zukünftigen Mann. Sie dachte nicht daran, ihrem Verlobten wegen all der Gerüchte und möglicher finanzieller Schwierigkeiten den Laufpass zu geben. Caroline liebte diesen Mann, der ein Klavier allein die Treppe hinauftragen konnte und imstande war, »mit den Händen eine Zuckerschnur zu zerreißen«, der wie kein anderer schwamm und tauchte und es für unter seiner Würde hielt, anders als mit einem Salto vom hohen Sprungbrett ins Wasser zu hüpfen. Und er tat sich nicht nur auf sportlichem Gebiet hervor. Gustav Lilienthal steckte voller technischer Ideen und zeigte auch einige mathematische Begabung. Aus reiner Begeisterung hatte er ein *Lehrbuch der Rechenkunst* geschrieben, das allerdings nie veröffentlicht wurde. Vielleicht hätte Gustav in Stettin Schiffs- oder Maschinenbau lernen oder zu Ernst Alban nach Plau gehen können, der nur 100 Kilometer entfernt mit Erfolg Dampfmaschinen und landwirtschaftliche Maschinen baute und seinen Arbeitern Gedichte von Fritz Reuter vorlas. Stattdessen hatte Gustav seinem Vater gehorcht und Kaufmann gelernt.

Caroline und Gustav besaßen beide einen Hang zum Träumen und waren einander allein schon deshalb schnell nahe gekommen. Gustav wollte die Welt verändern. Das hatte Caroline imponiert, denn sie teilte seine Vorstellungen von der Gleichheit der Menschen und den Rechten, die ihnen zustünden. Auf jeden Fall schien er ihr keine langweilige Ehe zu versprechen, sondern ein offenes Haus mit viel Musik und Fröhlichkeit und einem Geist, der über den Anklamer Tellerrand hinausblickte – »kein Trauerspiel« eben.

Schließlich setzte sich die Tochter gegen ihre Mutter durch, und am 2. Juli 1847 fand in der St. Nikolaikirche die Hochzeit statt. Das

Herz hatte gesiegt. Caroline hatte allerdings vorsichtshalber mit Gustav eheliche Gütertrennung vereinbart. Gustav lebte schon mit dem Kauf des ersten Hauses, Peenestraße 8, gleich neben ihrer Traukirche über seine Verhältnisse.

Am 24. Mai 1848, Bezug nehmend auf den 23. Mai, finden sich im *Pommerschen Volks- und Anzeigen-Blatt* drei Anzeigen der Lilienthals: »Die heute Mittag 11 1/2 Uhr erfolgte glückliche Entbindung meiner lieben Frau von einem gesunden Knaben« machte die Geburt Otto Lilienthals bekannt. Des Weiteren wünschte Gustav seine »noch vorräthigen Leinenwaaren, bestehend in Tischdecken, Handtücherzeugen und feinen Creasleinen zu räumen« und unterm Einkaufspreis zu verkaufen. Auf derselben Seite bietet Gustav zudem ein »meublirtes Zimmer nebst Cabinet« zur Vermietung an. Zwei weitere Tuchhändler räumen ebenfalls oder bieten zu Billigstpreisen an.

Gustav Lilienthal versuchte sein Möglichstes, die Geschäfte am Laufen zu halten, bemühte sich um neue Kundschaft und erkundete neue Geschäftsfelder. Und doch resignierte er zunehmend angesichts der allgemeinen ökonomischen und sozialen Entwicklungen. Dabei hatte das Frühjahr 1848 so hoffnungsvoll begonnen.

Es war ungewöhnlich warm gewesen, wohltuend für die Menschen nach dem Hungerjahr von 1847. Die Apfelbäume hatten früh zu blühen begonnen, als Caroline ihr erstes Kind erwartete, ihr »Sonnenkind«, wie sie es nannte. Damit es ein leichtes, sonniges Gemüt bekam, jenseits der Schwermut, die sie manchmal befiel, hatte sie ihren hochschwangeren Bauch oft in die Sonne gehalten. Die politische Lage war unruhig. Reisende aus Berlin und aus Stettin, das seit kurzem durch die Eisenbahn mit Berlin verbunden war, brachten Nachrichten von Kämpfen in Berlin nach Anklam. Mehrere Tage blieb die Post aus Berlin aus. Widersprüchlichste Gerüchte gingen um, bis sich bestätigte, dass in Berlin Revolution war.

Sofort hatten in Anklam einige Bürger gegen den Willen des Bürgermeisters, der einen Aufruhr befürchtete, eine Siegesfeier organisiert, bei der man Spenden für die Hinterbliebenen der in Berlin gefallenen Revolutionäre sammelte. Auf einer öffentlichen Versammlung wurden Schreiben verfasst, darunter ein Treuebekenntnis zum preußischen König, unterzeichnet von über 3000 Personen aus dem ganzen Landkreis. Ein Aufruf an die Berliner Bürger mahnte zu Besonnenheit und ruhiger Überlegenheit bei allen weiteren Schritten.

Caroline hatte Gustav nur mit Mühe davon abhalten können, mit auf die Barrikaden in die preußische Hauptstadt zu ziehen. Es wäre in seinen Augen endlich eine Tat gewesen, nach all den Debatten, die er mit seinen Freunden geführt hatte – um Presse- und Versammlungsfreiheit, allgemeines und gleiches Wahlrecht, Volksbewaffnung und die Wahl einer Nationalversammlung. In Anklam forderten die Kaufleute und Handwerker vor allem die Abschaffung der Handelsschranken und die Bildung eines »Allgemeinen deutschen Zollvereins«, außerdem sollten Jagd und Fischerei nicht mehr nur Adligen vorbehalten sein.

Als Reaktion auf die Berliner Märzkämpfe von 1848 war Gustav in den im April ins Leben gerufenen »Constitutionellen Club« eingetreten. Dessen Mitglieder sahen in den revolutionären Ereignissen eine heldenmütige Erhebung des Volkes, einen Wendepunkt des politischen Systems. Ihr Ziel war die Schaffung einer konstitutionellen Monarchie. Caroline unterstützte die Aktivitäten ihres Mannes. Auch sie hoffte auf das Ende eines unfähigen Systems, das ihnen das Kaufmannsleben erschwerte und das nicht imstande war, das Elend zu beseitigen, welches sie nach dem Hungerjahr in den Städten und selbst auf dem Lande erlebt hatte. Dennoch sah sie es nicht gern, wenn Gustav täglich immer später und oft angetrunken nach Hause kam und allzu blauäugig von den goldenen Zeiten schwärmte, die nun anbrechen würden.

Im Verlauf des Jahres 1848 und erst recht im folgenden Jahr zerstoben Gustavs Hoffnungen auf eine politische Wende. Der preußische König Friedrich Wilhelm IV. hatte die ihm vom Volk angebotene Kaiserkrone für eine konstitutionelle Monarchie abgelehnt. Die wirtschaftliche und politische Macht im Landkreis Anklam lag weiter fest in den Händen des Adels. Und das bedeutete für Gustav Lilienthal den endgültigen wirtschaftlichen Niedergang, denn den Kunden aus den aristokratischen Kreisen war sein politisches Engagement nicht verborgen geblieben. Sie kauften nun bei der Konkurrenz.

Als Resümee zum Jahresende lasen die Lilienthals im *Pommerschen Volks- und Anzeigen-Blatt*, was sie täglich spürten: Überall sei »Gefahr, Kampf, Krieg, Unordnung, Verrath und Gesetzlosigkeit!«, dazu »die Cholera, die viele Opfer gefordert hat, namentlich auch bei uns«. Es war ein Jahr, in dem die Nationalversammlung, deren Aufgabe es gewesen wäre, durch die »Theilnahme Aller an der Sorge für das Wohl des Vaterlandes auch namentlich die Lage der ärmeren Volksklassen zu heben und zu bessern«, gezeigt hatte, »wie wenig sie dazu befähigt oder geneigt war: nicht gesetzliche Freiheiten, sondern gesetzlose Zügellosigkeit, nicht allgemeine rechtliche Gleichheit, sondern eigne Bevorzugung, nicht dem Volke die gegebenen Verheißungen zu erfüllen, sondern dasselbe nur zu leiten, um eigne Parteizwecke durchzusetzen ...« Zwei Jahre später verbot ein neues Pressegesetz den Zeitungen jegliche politische Tätigkeit. In Anklam musste daraufhin das 1849 vom Buchdrucker Zink, ebenfalls Mitglied im »Constitutionellen Club«, gegründete volkstümliche Blatt *Anclamer Volksfreund* sogar ganz eingestellt werden.

Am 9. Oktober 1849 – mitten in einer Zeit der Desillusionierung – wurde Carolines und Gustavs zweiter Sohn Gustav junior geboren. Für Gustav senior, der seinen wirtschaftlichen Niedergang nur schwer verkraftete, war es mehr denn je eine Qual, mit der Elle hinter dem Ladentisch zu stehen – es sei denn, er konnte mit seinen Kunden über Politik diskutieren. Viel lieber hielt er sich draußen beim Torfstich in den Peenewiesen auf. Dort hatte er sich einige Neuerungen ausgedacht: Er ließ kleine Wagen zum Transport der schweren Torfstücke bauen oder konstruierte Entwässerungspumpen, die von Windmühlen angetrieben wurden. Zwar stieg damit die Ausbeute des Torfes, aber gegen die Konkurrenz der Gutsbesitzer, die billige Tagelöhner beschäftigten, konnte er nicht wirklich ankommen. Der finanzielle Gewinn blieb entsprechend gering.

1854, Caroline hatte gerade ihr fünftes Kind geboren, musste Gustav schließlich Konkurs anmelden. Sein Hab und Gut wurde zwangsversteigert. Bereits zwei Jahre zuvor hatte er sein dreistöckiges Haus verkaufen müssen und stattdessen ein kleineres, Peenestraße 35, das näher am Fluss lag, erworben. Jetzt bewährte sich, dass die Lilienthals keine Gütergemeinschaft hatten. Wie man den Vormundschaftsakten entnehmen kann, erwarb nun Caroline bei der Versteigerung das Grundstück von ihrem Mann »durch den Zuschlagbescheid vom 24. 8. 1854 für 3500 Rth.«.

Es war ein nicht mehr ganz neues Haus auf 400 Quadratmeter Grundfläche, die beiden Giebel und die inneren Wände von Fachwerk, ausgemauert, das Dach mit Ziegeln gedeckt. Im Erdgeschoss befanden sich drei Wohn- beziehungsweise Geschäftsräume, die Küche und zwei lichtlose Räume, so genannte Kabinette, im ersten Stock vier Stuben und zwei weitere Kabinette, auf dem Dachboden zwei Zimmer, die vermutlich vermietet wurden. Ein Nebengebäude, über einen kleinen Anbau mit dem Haupthaus verbunden, war unterkellert und diente als Stall und Waschküche. Außerdem gab es noch ein separates »Appartement«, das waren zwei Abtritte, unter denen die Dunggrube angelegt war.

Obwohl sich das Haus nicht in allerbestem Zustand befand, die Kabinette sogar feucht waren, besaßen die Lilienthals zumindest immer noch ein eigenes Dach über dem Kopf. Gleichwohl war es ein Abstieg, nicht nur finanziell, auch im Ansehen der Stadt. Wer weiß, ob Caroline damals nicht schon bereute, die Warnungen ihrer Mutter in den Wind geschlagen zu haben. Auf jeden Fall war sie zu stolz, um sich etwas anmerken zu lassen. Weder in den überlieferten Briefen noch in ihrem Tagebuch findet sich ein schlechtes Wort über ihren Mann. Und dennoch, die Jahre nach dem Konkurs müssen zu den schlimmsten in ihrem Leben gehört haben, nicht nur was die finanziellen Verhältnisse betraf. Innerhalb von nur vier Jahren starben ihr vier Kinder: die dreijährige Mathilde am »schleichenden Schleimfieber«, Louise mit vier Jahren an der »Brechruhr« und noch vor Vollendung des ersten Lebensjahres ein weiteres kleines Mädchen sowie der dritte Sohn Eduard an Hirnhautentzündung.

1861 wurde Anna geboren. Ihre Geburt und die Sorge um die Zukunft der Kinder waren der letzte Anstoß für eine schwerwiegende Entscheidung der Lilienthals: Sie wollten wie Hunderttausende Deutsche nach Amerika auswandern. Jeder hundertste Einwohner verließ um 1860 Pommern in Richtung Übersee. Und auch den Lilienthals schien das Leben in Anklam mittlerweile zu aussichtslos. Mit 43 Jahren, zermürbt angesichts seiner Erfolglosigkeit, war Gustav bereit für einen Neuanfang, wie so viele Märzkämpfer, die vor der massiven politischen Verfolgung während der Restaurationszeit flüchteten. Auch für ihn war diese Auswanderung eine Flucht, allerdings eher vor den wirtschaftlichen Folgen der Revolution. Endlich würde er all die Probleme der »alten Welt« hinter sich lassen, die ewigen Geldsorgen und die berufliche Perspektivlosigkeit. Vielleicht konnte er in Amerika etwas ganz Neues ausprobieren – allein das war schon eine Aussicht, für die es sich lohnte, den Schritt ins Unbekannte zu wagen.

Beflügelt von ihrem Entschluss, feierten die Lilienthals Annas Taufe. Ihre Aufnahme in die Gemeinschaft der Christen war gleichzeitig das Abschiedsfest. Caroline und Gustav hatten bereits begonnen, die Koffer zu packen, Gespräche über den Verkauf des Hauses geführt, Pläne geschmiedet, wo sie sich niederlassen könnten – da erkrankte Gustav an der galoppierenden Schwindsucht. Wenige Wochen später, am 8. April 1861, starb er.

Als wäre Gustavs Tod noch nicht genug an Leid, starb ein halbes Jahr später auch die jüngste Tochter Anna, »an Abzehrung«, wie es im Sterberegister von St. Nikolai unter dem 3. Oktober 1861 vermerkt ist. Wieder mussten die übrig gebliebenen Kinder Otto, Gustav und Marie ein Geschwister »kalt und bleich in weißen Gewändern und von Blumen umgeben im Kindersarge liegen« sehen. »Nichts ist mehr geeignet, eine ernste Lebensauffassung zu wecken«, schreibt Otto in der Familienchronik.

Caroline Lilienthal war nun gänzlich auf sich allein gestellt. Gustav, dieser verrückte Mann, der einst ihren Ehering in die Peene geworfen hatte, um ihn, bis auf den Grund tauchend, wieder hochzuholen, war tot. »Ich war Frau, glücklich und unglücklich«, schreibt sie in ihr Tagebuch. Sie wusste, was auf sie zukam. Ihre Mutter hatte es sie einst gelehrt, denn auch Caroline hatte mit fünf Jahren ihren Vater verloren, einen Bataillonsarzt in der preußischen Armee. In einem Lazarett an der polnischen Grenze hatte ihn damals die Cholera hinweggerafft.

Jetzt stand die Mutter ihr bei. »Mein größtes Glück liegt in meinen 3 Kindern Otto, Gustav und Marie, die ich bemüht bin, zu guten Menschen zu erziehen«, wird Caroline in einem ihrer letzten Tagebucheinträge vom Mai 1864 schreiben. Noch einmal heiratete sie nicht. Vielleicht war der frühe Tod ihres Mannes sogar die einzige Chance für sie gewesen, ihr Leben unabhängiger und selbstbewusster zu gestalten und den Kindern ein besseres Vorbild zu sein, als es deren Vater in mancher Hinsicht gewesen war. Auf einem Foto von 1864, drei Jahre nach dem Tod ihres Mannes, wirkt die allein erziehende Mutter keinesfalls verbittert oder abgehärmt. Im Gegenteil: Aufmerksam, den schmalen Mund in einem runden, breitknochigen Gesicht leicht geschürzt, blickt sie fast ein wenig stolz in die Kamera, die kurzen Brauen wie zwei Flügel über den dunklen Augen heftig nach oben geschwungen. Ihre Haltung und ihre ausgesuchte Kleidung verraten trotz ihrer Korpulenz Eleganz und Selbstbewusstsein.

Caroline tat alles, um ihren Kindern den Vater zu ersetzen. Ihre Maxime war dabei, die Talente ihrer Kinder bestmöglich zu fördern.

Caroline Lilienthal, geb. Pohle, 1864

Brauchten die Brüder für die Umsetzung ihrer Ideen Geld, konnten sie auf die Unterstützung der Mutter rechnen. Ohne zu zögern, gab Caroline die letzten Groschen für ihre Kinder her. Als die Brüder 1864 eine Art Fahrrad, ihr so genanntes Tretrad, zu bauen begannen, hatte Gustav beim Schmied eine eiserne Achse bestellt – ohne nach dem Preis zu fragen. Als am Ende acht Taler in Rechnung gestellt wurden (der Tageslohn eines Maurermeisters betrug damals etwa einen halben Taler), hatte er entsetzliche Gewissensbisse. Wie sollte er das seiner Mutter beibringen? Doch Caroline verzieh ihm nicht nur den Leichtsinn, sie erlaubte ihren Söhnen obendrein, für das zu breit geratene Gefährt die Hoftürfüllung auszuschneiden. Die Nachbarn schüttelten den Kopf über so viel Verständnis. Für Otto, Gustav und Marie hingegen war dies genau der kreative Spielraum, den sie brauchten. Sie genossen enorme Freiheiten und fühlten sich dabei doch behütet. Stundenlang stromerten die Kinder durch die Karlsburger Heide, um Störche, Schwäne und Bussarde zu beobachten, oder sie fingen auf dem Friedhof Schmetterlinge. Das Haus an der Peenestraße quoll förmlich über von toten Tieren. Über ein Dutzend Vögel verschiedener Arten hatte ihr Vater erlegt und mit ihnen gemeinsam ausgestopft. Auch ihre Schmetterlingssammlung wuchs stetig.

Diese fliegenden Wesen hatten es den Geschwistern angetan. Weshalb konnten sie so mühelos fliegen? Was brauchte man dafür? Ihre eigene Armkraft reichte offensichtlich nicht aus, wie ihre ersten Flugversuche mit den Buchenspanbrett-»Flügeln« auf dem Garnisonsschießplatz vor den Toren der Stadt gezeigt hatten. Im Sommer 1867 machten sich Otto und Gustav deshalb an den Bau einer weiteren »Flugmaschine«, die auf die Kraft der Beine baute. »Nr. 2«, erinnert sich Gustav später, »war schon viel schwieriger in der Herstellung. Harte Palisander-Holzleisten, zugespitzt und abgerundet, bildeten Federkiele von je drei Meter Länge. Die Fahnen zu diesen Federkielen stellten wir durch große Gänseschwungfedern her, die wir auf Zeugstreifen nähten. Wir hatten zu diesem Zweck alle in unserem Orte vorhandenen Gänseschwungfedern aufgekauft, was in einer Pommerschen Stadt schon etwas bedeutet. Das Aufnähen der Federn war sehr mühsam, wir nähten uns die Fingerspitzen blutig. Die Federfahnen konnten sich ventilartig öffnen und schließen beim Auf- und Niederschlag.«

Zuversichtlich stiegen die Brüder auf den Dachboden ihres Hauses. Abwechselnd schnallten sie die Flügel an ihre Arme, steckten die Füße in damit verbundene Schlingen und versuchten so, sich wie Vögel aus dem Stand in die Luft zu erheben. Mit aller Kraft streckten sie die Beine, um dabei die Flügel herabzuziehen. Wieder und wieder. Doch ohne Erfolg. Keinen Zentimeter hoben sie den Apparat in die Höhe. Kritisch resümiert Otto später, dass es im Vergleich zur Tretbewegung mit abwechselnden Füßen »für den Organismus des Menschen offenbar unnatürlich« sei, »die Beinkraft durch gleichzeitiges Ausstoßen beider Füße zu verwerten«. Der Fehler entmutigte die Brüder nicht, wussten sie doch, dass auch ein Misserfolg weiterbrachte.

Otto und Gustav Lilienthal, 1862

Der Tod des Vaters hatte die Brüder noch mehr zusammengeschweißt. Otto mit den hellblauen Augen und den Locken des Vaters war nach wie vor das »Sonnenkind«. In seiner Nähe konnte niemand lange schlechte Laune haben. Seine Fröhlichkeit wirkte ansteckend. Er sah das Leben von der hellen, der leichteren Seite. Gustav, äußerlich der Mutter ähnlich – dunkles, glattes Haar, schmaler Mund und ein ausgeprägtes Kinn –, war eher ungestüm und eigenwillig. Er und Marie, die auch nach der Mutter kam, neigten zum Grübeln und waren innerlich zerrissener. Gerade wegen ihrer Verschiedenheit liebten und brauchten die Brüder einander und teilten in einer nahezu symbiotischen Beziehung »alle Freud und alles Leid«.

»Mein Bruder Gustav war und ist mein zweites ›Ich‹«, ein später gern zitierter Satz aus Ottos Familienchronik, meint beides: ihre große innere Nähe, aber auch ihr Anderssein, das, was der andere auch gern gewesen wäre. Zunächst war Otto der »Künstler«, das

Marie Lilienthal, um 1863

malende, schnitzende Wunderkind, Gustav hingegen der »Kaufmann«. Später tauschten sie die Rollen. Während Otto sich »der Technik in die Arme warf«, entwickelte Gustav seine künstlerischen Fähigkeiten. Er musste sich alles, was seinem Bruder zufiel, mühsamer erarbeiten. Während Otto kaum Selbstzweifel kannte, war für Gustav alles kompliziert. »Mein Bruder«, schreibt Otto, »bildet ein glänzendes Beispiel dafür, dass Fleiß und Ausdauer in der eigenen Vervollkommnung ein wichtiges Element zur Erlangung höherer Leistungsfähigkeit sind als eine zu früh zu Tage tretende Befähigung.«

Was sie einte, waren ihr überbordender Enthusiasmus, ihre Neugier und gegenseitige Offenheit. Kein Gedanke des anderen blieb unerörtert. Gustav war sturer, manchmal rechthaberisch, aber auch geduldiger. Sanguiniker waren beide, temperamentvoll und lebensbejahend, ein »Familienzug« der Lilienthals. Sie kannten keine Tabus untereinander. »Viele Leute haben die Angewohnheit«, sagte

Gustav einmal, »von den kleinen Anfängen ihrer Absichten und Pläne nicht zu sprechen und ihre Nahestehenden nur mit den vollendeten Tatsachen zu überraschen und dadurch einen gewissen Effekt hervorzurufen.« Zu diesen »verschlossenen Gemütern« gehörten weder Otto noch Gustav. Sie sprachen sich über alles aus.

Wenn die Brüder diskutierten, war der eine der beste Kritiker des anderen. Gegenseitige Kritik und ebenso gegenseitiges Lob bedeuteten ihnen ungeheuer viel – ein Leben lang. Rivalität gab es dabei erstaunlicherweise kaum, zumindest noch nicht in ihrer Jugend. Sie hätte ihre Ideenfindung auch behindert, und das wussten beide genau. Stritten sie sich dennoch einmal, dann lenkte gewöhnlich Otto als Erster ein. So aufbrausend er sein konnte, so schnell beruhigte er sich wieder.

Trotz ihrer Talente und ihrer Neugier – oder gerade deshalb – waren die Lilienthals keine besonders guten Schüler. Zu grau war ihnen alle Theorie. Dabei besuchten sie ein sehr modernes Gymnasium Preußens. Als »Muster eines Schulhauses« wurde es in einer zeitgenössischen Zeitschrift für Bauwesen gerühmt. »Der in den schönen Künsten auszubildenden Jugend!« konnte man über dem Eingang des quaderförmigen, hohen Backsteinbaus lesen, der die benachbarten niedrigen Fachwerkhäuser imposant überragte. Friedrich Wilhelm IV. stattete der Schule 1853 sogar einen Besuch ab.

Bildung war Staatsangelegenheit geworden, und Preußen nahm mit seinem Schulreformprogramm eine Vorreiterrolle in Europa ein. Während in den Volksschulen landesweit erfolgreich das Analphabetentum bekämpft wurde, sollte in den Gymnasien die künftige Elite heranwachsen – humanistisch gebildete Beamte und Angestellte im Staatsdienst. Technik und angewandte Naturwissenschaft, das Rüstzeug für Ingenieure, fanden zu jener Zeit im Lehrplan noch kaum Berücksichtigung.

Gustav, der zu Carolines finanzieller Entlastung sogar eine Freistelle hatte, wird seinen Kindern später kategorisch sagen: »Werdet mir nur keine Schulfuchser, das Wesentliche lernt ihr zu Hause!« Selbst der Sprachunterricht habe ihn nicht auf das wahre Leben vorbereitet. »Es ist wirklich lächerlich, wie wenig einem das in der Schule Gelernte nützt zur Benutzung fremder Sprachen. Circa neun Jahre lang hat man uns mit der Grammatik gequält, ohne das eigentliche Sprechen zu üben, nun ist die Grammatik zum Kopf herausgeflogen, so dass ich mich nur gerade so verständlich machen kann.« Nur zwei Lehrern – Koryphäen auf ihrem Gebiet – gelang es, die Brüder für ihren Stoff zu begeistern: dem Maler Bernhard Peters und dem Mathematiklehrer Gustav Spörer. Der Astronom Spörer beobachtete damals in einer kleinen Sternwarte auf dem Anklamer Pulverturm die Periodizität der Sonnenflecken, Untersuchungen, die ihn später weltweit bekannt machen sollten.

Viel gelesen haben die Brüder nie, Otto noch weniger als Gustav. Den interessierten vor allem Heldensagen, wenn auch nicht die in der Schule vermittelten griechischen, sondern die nordischen. »Was sind die Helden Homers gegen unsere Nibelungenhelden, kleine schwarzbärtige, verschmitzte Gesellen, deren kupferne Schwerter man leicht zerbiegen und zerbrechen kann.« Gefiel ihnen jedoch ein Buch, so lasen sie es immer wieder. Ihr Hauptinteresse lag auf naturwissenschaftlichem Gebiet. Ihr Wissen bezogen Otto und Gustav dabei aus der Zeitschrift *Die Gartenlaube*, die Caroline abonniert hatte. Diese Illustrierte war mit einer Auflage von damals 200 000 Exemplaren das erste Wochenblatt, das sich an breite Bevölkerungsschichten wandte, ein Vorläufer der heutigen Illustrierten. Neben Literatur, Kultur und Unterhaltung hatten auch Wissenschaft und Technik, aufbereitet für die ganze Familie, in dem Blatt ihren festen Platz. Im Nachlass von Gustav Lilienthal finden sich 13 Ausgaben, in denen namhafte Schriftsteller, Historiker wie Naturwissenschaftler, zeitgeschichtliche Ereignisse und Entdeckungen kommentieren.

1864, im Alter von 16 Jahren, verließ Otto das Gymnasium. Sein Zeugnis war eher mittelmäßig: In Deutsch leistete er »nur Geringes«, und in Latein »fand er auch mal bei gewissenhafter Vorbereitung das Verständnis des Cäsar und Ovid«. Weder im Griechischen noch im Französischen sei er »in der Anwendung hinreichend sicher«. Auch in Geographie, Geschichte und Naturgeschichte »waren seine Fortschritte nicht erheblich«. In Mathematik hat er »die Geometrie bis zur Lehre von der Ähnlichkeit, die Arithmetik bis zu den einfachen Gleichungen gehabt u. im Ganzen befriedigende Erkenntnisse erlangt«. Allein in Zeichnen habe er »viel Teilnahme und Geschick bewiesen«, im Turnen wiederum nur »Befriedigendes« geleistet. Der Ordinarius Heinze, Rektor des Gymnasiums, gibt ihm, sicherlich enttäuscht über so viel Desinteresse des Sohnes einer der geachtetsten Bürgerinnen der Stadt, dennoch »die besten Segenswünsche für seine Zukunft« mit auf den Weg.

Während Otto das Abitur an der stärker praxisorientierten Potsdamer Provinzial-Gewerbeschule anstrebte, beendete Gustav seine Schulzeit – nachdem er das Gymnasium im selben Jahr wie sein Bruder verlassen hatte – an der neu gegründeten Anklamer Mittelschule. Die Veränderung tat ihnen beiden gut. Was ihre Leistungen betraf, gingen die Brüder Lilienthal nun »hoch wie die Korkstöpsel«. Nach zwei Jahren schloss Otto die Potsdamer Provinzial-Gewerbeschule mit dem besten Abitur ab, das dort jemals abgelegt worden ist: »Mit Auszeichnung«, »Vorzüglich gut« in fast allen Fächern, selbst in Deutsch. Von der Schiller-Stiftung Potsdam erhielt er 1865 als Buchgeschenk den *Wallenstein*. »Zum Gedächtnis Schillers, an dessen 106. Geburtstage – Dem Gewerbeschüler Lilienthal als Auszeichnung – Für Fleiß und Wohlverhalten« heißt es als Widmung auf der ersten Seite.

Otto hatte endlich die richtigen Lehrmeister gefunden, deren Wissensvermittlung nicht an abstrakten Fragestellungen, sondern rein technisch orientiert war. Erstmals erfuhr er eine systematische Ausbildung, die seine Leidenschaft für technische Konstruktionen beflügelte. Physik, Mechanik, Maschinenbau und Konstruktionslehre gehörten fortan neben Zeichnen zu seinen Lieblingsfächern.

Sein Berufswunsch stand nun fest: Er wollte Techniker werden. Caroline und der Vormund der Brüder, Wilhelm Lilienthal, der über deren körperliche, geistige und charakterliche Entwicklung jährlich detailliert beim Vormundschaftsgericht berichten musste, waren einverstanden. »Otto – zum Maschinenbauer bestimmt«, heißt es schon im November 1864 in den Vormundschaftsakten des Königlichen Kreisgerichts.

Nachdem Otto Anklam verlassen hatte, waren die Brüder erstmals für längere Zeit getrennt. Nur in den Ferien hatten sie Gelegenheit, ihre Streifzüge, Experimente und Gespräche fortzusetzen. Sie vermissten einander. Otto war in Potsdam von einer Stiefschwester seiner Mutter, Emilie Wyszowati, aufgenommen worden. Caroline war darüber erleichtert, denn eine Pension hätte sie nicht bezahlen können. Außerdem war der Sechzehnjährige damit gleichsam in familiärer Obhut. Als Gegenleistung erwarteten die Wyszowatis, dass Otto sich im Haushalt nützlich machte. Freien Mittagstisch erhielt er bei einer Freundin der Mutter. 12 Taler hatte ihm Caroline mitgeben können, was etwa 40 Tageslöhnen eines damaligen Handlangers entsprach. An kostspielige Zerstreuungen war jedenfalls nicht zu denken.

1865 bemühte sich Caroline darum, Ottos Ausbildung über ein Familienstipendium zu finanzieren. Ein Vorfahr ihres verstorbenen Mannes, der Archidiakon M. Peter Pagenkop, hatte 1675 in seinem Testament verfügt: »Ich will an barem Gelde ... fünfhundert Dukaten ... vermacht haben, dass davon die Zinsen der Nächste von den Meinigen zur Fortsetzung seiner Studien jährlich soll zu genießen haben«, wobei die Studien »der männlichen Erben auf Akademien« erfolgen sollten. Und darin lag das Problem: Die Provinzial-Gewerbeschule wie auch die Berliner Gewerbeakademie, an der Otto seine weitere Ausbildung anstrebte, besaßen nicht den Status einer Akademie im klassischen Sinne oder einer Hochschule. Das wurde die Gewerbeakademie im Zusammenschluss mit der Bauakademie erst 1879, als damit die Königlich Technische Hochschule zu Berlin entstand. Mitte des 19. Jahrhunderts hatte sich das deutsche höhere Bildungssystem gespalten, und Hochschulen und Gewerbeschulen setzten unterschiedliche Schwerpunkte – Erstere betonten die Theorie, Letztere die Praxis. Da Otto sich für die eher praktisch orientierte Ausbildung entschieden hatte, wurde ihm das Stipendium verwehrt.

Auch Gustav konnte mit keiner Unterstützung rechnen. 1866 begann er bei Meister W. Drowatzky in Anklam eine Lehre als Maurer. Zwei Jahre später wurde er mit dem Gesellenbrief entlassen. Seine Zukunft war ungewiss. Sollte er sein Leben als Maurermeister in Anklam verbringen? Damit hätte er die Mutter unterstützen und Maries Ausbildung finanzieren können. Das war eine wenig verlockende Aussicht angesichts der Erzählungen und Briefe seines Bruders, der inzwischen in Berlin ein Praktikum begonnen hatte. Auch Gustav zog es in diese aufregende Stadt, wo es schon so mancher Handwerker zu Wohlstand gebracht hatte. Ohne Geld würde er jedoch keine Chance auf eine berufliche Weiterentwicklung haben. All seine Hoffnungen richteten sich deshalb auf Otto.

Flugstunde 2

Sommer 1868: Als der Pächter vom Gut Demnitz bei Altwigshagen von seinem Feldgang zurückkehrte, bot sich ihm ein ungewohntes Bild. Am Giebel seiner Scheune, an dem Seilzug, mit dem er sonst die Kornsäcke auf den Stallboden beförderte, hing mit hochrotem Kopf Otto, sein Feriengast aus Berlin. Während dessen Füße auf zwei Holzleisten wie in zwei Pedale traten, bewegten sich seine Arme, die in zwei riesigen, mit Stoff verbundenen Holzgestellen steckten, abwechselnd auf und nieder. Wenige Sekunden nur hielt er die offensichtlich enorme Kraftanstrengung durch, dann musste er verschnaufen. Ottos Bruder Gustav, der unten stand, schaufelte Sand in den Zuckersack, der am anderen Ende des Seiles als Gegengewicht hing. »Los, mach weiter! Aufgeben is nich!« Erneut trat Otto in die Pedale, und die Schlagflügel setzten sich in Bewegung. Doch kaum hatte Ottos emsiges Treten den Apparat einen Meter gehoben, sank er wieder nach unten. »Wie machen das bloß die Vögel?« Es klang fast wütend. »Breiten die Flügel aus und fliegen los. Wie, mein Gott noch mal, geht das?« Gustav ließ seinen Notizblock sinken. »Bei 80 zu 40 Kilo ist Schluss. Man kann nur das halbe Gewicht heben«, sagte er nüchtern. Otto stieg von den Tritthölzern und setzte sich erschöpft auf einen Holzstapel. »Immerhin ging es schon besser als beim letzten Apparat.« Seine hellen Augen suchten den Blick seines Bruders. »Der Wind und die Form der Flügel. Da muss es einen Zusammenhang geben ... Wir brauchen genauere Messungen.« Gustav nickte und reichte Otto den Notizblock. »Jetzt bin ich dran.«

»Man sall et nich mit 'n Deiwel upnähm«, murmelte der Gutspächter und stapfte kopfschüttelnd ins Haus.

2. KAPITEL

Ankunft in »Feuerland«
»Ob man Berliner wird, entscheidet sich meist nach zwei Jahren«

Berlin um 1866 stank, war laut und überfüllt, nicht schön, aber lebendig, ein Moloch, in dem das ästhetisch wie sozial scheinbar Unvereinbare nebeneinander existierte. Hier regierte König Wilhelm I. Er hatte 1861 seinen Bruder, der – was dem Volk lange verheimlicht wurde – dem Wahnsinn verfallen war, abgelöst und eine Politik der »neuen Ära« ausgerufen. Mit einem groß angelegten Bauprogramm wollte er die Lage der Arbeiter verbessern und ihnen durch die Vergabe und Finanzierung großer öffentlicher Projekte bessere Verdienstmöglichkeiten verschaffen. Außerdem strebte er eine Heeresreform an.

Doch es kam anders. Statt in eine Reform führte Wilhelm I. sein Land 1866/67 in den »Bruderkrieg« gegen Österreich. Seine Bemühungen waren bereits nach kurzer Zeit an den Liberalen gescheitert, die sich von keinem Hohenzollern etwas vorschreiben lassen wollten und dem König das Haushaltsbudget verweigert hatten. Als der preußische Ministerpräsident Otto von Bismarck vorschlug, ohne Budget zu regieren, wurde die Situation kritisch für den König. Er sah sich schon mit Bismarck auf einem Schafott Unter den Linden verbluten, da verschaffte dieser ihm Geld aus dem Bankhaus Bleichröder, das über gute Verbindungen zu den Rothschilds verfügte und mit Eisenbahnaktien reich geworden war. Das Haushaltsbudget war damit zwar gerettet, doch Wilhelm I. verwendete es nicht für sein Sozialprogramm, sondern er führte Krieg. Preußens Führungsrolle gegenüber Österreich und den süddeutschen Staaten stand auf dem Spiel. Dank des überraschend schnellen Sieges der preußischen Truppen, der nicht zuletzt durch den Einsatz neuer Kriegstechnik zustande kam, schlug das angeschlagene Land mehrere Fliegen mit einer Klappe: Der von Preußen dominierte Norddeutsche Bund wurde gegründet, Österreich aus einem potenziellen Deutschland für immer ausgeschlossen und damit entmachtet, und die Staaten südlich der Mainlinie wurden zollpolitisch und militärpolitisch eingebunden. Die Wirtschaft entwickelte sich rasant weiter, und die anstehende Heeresreform konnte endlich im Parlament durchgesetzt werden. Auch die Berliner Banken erfuhren enormen Auftrieb, da alle Entschädigungsansprüche gegenüber den Verlierern in Berlin abgewickelt wurden.

Als Otto Lilienthal nach Berlin kam, platzte die Stadt bereits aus allen Nähten. Und in nur wenigen Jahren sollte sie sich zur größten Industriemetropole auf dem europäischen Festland entwickeln. Sie entsprach Ottos Temperament, seinem Optimismus und seiner Neugier.

Zehntausende strömten jährlich aus der Provinz dorthin, auf der Suche nach Arbeit und einem besseren Leben. Hinter dem Oranienburger Tor, vor den Mauern Berlins, die gerade abgerissen wurden, erstreckte sich »Feuerland«, das größte Industriegebiet der Stadt. In den Eisengießereien und Maschinenbaufabriken der Chausseestraße, die unmittelbar neben alten Friedhöfen entstanden waren, verwandelte die Kunst der Arbeiter »Metall in Geld«. Dumpfes Hämmern erschütterte den Boden, das in den Wohnhäusern gegenüber die Fußböden erzittern ließ, Gläser klirrten und die Lampenkuppeln klapperten. Aus zahllosen Schornsteinen schossen meterhohe Feuersäulen und quoll dunkler Rauch. Schmieriger Ruß färbte die Häuser grau.

Frühmorgens und nach Feierabend wälzte sich eine Masse schwarzgesichtiger »Blusenmänner«, wie man die Arbeiter ihrer Kleidung wegen nannte, durch das Oranienburger Tor und verlor sich in den umliegenden Straßen. War Berlin um 1800 noch eine Garnisons-, Seiden- und Weberstadt gewesen, in der es nur eine einzige und noch nicht einmal richtig funktionierende Dampfmaschine gab, so arbeiteten nur siebzig Jahre später allein 170 000 Menschen in der Industrie.

Unternehmer wie Franz Anton Egells oder auch Friedrich Wöhlert und August Borsig, die einst bei Egells angefangen hatten, bevor sie in der Nachbarschaft ihre eigenen Fabriken gründeten, waren zu millionenschweren Unternehmern geworden. Werner Siemens, einst mittellos zu Fuß nach Berlin gekommen, war mit dem Bau seiner ersten Dynamomaschine 1866 auf dem besten Wege, es ihnen gleichzutun. Noch 1837 hatte August Borsig in einer Bretterbude in der Invalidenstraße mit dem ersten Eisenguss den Grundstein für sein späteres Lokomotiv-Imperium gelegt. 1841 verließ die »Borsig«, sein erstes Dampfross, die Fabrik, in der inzwischen so viele Lokomotiven gebaut wurden wie im ganzen übrigen Deutschland zusammen. Auch der Maschinenbauer Carl Hoppe, bei dem Otto später eine Anstellung finden wird, hatte sich in »Feuerland« angesiedelt.

Ein neues Zeitalter – das Zeitalter der Technik – hatte begonnen und erfasste zunehmend alle Bereiche der Stadt und ihrer Bewohner. Bis zur Jahrhundertwende entstanden Telegrafenlinien, Hochbahnen, Kanäle und Schleusen. Außerdem führte man die Gasbeleuchtung ein. Erfinderunternehmer revolutionierten den Alltag und bauten ihre enormen wirtschaftlichen Erfolge auf eigenen Patenten auf. Und genau hier sah auch Otto Lilienthal seine Zukunft.

Die Kaderschmiede für diese Karrieren war die Berliner Gewerbeakademie. Diese »Vorschule des Unternehmertums« weckte in den Zöglingen den Wunsch und den Drang nach Selbstständigkeit: sich mit dem Leben zu messen und sein eigener Herr zu werden. Bis auf Siemens, der seine Laufbahn innerhalb des Militärs begann, hatten alle oben genannten Unternehmer die Akademie absolviert. Auch Otto wollte sein theoretisches wie praktisches Rüstzeug dort erlangen. Mit dem Zeugnis der Potsdamer Gewerbeschule hatte er eine der Voraussetzungen zur Aufnahme erfüllt. Eine weitere war ein einjähriges Praktikum in einer Fabrik. Seine Wahl fiel auf das Maschinenunternehmen von Louis Schwartzkopff, mitten in »Feuerland«.

Schwartzkopff war selbst Absolvent der Gewerbeakademie und einer der ersten Vertreter des neuen Typs von Maschinenbauer, den nicht mehr das Handwerk allein, sondern die Wissenschaft geprägt hatte. 1870 sollte er einer der ersten Berliner Unternehmer werden, der seinen Betrieb in eine Aktiengesellschaft umwandelte. Louis Schwartzkopff, der noch bei Werner Siemens Mathematikunterricht genommen hatte und Lehrling bei August Borsig gewesen war, hatte seine steile Unternehmerkarriere 1852 nahe des späteren Nordbahnhofs mit der »Eisengießerei und Maschinenfabrik Schwartzkopff und Nitsche« begonnen. Aufträge lagen damals zur Genüge vor: Siemens & Halske, die gerade Russland mit einem Netz von Telegrafenlinien überzogen, ließen die eisernen Isolatorenstützen bei Schwartzkopff gießen; außerdem wurde das Werk schnell Hauptzulieferer für die damals größte Eisenbahnwaggonfabrik in Deutschland, F. A. Pflug in der Chausseestraße 8. Später spezialisierte sich Schwartzkopff auf Werkzeugmaschinen für den Heeresbedarf sowie Eisenbahnmaterial für den Strecken- und Bahnhofsbau.

Allein zwischen 1850 und 1870 vervierfachte sich die Länge des deutschen Eisenbahnnetzes auf 20 000 Kilometer. Als Otto Lilienthal im August 1866 in das Unternehmen eintrat, begann dessen Ära als einer der Hauptproduzenten von Lokomotiven – in direkter Konkurrenz zu Schwartzkopffs ehemaligem Lehrherrn Borsig, der im Jahr 1867 bereits seine 2000. Lok baute. Unerträglicher Lärm und Gestank erwarteten Otto, der nun als Arbeiter zehn Stunden täglich an Schraubstock und Drehbank stand – für den Achtzehnjährigen ein harter Kontrast zu seinem bisherigen Leben.

Ob man Berliner wird, entscheidet sich meist nach zwei Jahren, heißt es. Stößt einen die Stadt nicht gleich ab, verlässt man sie nur ungern wieder. Otto wird Berlin, zählt man den Vorort Lichterfelde, in den er später mit seiner Familie zieht, dazu, nie wieder verlassen. Sein erstes Quartier war allerdings mehr als dürftig, eine Schlafstelle unterm Dach in der Nähe des Oranienburger Tores, nicht weit von der Luisenstraße, wo seine Mutter einst gewohnt hatte.

Das Oranienburger Tor markierte neben dem Halleschen Tor am anderen Ende der Friedrichstraße einst den Stadtrand Berlins. Heute erinnert daran nur noch eine U-Bahn-Station. Als es beim Abbau der Stadtmauer, der Mitte der 1860er Jahre einsetzte, abgerissen werden sollte, rettete Borsig es vor der Zerstörung und ließ es kurzerhand auf seinem märkischen Anwesen in Groß-Behnitz aufstellen. Gleich vor dem Tor lagen die Fabrik von Borsig und ihr gegenüber hinter einem Zaun der Dorotheenstädtische Friedhof. Die Häuser waren noch drei- und vierstöckig, die Straßen bereits gepflastert und sogar einigermaßen sauber. Immerhin gab es seit 1851 eine öffentliche Straßenreinigung, die jedoch nicht überall gleich gut funktionierte. Nach wie vor kippten die Berliner ihren Müll in die Rinnsteine, so dass er gerade in den ärmeren Vierteln bei heftigem Regen bis in die Wohnungen geschwemmt wurde und sich die Dielen hoben. Ein Paradies für Ratten!

Auf dem Wochenmarkt vor dem Oranienburger Tor kaufte sich Otto sein Obst, im Sommer am liebsten Kirschen. Zwanzig Jahre zuvor, im April 1847, war dort die so genannte Kartoffelrevolution ausgebrochen. Aus Wut gegen die Wucherpreise und den Hohn eines Händlers hatten Marktfrauen den Mann verprügelt und seine Waren quer über den Platz verteilt. »Wie eine Sturmflut«, so ein Historiker, durchzogen die Frauen anschließend, »verstärkt durch Gassenjungen, Lehrburschen und arme Frauen … zu mehreren Tausenden angewachsen, die Straßen Berlins, von einem Wochenmarkt zum anderen eilend, um überall das gleiche Schauspiel aufzuführen«.

Anders als Caroline damals hatte Otto nicht das Glück, bei Bekannten unterzukommen. Er gehörte stattdessen zu den 50 000

Schlafburschen, die Berlin bevölkerten, und teilte sich das Bett mit einem Roll- und einem Droschkenkutscher. Letzterer fuhr glücklicherweise nachts aus. Ein Zimmer oder gar eine eigene Wohnung wäre zu teuer gewesen. Sein Startkapital betrug gerade mal einen Taler. Berlin war der massenhaften Zuwanderung und gleichzeitigen Verarmung der Bevölkerung nicht mehr gewachsen. Es fehlte an Wohnungen, und selbst wenn es sie gegeben hätte, wären sie für die Arbeitsuchenden aus der Provinz nicht bezahlbar gewesen. So schlief man in den engen Wohnungen armer kinderreicher Familien. Kaum jemand hatte ein Bett für sich allein. Gewöhnlich teilte man es sich mit mehreren anderen Schlafgängern. Einer schlief nachts darin, einer tagsüber, einer abends. Es kam vor, dass »ein Ehepaar mit einer Verwandten, einem Pflegekinde, einem Schlafburschen und drei Schlafmädchen in einem Zimmer hauste«. Für die betroffenen Familien war diese Art der Untervermietung oft die einzige Möglichkeit, ihre eigene Miete aufzubringen.

Waren die Slums in London oder Paris in Gässchen versteckt, so brauchte man in Berlin nur durch die Torbögen der reich mit Stuck verzierten Vorderhäuser weiter geradeaus zu gehen. Dort drängten sich in mehreren Seiten- und Quergebäuden unzählige Menschen. Im Parterre wie in den Kelleretagen der Höfe befanden sich kleine Werkstätten und Läden. Viele Keller dienten auch als Wohnung, vornehm »Souterrain« genannt. Diese Mietskasernen wurden zum Inbegriff für soziales Elend, obwohl ihr Erfinder James Hobrecht geglaubt hatte, damit soziale Integration zu fördern. Das erste dieser typischen Berliner Wohnhäuser stand in der Gartenstraße, die parallel zur Chausseestraße das Areal der Maschinenfabriken im Norden begrenzte.

In den Hinterhofwohnungen, in denen besonders viele Schlafburschen und -mädchen untergebracht waren, herrschte ein ständiges Kommen und Gehen, und ein permanenter Geräuschpegel ließ kaum an Schlaf denken – tagsüber das Geschrei der überforderten Frauen und ihrer Kinder, die unten auf den lichtlosen und schmutzigen Höfen spielten, der Lärm der Betriebe, das Wiehern der Pferde, die in den Remisen untergebracht waren; nachts die Prügeleien der betrunkenen Männer. Wer nur eine Schlafstelle hat, »der muss der Kneipe, dem Schnaps verfallen«, charakterisiert ein Zeitgenosse die Verhältnisse, »er kann schon seine animalische Wärme nicht anders herstellen«.

Der einzige Weg, diesen Verhältnissen in absehbarer Zeit entrinnen zu können, war, mehr Geld zu verdienen. Zwar wurde Otto das Praktikum bei Schwartzkopff bezahlt, aber er musste für sein geplantes Studium an der Gewerbeakademie sparen. Da blieb nie genug übrig – bis der Werkmeister des Anklamers technische Begabung entdeckte und ihn ins Konstruktionsbüro versetzte. Hier warteten wesentlich spannendere Aufgaben auf ihn, und obendrein wurde die neue Arbeit besser bezahlt.

Wie es damals in einem solchen Zeichensaal aussah, berichtet der Bauingenieur und Schriftsteller Heinrich Seidel, ein Freund Otto Lilienthals und Absolvent der Bauakademie, der später mit der Konstruktion des eisernen Hallendaches auf dem Anhalter Bahnhof Baugeschichte schreiben sollte. Mit einer Spannweite von 62,5 Metern war es damals die größte Anlage dieser Art auf dem Kontinent. Seidel war in etwa zur selben Zeit, als Otto sein Praktikum bei Schwartzkopff machte, in unmittelbarer Nähe, nämlich in der Maschinenfabrik von Wöhlert, angestellt. In dem Erzählungsband *Leberecht Hühnchen* hat Seidel seine Erlebnisse als Zeichner in dieser Fabrik verarbeitet.

Der Schwartzkopff'sche Zeichensaal wird sich nicht sonderlich von dem bei Wöhlert unterschieden haben. An jedem der Tische »klapperte ein etwas stubenfarbiger Jüngling gar eifrig mit Reißschiene und Dreieck, und unablässig vernahm man das leise scharrende Geräusch der Bleistifte und Reißfedern. Von einem dieser Tische zu dem anderen begaben sich die Vorstände der verschiedenen Abteilungen, des Maschinenbaues, des Brückenbaues und des Lokomotivenbaues, und führten weise und erläuternde

Vermutlich Zeichensaal der Firma Schwartzkopff

Gespräche mit ihren Untergebenen, tadelten gern und lobten selten.«

Die Hitze, der Lärm und die Mühsal der körperlichen Arbeit lagen hinter Lilienthal. Nun arbeitete er unter Anleitung eines Mannes, dem er die ersten Einblicke in die moderne Art des Konstruierens verdankte: Emil Kaselowsky. Der Ingenieur gehörte neben Franz Reuleaux, Ottos späterem Lehrer, Carl Benz und Eugen Langen zu den Schülern des bekannten Technikwissenschaftlers Jacob Ferdinand Redtenbacher. Wie Reuleaux zählte er zu den Gründervätern der Wissenschaft des Maschinenbaus. Hatte Leonardo da Vinci Technik noch als Spielerei betrachtet, als eine Anwendung von Mathematik, so hatte sie sich inzwischen zu einer eigenen Lehre entwickelt, die sich der Mathematik und Physik als Hilfswissenschaften bediente. An der Gewerbeakademie waren genau dafür die ersten Grundlagen geschaffen worden. Kaselowsky vermittelte nun Otto einen Vorgeschmack darauf, was ihn dort erwartete.

Im Sommer 1867 endete Otto Lilienthals Praktikum bei Schwartzkopff. Ein enorm erfolgreiches Jahr lag hinter dem Unternehmen.

Der politische Einigungsprozess hatte auch das staatlich geförderte Eisenbahnwesen vorangebracht. Neben Borsig, dem »Lokomotivkönig«, profitierte davon nicht zuletzt die Firma Schwartzkopff. Im Februar hatte mit feierlichem Pomp die erste Güterzuglokomotive das Werk verlassen. Noch im selben Jahr folgten elf weitere, bestimmt für die Niederschlesisch-Märkische Eisenbahn.

Man kann sich vorstellen, welchen Eindruck diese zwölf Monate Praktikum auf den jungen Mann aus der Provinz gemacht haben müssen. Wie sehr unterschied sich ein solcher Maschinenbaubetrieb von einem familiären Handwerksbetrieb. Er funktionierte gleichsam selbst wie eine Maschine, in der jeder im Zusammenspiel mit den anderen Teilen des Räderwerks seinen Platz hatte. Aber nicht nur das faszinierte Lilienthal. Louis Schwartzkopff hatte auch seine Vorstellung von der sozialen Verantwortung eines Unternehmers geprägt. Da viele seiner Arbeiter unter den gesundheitsschädlichen Bedingungen der Eisengießerei litten, finanzierte der Fabrikbesitzer das Lazarus-Krankenhaus mit und war damit der erste Berliner Unternehmer, der karitativ tätig wurde.

Mit der schriftlichen Bestätigung der Firma Schwartzkopff, dass Otto Lilienthal dort beschäftigt war und sich »als ein umsichtiger, fleißiger und zuverlässiger Arbeiter« bewährt hatte, waren alle Zugangsbedingungen für die Ausbildung an der Berliner Gewerbeakademie erfüllt. Am 1. Oktober betrat Otto zum ersten Mal das Gelände in der Klosterstraße, die sich an der Marienkirche vorbei bis zum Grauen Kloster entlangzog, wo einst Schinkel und Bismarck gelernt hatten. Hier, ganz in der Nähe vom Mühlendamm, hatte an einer Furt 650 Jahre zuvor die Geschichte Berlins begonnen: mit Fischern auf der einen Seite (Cölln) und Kaufleuten auf der anderen (Berlin). Nun reihten sich dort vornehme Villen aneinander.

Christian Peter Wilhelm Beuth, der Mentor und Motor der Berliner Industrie, hatte 1821 die Gewerbeakademie gegründet.

Umtriebig und selbstlos, in Fabriken, Künstlerateliers und Handwerksstuben gleichermaßen zu Hause, hatte er klar erkannt, dass die Schwachstelle des preußischen Bildungswesens ihre Theorielastigkeit war. Tüchtige und praktische Gewerbetreibende brauchte die deutsche Wirtschaft, Techniker und keine Theoretiker, wie sie die Friedrich-Wilhelms-Universität hervorbrachte.

Beeinflusst von dem englischen Ökonomen Adam Smith, vertrat Beuth die Theorie des »wirtschaftlichen Individualismus«, des »freien Spiels der Kräfte«. Die Auffassung, wenn nur jedem Einzelnen die »vollständige Freiheit des Handelns« gegeben sei, fromme »das auch der Allgemeinheit am besten«, wurde zum Grundsatz seiner Ausbildung. Was Beuth schuf, war im Grunde der »zweite Bildungsweg«, wie er noch heute in Form der Ingenieur- und Fachschulen existiert. Dem angehenden Fabrikanten sollten »nicht nur allgemeine Bildung und eine Einsicht in die Dinge« gegeben werden, die »zu wissen jedem Handwerker nottut, sondern gerade auch so viel Vorkenntnisse, als zum Betriebe eines technischen Gewerbes nötig sind«.

Die Laufbahnen bedeutender Industriemillionäre wie Erfinder haben in Beuths Gewerbeakademie ihren Ausgang genommen. Zu den Absolventen zählten August Borsig, Louis Schwartzkopff und Adolf Slaby, einer der Erfinder der drahtlosen Nachrichtenübertragung und ein Kommilitone von Otto Lilienthal. Als beide ihr Studium begannen, zählte die Akademie bereits über 500 Schüler – 1821 waren es gerade einmal 13 gewesen. War der Unterricht unter Beuth anfangs noch kostenfrei und wegen der desolaten Vorkenntnisse der Zöglinge sehr verschult gewesen, so wurden unter dem Rektor Friedrich Wilhelm Nottebohm ab 1857 Schulgeld und die freie Wahl der Studienfächer nach einem allgemeinen Grundstudium eingeführt.

20 Reichstaler Studiengeld pro Semester hatte Otto aufzubringen, viel Geld damals. Einen Teil davon bestritt er aus seinen Ersparnissen. Vermutlich steuerte auch die Familie etwas bei. Aller-

dings war auch ein erneuter Versuch Carolines, Geld von der Familienstiftung zu bekommen, abgelehnt worden. Das bedeutete für Otto, nach den »fetten« letzten Monaten bei Schwartzkopff den Gürtel wieder enger zu schnallen und womöglich noch einfachere Wohnverhältnisse zu ertragen. Das Umziehen war er gewohnt. Man blieb selten längere Zeit an ein und derselben Schlafstelle. Otto wird sich also nach einer noch billigeren Schlafstelle umgesehen, noch seltener warm gegessen, noch eifriger als in Potsdam studiert haben. Denn die einzige Chance, aus der finanziellen Misere herauszukommen, war ein Stipendium für hervorragende Leistungen.

Das Pensum, das Otto Lilienthal an der Gewerbeakademie zu bewältigen hatte, war enorm. Innerhalb der drei Jahre, die er dort studierte, verdoppelte sich der Lehrstoff. Um so effizient wie möglich zu sein, machte er seine Mitschriften deshalb in Stenographie. Das erste Jahr durchlief er die Allgemeine technische Abteilung, die für alle Studierenden verbindlich war. Dieses Grundstudium umfasste im I. Kursus: Reine Mathematik (Stereometrie und sphärische Trigonometrie; beschreibende Geometrie, Algebra, Differential- und Integralrechnung; analytische Geometrie, Kurvenlehre; praktisches Rechnen), Physik, Chemie, Linearzeichnen (darunter Maschinenzeichnen), Freihand- und architektonisches Zeichnen; im II. Kursus: Reine und angewandte Mechanik, in analytischer Darstellung; Wiederholungen und Ergänzungen aus Physik und Chemie; Mineralogie; Bau- und Materialienkunde und Baukonstruktionslehre.

Erst danach konnte Otto frei wählen zwischen Bauhandwerk, Seeschiffsbau, Chemie- und Hüttenkunde und Mechanik. Hinter Letzterem verbarg sich der Maschinenbau, und ihm widmete Otto die restlichen sechs Semester. Er belegte Ausführliche Maschinenlehre, darunter Kurse über Kraftmaschinen, Dampfmaschinen und, als neues Gebiet der aufkommenden Verkehrstechnik, Eisenbahnen. Noch hörte er keine Vorlesungen über Werkzeugmaschinenbau, denn das reine Maschinen- und Ingenieurwesen wurde erst nach

Ottos Abschluss eingeführt. An drei Tagen in der Woche arbeitete er laut Lehrplan in Werkstätten. Die Lehrer waren entweder fest angestellt, nebenamtlich tätig oder Privatdozenten. Vor allem Letztere kamen oft direkt aus der Wirtschaft und brachten unmittelbare Praxiserfahrung in den Unterricht mit.

Eine bessere Ausbildungsanstalt hätte Otto sich nicht wünschen können, denn in der Berliner Gewerbeakademie wurde Technik in den Rang einer Wissenschaft erhoben. Immer wieder sollte er bei seinen späteren Aktivitäten auf die hier erlernten Methoden exakter Wissenschaftlichkeit zurückgreifen. Jeder Versuch, etwa die mit künstlichen Flügeln an einem einfachen Holzgestell durchgeführten Auftriebsmessungen, wurde später exakt protokolliert. Die zu messenden Größen wurden genau festgelegt und ihre Werte unverarbeitet aufgezeichnet, so dass Messfehler auch später noch zu erkennen waren.

Vieles, was Otto in jener Zeit lernte, war somit ein erster Prüfstein für seine und Gustavs Flugforschungen, die sie bis Anfang der siebziger Jahre in den Ferien intensivierten. Marie führte dabei das Protokoll. In der Spalte »O« notierte sie die Werte, die Otto ihr zurief. Gustav ergänzte jeweils durch Zuruf einen zweiten Wert. Seine Daten trug Marie in der Spalte »G« ein. Eine Skizze zeigt die Versuchsanordnung, jederzeit nachvollziehbar, nachmessbar, reproduzierbar. Genau dies wird Ottos Kriterium sein, als er 1889 sein Buch über den Vogelflug schreibt. Er wird alle Messungen wiederholen und erst, nachdem sich die Resultate bestätigt haben, das Werk veröffentlichen, mit dem die Physik des künstlichen Flügels geboren wird. Bis dahin aber sollten noch über zwanzig Jahre vergehen.

Im Sommer 1868 erprobten die Brüder nicht weit entfernt von Anklam auf dem Gut Demnitz bei Altwigshagen einen weiteren Flügelschlagapparat. Ein Tretmechanismus wie später bei einem Fahrrad sollte die Kraft der Beine besser in eine Flatterbewegung der Flügel umsetzen, als es bei dem Apparat vom Vorjahr gelungen war. Die Einzelteile dafür hatten sie bereits in einer Dachkammer des Berliner Hauses, in dem Otto wohnte, gebaut. Ein mühsames Unterfangen, da es recht eng war und sie vor allem keinen Lärm machen durften. Statt des harten Palisanderholzes, das sie bisher für die Flügelrippen verwendet hatten, nahmen sie nun Weidenruten. Versuche hatten ergeben, dass Weide leichter war und eine höhere Bruchfestigkeit aufwies. Für die übrigen Gestellteile benutzten sie Pappelholz. Auch von den Gänsefedern waren sie abgekommen.

Um das unangenehme Herabfallen des Apparats beim Flügelaufschlag zu vermeiden, hatten sie sich ein neues System ausgedacht. Es führte zwar wie bei ihrem ersten Apparat vogelartige Schlagbewegungen aus, besaß aber nicht mehr nur zwei Flügel, sondern sechs. Beim Heben öffneten sich aus Tüll gefertigte und mit Kollodiumlösung bestrichene Ventilklappen, die Luft hindurchließen. Ein »mittleres breiteres Flügelpaar sowie ein schmaleres vorderes und hinteres Flügelpaar« waren »um eine horizontale Axe drehbar und in Verbindung, dass jeder Flügel einer Seite sich hob, wenn der zugehörige der anderen Seite sich senkte, und umgekehrt«, erläutert Lilienthal später den Mechanismus in seinem Buch *Der Vogelflug als Grundlage der Fliegekunst*.

Der Apparat war ausgeklügelt, viel raffinierter als ein Jahr zuvor, denn mit dem neuen Pedalantrieb ließ sich die volle Kraftanstrengung in Flügelschläge umsetzen. Die Brüder hatten ihn an einem Balken aufgehängt, an dem ein Seil befestigt war, das über Rollen lief. Am anderen Ende des Seiles wurde ein Teil der Last durch ein Gegengewicht ausgeglichen. Aber selbst bei voller Kraftanstrengung schaffte es keiner von beiden, mehr als 40 Kilogramm anzuheben. Fast eine Pferdestärke konnten sie einige Sekunden lang leisten, hatten sie gemessen. Wo lag der Fehler?

Die Brüder wussten nicht, dass bereits sechzig Jahre zuvor der Wiener Uhrmacher Jacob Degen einen ganz ähnlichen Ansatz ver-

Versuche auf Gut Demnitz. Holzschnitt Otto Lilienthals

folgt und sein Experiment mit ebenso zweifelhaftem Erfolg sogar in der Universität vorgestellt hatte.

Auch wenn das anstrengende und aufwändige Experiment der Brüder kein Erfolg zu sein schien, so lenkte es ihr Interesse doch in eine andere Richtung, die sich später als entscheidend für den Menschenflug herausstellen sollte: der antriebslose, motorlose Flug. Während Degen seinem Flügelschlagapparat einen Ballon hinzufügte, um den Auftrieb zu erhöhen, suchten die Lilienthals nach dem Grund dafür, dass ihnen die Nachahmung des Vogels nicht glückte. Mit der Kraft ihrer Muskeln war es ihnen nicht gelungen. Kreisende Störche konnten sich allerdings auch im Gleitflug, ohne Bewegung der Flügel, am Himmel halten. Worin lag das Geheimnis dieses Schwebens? War das ein Wunder oder ließ es sich verstehen und physikalisch beschreiben? Diese Frage wurde das neue Ziel der Lilienthal-Brüder und der Schlüssel zu ihrem epochemachenden Erfolg.

Vorerst ernteten sie mit ihrem Flügelschlagen jedoch nur Spott und Kopfschütteln, denn noch hatten sie keine verwertbaren Ergebnisse vorzuweisen. Ottos Kommilitonen, denen sein Steckenpferd nicht verborgen geblieben war, machten sich einfach nur lustig über ihn. Selbst Franz Reuleaux, sein Professor für Maschinenbau und Ingenieurwesen, der 1868 den bisherigen Direktor der Gewerbeakademie, Nottebohm, abgelöst hatte, und sein Mathematikprofessor Elwin Bruno Christoffel fanden Ottos Vision, die Menschen würden eines Tages wie die Vögel fliegen, reichlich kurios. Die Eroberung des Luftraums geschehe vielmehr durch die Ballonfahrt, meinten sie. Wenn es auch nicht schade, sich die Zeit mit derlei Gedankenspielereien zu vertreiben, so solle Otto sein Geld doch lieber in sinnvollere Vorhaben investieren.

Diese Skepsis wird sich wie ein roter Faden durch Ottos Leben ziehen. Visionen lassen sich erst verkaufen, wenn sie kalkulierbar sind. Der Erfolg der Dampfmaschine und der Elektrizitätstechnik hatte es bewiesen. Bereits nach wenigen Jahrzehnten war durch sie eine enorme Industrie in Gang gesetzt worden. Nicht ohne Bitterkeit schreibt Lilienthal fast dreißig Jahre später, als seine Erfindung begann, die Welt zu verändern: »Ja, wenn mit dem Fliegen sich bereits Geld verdienen ließe, möchte wohl mancher seine Gleichgültigkeit gegen die Rätsel des Fluges verlieren.« Wie »die Geier über das Beuteaas herfallen«, würden sich »die Aftererfinder und ausbeutenden Industriellen auf einen großen genialen Gedanken« stürzen. Vorerst aber hätte »die größte Triebfeder des technischen Fortschritts, die Spekulation«, das Potenzial, das in diesem Gedanken steckte, noch nicht erkannt. Die Brüder Lilienthal ließen sich jedoch von derlei Hindernissen nicht abschrecken. Außerdem arbeiteten sie bereits an einer anderen Erfindung, aus der vielleicht ein Geschäft werden könnte.

An einem Sommersonntag holperte zum Erstaunen vieler Passanten ein merkwürdiges Gefährt auf der Straße Unter den Linden entlang. An den Pferdeomnibus oder die Pferdebahn, die seit 1865 vom Kupfergraben nach Charlottenburg fuhr, hatten sich die Berliner als Verkehrsmittel bereits gewöhnt. Aber was sich hier zwischen den unzähligen Droschken, dem Trappeln und Wiehern der aufgeregten Tiere einen Weg zu bahnen versuchte, schien ein neues Kuriosum zu sein.

Gustav hatte aus Anklam das Tretrad mitgebracht, das die Brüder nun auch auf einer großen Rundtour in Berlin erprobten. Oben, zwischen zwei Meter hohen Vorderrädern, trat Gustav in die Pedale, hinter ihm, auf dem wesentlich kleineren, an einer langen Stange befestigten Hinterrad, Otto. Ihr Ausflug hatte im Wedding begonnen, wo ihre neue Erfindung für einen Taler die Woche bei einem Schmied untergestellt war. Ein Vergnügen, so Gustav, sei es nicht gewesen, ohne Federung die schlecht gepflasterten Straßen, insbesondere die Chausseestraße, entlangzufahren. »Wir fühlten die Erschütterung bis in die Fingerspitzen.« Immerhin habe ihnen König Wilhelm I. »einen Augenblick mit Interesse nachgesehen«. Vielleicht war es ja auch nur ein Kammerdiener. Aufmerksamkeit genossen die Brüder in jedem Fall. Tapfer quälten sie sich durch das Brandenburger Tor in Richtung Westen. Auf der Charlottenburger Chaussee überholten sie sogar die Pferdebahn. Dann ging es wieder zurück.

Gustav hoffte mit dem Tretrad eine Art Droschkendienst aufzuziehen. Das hätte ihre finanzielle Misere gelindert und ihm womöglich eine weitere Ausbildung gestattet. Am 21. Oktober 1868 stellten die Brüder deshalb den Antrag für das polizeiliche Führungszeugnis und führten ihr Rad mit Erfolg den Beamten am Mariannenplatz vor. Die Lilienthals waren mit ihrem pedalgetriebenen Fahrzeug auf der Höhe der Zeit. Den Begriff »Fahrrad« verwendete man zwar erst seit Mitte der 1880er Jahre, aber schon seit 1861 gab es das von Pierre Michaux erfundene »Velociped«, auch »Michauline« genannt, und zwei Jahre nach der Probefahrt der Brüder wurde bereits die erste Fahrrad-Schule in Berlin eröffnet. Wie auf Pferden in einer Manege »ritten« dort Männer und Frauen hoch oben auf ihren per Stange miteinander verbundenen Rädern im Kreis. Noch funktionierte dieses Gefährt ohne Kette und Übersetzung; die Beinkraft wirkte durch starr an der Vorderradachse angebrachte Pedale direkt auf das vordere Rad. Allzu schnell kam man damit nicht vorwärts. Die zurückgelegte Strecke pro Kurbelumdrehung entsprach nur dem Umfang des Vorderrads. Um höhere Geschwindigkeiten fahren zu können, musste daher das Vorderrad

Tretrad für zwei Personen. Skizze Gustav Lilienthals

vergrößert werden. Das Tretrad der Lilienthals entsprach dieser Anforderung.

Letztlich scheiterte das Geschäft jedoch an der Faulheit der Fahrgäste, die es gewohnt waren, kutschiert zu werden. Sie hatten einfach keine Lust, sich an der Tretarbeit zu beteiligen. Radfahren als Sport zu betrachten – »dass man Gefahr lief zu schwitzen« –, kam ihnen damals noch nicht in den Sinn. Wie die weitere Geschichte des Fahrrads zeigt, wurde das heute übliche Niederrad mit dem Kettenantrieb am Hinterrad erst etwa 25 Jahre später erfunden und fand dann überaus rasche Verbreitung. Die Lilienthals werden dann mit ihren Familien zu den begeisterten Nutzern dieses neuen individuellen Verkehrsmittels gehören.

Ihr eigenes Tretrad aber war – wie noch öfter in ihrem Leben – eine zwar geniale, aber noch nicht »marktgerechte« Erfindung gewesen. Wieder waren sie zu früh gekommen. Ein Unternehmen ließ sich damit noch nicht aufziehen. Und so verkauften sie es schließlich für 30 Taler, was ihnen immerhin einen kleinen Gewinn einbrachte.

Die Geldsorgen blieben. Erst Franz Reuleaux, der einflussreiche Technikprofessor an der Akademie, beendete Ottos permanente Finanzmisere. Der Erfinder der neueren Kinematik und spätere Lehrer und Förderer Ludwig Wittgensteins (der übrigens als junger Mann heftig zwischen seiner Berufung als Flugforscher oder Philosoph geschwankt hatte) schätzte Lilienthal als einen äußerst begabten Studenten, der sich trotz seiner schwierigen Lebensumstände durch enormen Fleiß hervortat. Und so schlug Reuleaux seinen Zögling für das Salinger'sche Stipendium vor. In einem Brief an den Minister für Handel, Gewerbe und öffentliche Arbeiten bescheinigte der Professor ihm »recht gute, ja in einzelnen Disziplinen vorzügliche Leistungen«. Nur drei von 563 Studenten wurden für dieses Stipendium ausgewählt. Einer dieser drei war Otto Lilienthal. Von April 1869 an hatte er 300 Taler mehr jährlich zur Verfügung.

Ein Jahr später beendete Otto die Gewerbeakademie mit einem glänzenden »Abgangs-Zeugnis«: In vier Fächern erhielt er die Note »vorzüglich«, in den anderen wurde er mit »sehr gut« und »gut« bewertet – eine ausgezeichnete Visitenkarte für sein Entree in die Wirtschaft. Reuleaux' Vorschlag, sein Assistent zu werden, lehnte er dennoch ab. Otto wollte nicht lehren, sondern erfinden und darauf eines Tages eine eigene Existenz gründen.

Seit dem Frühjahr 1869 hatte auch Gustavs weitere Ausbildung Gestalt angenommen. Ohne zu zögern, hatte Otto dank seines erhöhten Budgets den Bruder zum Studium nach Berlin geholt. Otto hatte die ungewisse berufliche Zukunft Gustavs durchaus bedrückt. Nach wie vor standen die Brüder einander sehr nahe. Aber ihnen hatte der permanente Austausch gefehlt, das Denken im Dialog, die gegenseitige Kritik wie das gemeinsame Musizieren. Mit Gustavs Übersiedlung hatte Otto wieder einen Bündnisgenossen, mit dem ein Stück Heimat nach Berlin gekommen war. Demonstrativ sprachen sie Plattdeutsch miteinander, da ihnen anfangs »die Berliner Ausdrucksweise höchst unsympathisch« war. Mit der Zeit gewöhnte Otto sich allerdings doch noch einen heftigen Berliner Dialekt an.

Endlich lebten sie wieder zusammen und obendrein »wie die Fürsten«, wie Gustav später überschwänglich ihre Lebensumstände übertreibt. Die Zeit als Schlafburschen lag hinter ihnen. Zusammen mit einem Droschkenkutscher hatten sie eine Kammer in Moabit gemietet, Paulstraße 6, später in Alt-Moabit 46 unweit des Eisenwerks Borsig. Moabit war in jenen Jahren ein spannungsgeladenes Stadtgebiet nördlich des Spreebogens, das einst den aus Frankreich vertriebenen Hugenotten zugewiesen worden war. Immer wieder kam es zu Unruhen zwischen den dort lebenden deutschen Protestanten und französischen Katholiken. 1869, als Gustav zu studieren begann, hatte dort der »Moabiter Klostersturm« stattgefunden, bei dem mehrere Menschen ums Leben kamen.

Gustav Lilienthal hatte sich an der Bauakademie eingeschrieben.

Als Architekt sah er im expandierenden Berlin eine gesicherte Zukunft. Mit dem Realschulabschluss erfüllte er eine wesentliche Voraussetzung. Dass er obendrein noch das Maurerhandwerk erlernt hatte, qualifizierte ihn zusätzlich. Zwei Jahre sollte die theoretische Ausbildung dauern, anschließend war ein Jahr Praktikum zu absolvieren. Gustav hätte auch an der Gewerbeakademie studieren können. Doch die war ihm zu technisch orientiert, da sie für die wachsende Serienfabrikation von Häusern und Industriegebäuden eher Bauingenieure ausbildete. Er aber wollte Architekt werden. Die Bauakademie mit ihrer verstärkt künstlerischen Ausrichtung schien ihm dafür geeigneter. Seit ihrer Gründung im Jahr 1799, waren viele große Architekten aus ihr hervorgegangen, so etwa Karl Friedrich Schinkel, der das Akademiegebäude gegenüber dem Berliner Schloss am Werderschen Markt erbaute, Johann Gottfried Schadow, Friedrich August Stüler, der Erbauer der Nationalgalerie, oder James Hobrecht, dessen Konzept von Ring- und Ausfallstraßen und die Erfindung des Miethauses bis heute das Berliner Stadtbild prägen.

Das künstlerisch orientierte Studium an der Bauakademie war eine besondere Herausforderung für Gustav. In dieser Hinsicht zeichnete er sich bisher nur durch ein mäßiges Talent aus. Otto galt als der »Künstler« in der Familie. Seine Aquarelle und ein ausdrucksstarkes Selbstporträt in Ton, das er als Vierzehnjähriger machte, zeugen eindrucksvoll davon. Gustav hatte jedoch den starken Willen, mit Fleiß das aufzuholen, was Otto von Natur aus gegeben war. Die Aussichten waren verlockend. Nach Beendigung des Studiums winkte Gustav eine Karriere als Baumeister und preußischer Regierungsbeamter. Erste praktische Erfahrungen hierfür sammelte er von Mai 1870 an bei den Architekten Ende & Böckmann, die unter anderem das Museum für Völkerkunde entwarfen.

Gustavs Weg schien vorgezeichnet. Da machte der Krieg seinem Studium abrupt ein Ende. Im Juli 1870 zogen preußische, sächsische und süddeutsche Soldaten, darunter zahlreiche Studenten, erstmals gemeinsam für ein »einig-deutsches Vaterland« gegen den »Erbfeind« Frankreich in die Schlacht. Gustav wurde zwar wegen eines Ohrenleidens zurückgestellt. Doch an ein Studium war nicht mehr zu denken, denn die Bauakademie hatte ihre Pforten bei Ausbruch des Krieges geschlossen. Otto hingegen tauschte Hut und Anzug gegen Feldmütze und Uniform. Sein Wehrdienst hieß Fronteinsatz.

3. KAPITEL

Im bunten Rock der Gardefüsiliere
Ein »grausiges Schauspiel«

Otto Lilienthal war bei seiner Einberufung 22 Jahre alt, ein hoffnungsvoller junger Mann, der statt eines Zeichenstiftes unversehens eine Waffe in der Hand trug, der nicht wusste, was ihn erwartete, und der seine Furcht mit fast täglichen Briefen an die Familie und in Tagebucheinträgen verarbeitete. Die noch erhaltenen Feldpostbriefe datieren vom 1. September 1870 bis zum 9. Juni 1871 und sind ein seltenes Dokument militärischer Alltagsgeschichte, das in etlichen Facetten die damalige Kriegspropaganda konterkariert. Manches wird übertrieben, manches geschönt, vieles bleibt ungesagt. »Alles, was mir passiert ist, kann ich ja doch nicht schreiben.« Die Daheimgebliebenen sollten geschont werden. Und doch vermitteln Ottos Schilderungen in der Summe ein plastisches Bild vom Leben eines Frontsoldaten in jenem preußisch-französischen Krieg, der die Geburtsstunde des deutschen Nationalstaates werden sollte.

Bei allem Unwägbaren, aller existenziellen Erfahrung hatte dieser Krieg noch eine andere Seite. Gerade für die Soldaten, seltener vielleicht für die aus gebildeten Schichten stammenden Offiziere, war er der erste unmittelbare Kontakt mit einem anderen Land. Auch Ottos Fronteinsatz brachte ihn erstmals ins Ausland. Sein Frankreichbild war vor allem durch seinen Vater geprägt. Frankreich war das Land der Französischen Revolution, der Deklaration der Menschen- und Bürgerrechte und Napoleons I., das seinem Vater als Vorbild für liberale Veränderungen gegolten hatte – ein positives Bild, das er nun an der Wirklichkeit maß. Am 22. Juli wurde Otto als »Einjährig-Freiwilliger« zum Gardefüsilierregiment, 4. Ersatzkompanie, einberufen. »Freiwillig« bedeutete dabei nicht, dass er sich freiwillig für den Kriegsdienst gemeldet hätte. Es hieß nur, dass er als Angehöriger der Gebildetenschicht das Privileg genoss, statt der üblichen drei Jahre nur ein Jahr Wehrdienst leisten zu müssen, wenn er sich gleich nach Abschluss der Ausbildung zur Einberufung meldete.

Der erste Eindruck auf fremdem Boden war enttäuschend. »Ich hatte immer geglaubt«, schreibt er im Oktober 1870 an Gustav, »in Frankreich alles sauber und manierlich zu finden, dem ist aber durchaus nicht so. Es passt für alle französischen Wesen nichts besser wie der Ausdruck malpropre ...« Immerhin würden die Häuser und Straßen alle Tage gefegt, »um Krankheiten vorzubeugen, die durch Unsauberkeit entstehen«.

Waren die Franzosen weniger zivilisiert, als er gedacht hatte, und die Deutschen ihnen doch überlegen? Ottos Teilnahme an diesem Krieg beruhte zwar nicht auf einer freien Entscheidung, aber er zweifelte nicht daran, dass er für eine gerechte Sache kämpfte. Seine Haltung war patriotisch. Frankreich hatte Preußen den Krieg erklärt, weil es eine nationale Einheit der deutschen Kleinstaaten verhindern wollte. Aus politischem wie ökonomischem Selbsterhaltungstrieb wollte die Großmacht dem drohenden Einflussverlust in Europa vorbeugen und den Status quo aufrechterhalten: einen deutschen nördlichen Staatenbund unter preußischer Vorherrschaft. Der Süden, also Bayern, Baden und Württemberg, sollte selbstständig und unabhängig bleiben. Ein Krieg, so hofften Napoleon III. und insbesondere sein neuer Außenminister, der Herzog von Gramont, könnte diese Teilung festschreiben. *Divide et impera* – teile und herrsche! Frankreich hatte allerdings nicht mit dem patriotischen Enthusiasmus seines Gegners gerechnet, der das ganze Land, selbst Süddeutschland, nach der Kriegserklärung erfasste. Der »gerechte« Verteidigungskrieg, in den der Süden durch Bündnispflicht eintrat, funktionierte wie ein Katalysator und beschleunigte nur noch den Einheitsprozess.

Der Krieg kam Deutschland sehr gelegen. Bismarck nahm den Fehdehandschuh gern auf, schließlich hatte er den Konflikt mit der

Manipulierung der berühmten Emser Depesche selbst provoziert. Danach wurde die Konfrontation unausweichlich. Bismarck hatte es bereits ein Jahr zuvor, im Februar 1869, für wahrscheinlich gehalten, dass »die deutsche Einheit durch gewaltsame Ereignisse gefördert werden würde«, glaubte aber, dass die »Frucht noch nicht reif« dafür sei. Jetzt fiel sie ihm vorzeitig in den Schoß. Die äußere Bedrohung des Landes hatte ein nationales Bewusstsein geweckt, das an den Nationalstolz und den Franzosenhass der Befreiungsbewegung in napoleonischen Zeiten anknüpfte. Wieder zogen die Deutschen gegen Frankreich, wieder ging es gegen einen Kaiser Napoleon, und viele deutsche Nationalisten empfanden 1870 als Revanche für die napoleonischen Eroberungskriege zu Beginn des 19. Jahrhunderts.

Zwei annähernd gleich starke Heere von jeweils etwa einer halben Million Soldaten standen sich ab Sommer 1870 gegenüber. Deutschland hatte seine Truppen nicht nur per Schiff den Rhein entlang, sondern erstmals auch per Eisenbahn in den Krieg geschickt. So ließen sich viel mehr Truppen in weitaus kürzerer Zeit als bisher bewegen. Ein Großteil des Weges wurde dennoch zu Fuß zurückgelegt. Neu war aber, dass auch der Marsch auf zu diesem Zweck stillgelegten Gleisen erfolgte.

Hoch oben auf dem Waggon sitzend und reichlich Wein aus Tonkrügen trinkend, den er für 10 Kreuzer allerdings selbst bezahlen musste, war Otto den Rhein entlanggefahren. Danach wurde marschiert, und der Spaß hörte langsam auf. Tagelanger Regen machte den Soldaten zu schaffen. Otto war schon froh, wenn er bis auf die Haut durchnässt durch Tunnel stolpern konnte. Dort war es zwar stockdunkel, aber wenigstens trocken. Mit 75 Pfund Gepäck täglich über 30 Kilometer zu laufen, erschöpfte die Soldaten dermaßen, dass fast ein Drittel aus Ottos Kompanie bereits während des Aufmarschs ausfiel, zumal auch die Nachtquartiere schlecht waren. Otto hielt durch, denn er war es gewohnt, stundenlang zu Fuß unterwegs zu sein. Einen großen Teil seiner Kindheit und

Jugend hatte er im Freien verlebt, in den Wiesen und Wäldern rund um seine Heimatstadt. Entsprechend durchtrainiert nahm er die Strapazen gelassen hin und blieb gesund. Der Krieg war für ihn noch ein Abenteuer. Kanonendonner hörte er nur aus der Ferne.

Nachdem sie Lothringen durchquert hatten, erreichten Otto Lilienthal und seine Kompanie am 8. September St. Menehould in der Champagne. Zu diesem Zeitpunkt war der Kampf bereits entschieden. Die ersten Schlachten im August waren erfolgreich verlaufen, und die Franzosen hatten zurückweichen müssen. Der Eisenbahnaufmarsch, der Einsatz von Telegrafen und die Führung durch einen Generalstab hatten sich bewährt. Die Schlacht bei Sedan am 2. September hatte dann schließlich die Entscheidung gebracht. Napoleon III. wurde mit 100 000 Soldaten gefangen genommen, und seine Hauptarmee kapitulierte. Vier Tage später wurde die Republik ausgerufen, und die neue französische Regierung war bereit, Frieden zu schließen. Die Preußen hatten ihr Ziel erreicht: einem deutschen Nationalstaat stand nichts mehr im Wege.

Damit hätte der Krieg zu Ende sein können. Otto wäre zurückgekehrt und hätte sich um seinen Beruf gekümmert. Keine wunden Füße mehr, keine Läuse, kein Hammelfleisch. Es wäre bei einem etwas seltsamen Ausflug ins Nachbarland geblieben. Doch der König und sein Kanzler ließen ihn weitermarschieren. Der preußischen Regierung, dem Militär und der Mehrheit der Deutschen war dieser Sieg nicht genug. Sie wollten mehr: Die »Wiedergewinnung der alten deutschen Reichsgebiete im Westen«, die Annexion des Elsass und eines Teils von Lothringen, stand jetzt auf der Tagesordnung. Frankreich musste geschwächt werden, um das europäische Gleichgewicht zwischen den zwei Großmächten zugunsten der Deutschen zu verschieben. »Die einzig richtige Politik«, hieß es bereits am 21. August 1870 in einem Erlass Otto von Bismarcks an den preußischen Botschafter in London, »ist unter solchen Umständen, einen Feind, den man nicht zum aufrichtigen Freund gewinnen *kann*, wenigstens etwas unschädlicher zu machen und uns mehr gegen ihn zu sichern, wozu nicht die Schleifung seiner uns bedrohenden Festungen, sondern nur die Abtretung einiger derselben genügt.«

Damit begann ein Eroberungskrieg, der Frankreichs territoriale Integrität sowie seinen Nationalstolz zutiefst verletzte und der dem angehenden deutschen Nationalstaat schwerwiegendes politisches Misstrauen seitens der anderen europäischen Mächte einbrachte. Von Mitte September an wurde Paris umzingelt. »Erst wenn die deutschen Fahnen vom Montmartre wehen, wenn die Tuillerien von den Klängen des deutschen ›Einzugsmarsches‹ widertönen, erst dann wird dieses eitle und betrogene Volk daran glauben, dass es besiegt ist«, tönte die deutsche Kriegspropaganda.

Bei seinem Marsch auf die französische Hauptstadt begegnete Otto allerdings kein »eitles Volk«. Im Allgemeinen wurden die Soldaten freundlich aufgenommen, was sich Otto damit erklärte, dass die Freiwilligen fast alle etwas Französisch beherrschten. Das entsprach nicht dem Bild, das sich die Bauern von ihren Erzfeinden gemacht hatten. »Durch die Zeitungen war den armen Franzosen vor uns so bange gemacht worden, dass sie freilich überrascht sein mussten, als sie in uns lauter gebildete Leute erblickten«, schreibt Otto nicht ohne deutsche Überheblichkeit an Gustav. Und er fährt fort: »Die schönste Aufnahme fanden wir ... in der Stadt Braisne. Ich lag mit acht Mann bei einem Stuhlmacher, der einige Gesellen hatte. Frauen waren gar nicht im Hause. 2 Gesellen saßen immerzu am Feuer und brieten uns Beefsteaks. Wir tranken Kaffee in kleinen Gläsern ... mit Rum ..., ein herrliches Getränk. Einer von uns war von der belgischen Grenze und sprach fließend Französisch, in diesen hatte sich der Meister förmlich verliebt, denn am Abend, als durch den Wein die Gemüter erhitzt waren, umhalste und küsste er ihn sogar. Unser Meister besaß mehrere Fotografien von hohen Häuptern, unter ihnen auch die von Napoleon. Als er das Letztere hervorholte, zerriss er dasselbe und spuckte darauf, als wir Miene machten, die Fetzen zusammenzulesen ... In einigen Dörfern mussten wir allerdings ein wenig nachhelfen und selbst den Speck aus dem Rauch holen ...«

Die Besatzer nahmen sich, was sie brauchten: Kartoffeln, Weintrauben, Fleisch – seit die Rinderpest ausgebrochen war, vor allem Hammel –, manchmal das Letzte, was noch im Hause war. Requirierungen gehörten zum Kriegsalltag. Selbst alte, allein stehende Frauen wurden nicht verschont. Bei einer hatten Otto und seine Soldaten Quartier genommen. »Sie brachte uns auch Essen, so gut sie konnte«, schreibt er an Gustav, »doch als unsere Fouriere ihre Kuh aus dem Stall zum Schlachten holten, war es vorbei mit ihr, denn sie setzte sich auf einen Stuhl und rief unter Stöhnen: ›Ma vache! Ma vache!‹. Das Abendbrot mussten wir uns daher auch allein machen.«

Otto kommentiert diese Geschichte nicht weiter, wie er überhaupt seine Beobachtungen ohne Wertungen stets recht schlicht formuliert. Seiner Mutter schreibt er von diesem Erlebnis nichts, während sich sonst vieles in den Briefen sowohl an Gustav als auch an Caroline findet. Er erzählt seiner Mutter auch von jener alten Frau nichts, die ihnen eines Tages mit gezücktem Messer drohte, als die Soldaten vor ihrer Tür standen, um sich wie üblich von den Bauern das Mittagessen kochen zu lassen. »Erst als wir die blanken Säbel zeigten, konnten wir eintreten«, schreibt er an Gustav. Und er ergänzt, die Frau sei verrückt gewesen und nach diesem Vorfall »von ihren Angehörigen, die schließlich ganz vernünftig waren, ordentlich durchgeprügelt und in einen Eselstall gesperrt« worden.

Je weiter die Soldaten vordrangen, desto »zutraulicher wurden die Leute. An manchen Stellen liefen sogar Kinder auf den Straßen umher und junge Mädchen ließen sich blicken.« Einmal wollte Otto seine Hemden waschen, doch die Wirtstochter nahm sie ihm ab. Am nächsten Morgen erhielt er sie gewaschen und gerollt zurück. Was wie eine Idylle mitten im Krieg klingt, zeigt die veränderte politische Stimmung, die nach dem Sturz der napoleonischen Regierung auch die Franzosen erfasst hatte, hofften sie doch auf baldigen Frieden. Sie konnten sich nicht vorstellen, dass der ganze

Spuk noch lange dauern würde. So wie auch Otto bereits Ende September »nichts mehr als den Frieden wünscht«.

Doch der Krieg nahm seinen Lauf. Für Frankreich wurde nun aus einem Offensivkampf ein Verteidigungskrieg um seinen territorialen Bestand, der zunehmend auch das Volk beanspruchte. Jetzt kämpften nicht mehr Dynastien, sondern Nationen gegeneinander, erst recht, nachdem Paris eingeschlossen wurde. Bismarck strebte deshalb einen schnellen Sieg an, der den Gegner weniger demütigen und einen Frieden damit haltbarer machen würde.

Damit stieß der preußische Ministerpräsident und Außenminister jedoch auf den Widerstand des Militärs, über das er keine Entscheidungsgewalt hatte und das in diesem Krieg eine eigene Politik verfolgte. Graf von Moltke und die Mehrheit der Generäle waren gegen die Beschießung und Erstürmung von Paris – nicht aus humanitären Gründen gegenüber den Einwohnern, sondern wegen der zu erwartenden hohen Verluste auf deutscher Seite. Sie wollten einen totalen Sieg, indem sie die Stadt belagerten und aushungerten, einen Diktatfrieden unter demütigenden Bedingungen. Die deutschen Generäle wollten Frankreich vernichten, während es Bismarck als Politiker und Diplomat in erster Linie um die deutsche Einheit ging.

Unmittelbar vor Paris waren die Dörfer wie leer gefegt. Nur »hungrige, hohläugige Katzen glotzten« die Soldaten »gierig an«. Die Bauern hatten auf Anordnung des französischen Verteidigungskomitees die Ernte und eingelagerte Vorräte den Flammen preisgegeben. Was nicht für den Transport in die Hauptstadt taugte, sollte nicht den Feinden in die Hände fallen. Seit dem 19. September lag Ottos Kompanie abwechselnd in Garges oder in einem Alarmquartier, von dem aus er »das Singen und Sprechen der Franzosen« und das Pfeifen der Pariser Eisenbahnzüge hören konnte. Noch hatten die Soldaten nicht viel zu tun. Zwar fielen »zuweilen viel Bomben und Granaten. Sie tun aber wenig Schaden.« Es war ein einförmiger, ruhiger Vorpostendienst, bei dem Otto vor allem die Läuse und ein Zahngeschwür quälten. »Du glaubst gar nicht, was man hier für Langeweile hat«, schreibt er an seine Mutter und bittet sie, Geld, Schokolade, Liederbücher, ein Fernrohr, vor allem aber Moschus und Mercuri-Salbe gegen die Läuse zu schicken, außerdem Hemden und Strümpfe, und alles in die »neuesten Zeitungen« einzuwickeln, »dass man ein bisschen von der Welt erfährt«.

Otto hielt sich nicht nur mit der *Anklamer Zeitung* über den lokalen Klatsch auf dem Laufenden. Seine Mutter legte ihm auch Ausgaben der *Gartenlaube* bei, die ihn politisch und populärwissenschaftlich auf den neuesten Stand brachten, ebenso *Über Land und Meer*. Diese *Allgemeine illustrirte Zeitung* für die ganze Familie war eine sonntags erscheinende Zeitschrift mit Fortsetzungsromanen und Reiseberichten, Nachrichten, Humor und Unterhaltung, für die Schriftsteller wie Heinrich Laube und Wilhelm Raabe schrieben. Gerade während des Krieges erreichte sie mit 170 000 Exemplaren ihre höchsten Auflagen. Briefeschreiben und Lesen waren Ottos Hauptbeschäftigung. Immer wieder forderte er vor allem Post von Gustav ein, der ihm zu seinem Verdruss anfangs eher unregelmäßig schrieb. Zugleich wurde Otto von seinen Kameraden um die vielen Briefe seiner Familie – selbst Marie schrieb ihm – beneidet.

Der tägliche Kampf gegen die Langeweile wurde nur durch die Paradeübungen unterbrochen, die die Kompanie auf den Einmarsch in Paris vorbereiten sollten. Manchmal unterhielten einige Kameraden die Truppe mit Couplets, oder Otto spielte auf einer requirierten Harmonika. Später baute er sich selbst eine. Beliebt waren Ottos Charakterköpfe, die er aus Rohseide schnitt. Frauen sahen die Soldaten selten. Prostituierte, die zu den Deutschen kamen, weil sie glaubten, dort ein Geschäft machen zu können, wurden wieder nach Hause geschickt. Vermutlich hätte sich Otto auch nicht auf sie eingelassen. Ihn interessierte eher ein Fräulein Schultz in Berlin, der er ein Foto von sich zurückgelassen hatte.

Kulinarisch mangelte es Otto nur an wenigem. Alle zehn Tage bekam er einen Taler und fünf Silbergroschen »Löhnung«; gegen Ende des Krieges waren es zwei Taler. Ein Ei kostete anderthalb Silbergroschen, ein Stück Speck, nicht größer als zwei Finger, zehn. Da ihm das Essen der »sogenannten Kochkollegen« nicht schmeckte, kochte er sich gewöhnlich seine Mahlzeiten selbst: morgens Mehlsuppe ohne Fett, dazu »bitteren, schlecht schmeckenden Kaffee«. Wenn die Marketenderinnen durchs Lager zogen, gab es obendrein Gurken, Schmalz und Schokolade. Mittags machte er sich Beefsteak, das die Soldaten alle zwei Tage geliefert bekamen, oder das ungeliebte Hammelfleisch, dazu Kartoffeln und Weintrauben. Abends kochte er sich Grieß- oder Schokoladensuppe. Manchmal aß er allerdings tagelang nur Kartoffeln und Weintrauben. Dennoch ernährte er sich an der Front womöglich reichhaltiger als in Berlin, wo er und Gustav jeden Groschen dreimal umgedreht hatten, bevor sie ihn ausgaben.

Der Bruder fehlte ihm – je länger die Belagerung andauerte, desto mehr. Aufmerksam verfolgte er dessen Fortkommen, und er war sehr irritiert, als ein Versehen Gustav beinahe auch an die Front gebracht hätte. Denn so viel stand für Otto fest: Wenn Gustav »erst den bunten Rock« anhabe, »so wird er ihn auch nicht wieder los«. Der Bruder sollte etwas aus sich machen. Da er selbst in der Uniform zur Untätigkeit verdammt sei, womöglich gar umkäme, habe Gustav schon allein der Mutter gegenüber eine gewisse Verpflichtung.

Carolines finanzielle Lage war angespannt, denn das Putzmachergeschäft lag kriegsbedingt danieder. Ihre einzige Einnahmequelle zu der Zeit war die Hühnerzucht, und Caroline überlegte, was sie daran noch verbessern könnte. Otto beschrieb ihr daraufhin, dass die Franzosen ihre Hühner nicht in großen Ställen, sondern übereinander in »lauter kleinen Buchtenwaben« hielten, die wie in einer Menagerie mit Drahtgittern verschlossen seien. Von ihrer Überlegung, wieder Pensionäre aufzunehmen, riet ihr Otto ab. Sie solle langfristig lieber das Haus verkaufen. Auf alles andere könne man »keine Pläne bauen«. Der Erlös könnte den Brüdern vielleicht als Starthilfe für eine selbstständige Existenz dienen, und die Mutter könnte mit Marie nach Berlin kommen und dort mit den Söhnen zusammenleben.

Doch all diese Pläne taugten nichts, solange die Deutschen noch durch Frankreich zogen, was Caroline und Gustav in ihren Briefen wiederholt betonten – für den Frontkämpfer allerdings eine Spur zu pazifistisch. »Ihr schreit viel um Frieden«, schreibt Otto am 7. Oktober an Gustav, »aber hier solltet ihr erst herkommen, wie es hier aussieht, dann werdet ihr erst wissen, was ihr den deutschen Kriegern zu danken habt, dass sie die Franzosen hinderten, in eure deutschen Städte zu kommen.« Gleichzeitig aber kritisiert er das Geschäft der Zerstörung: »Wir machen gewiss keinen unnützen Unfug, doch zehn Jahre dauert's gewiss, bis sich hier in Frankreich der alte Schaden ausheilt.« Und vielleicht würden dann Baumeister wie Gustav gebraucht.

»Mir könnte nichts Besseres geschehen, als wenn Gustav auch herkäme«, schreibt er der Mutter. Der Bruder hätte dann die Möglichkeit, vieles kennen zu lernen, was in Deutschland, wo sich die Arbeitslage für Bauleute während des Krieges verschlechterte, immer schwieriger wurde. Gustav sollte sich auf jeden Fall seine Bauherren warmhalten, ermahnt ihn Otto, »denn nach dem Krieg wird gewiss großer Stellenmangel eintreten«. Gustav hatte sich vermutlich mit seinen bisherigen Arbeitgebern Ende & Böckmann zerstritten und deshalb zu den Architekten Wuttke und Enders gewechselt. Sie bauten gerade die Villen und Mietshäuser am Nollendorfplatz, so dass er nun Erfahrungen mit Wohnhäusern sammeln konnte. Doch schien er auch mit dieser Stelle nicht allzu glücklich zu sein, wie überhaupt in Berlin, was Otto so gar nicht verstehen konnte. »Du schreibst, dass dir das Leben in Berlin unerträglich ist. Ich kann dir nur sagen, dass ich wer weiß was darum geben würde, wenn ich wieder nach Berlin zurückkönnte.«

Gustavs »Wandergedanken« beunruhigten Otto. Je weiter der Krieg voranschritt, desto weniger schien der Bruder geneigt zu sein, das reguläre Studium wieder aufzunehmen. Vermutlich hatte Gustav sich deswegen sogar mit seinem Vormund Onkel Wilhelm überworfen. Er schmiedete Auswanderungspläne, die Otto ihm auszureden versuchte, allein schon aus Rücksicht auf die Mutter. Sie verstand Gustavs Hin und Her nicht, sondern drängte auf eine akademische Ausbildung mit einem ordentlichen Abschluss. Otto sah die Sache etwas gelassener. »Was Gustav von seinen Studien schreibt, hast du nicht richtig verstanden«, versucht er die Mutter zu beruhigen. »Gustav will gar kein ›königlicher Baumeister‹ werden, er will nur hospitierend hintereinander alle 6 Semester auf der Bauakademie durchmachen. Auf Titel wird heutzutage gar nichts mehr gegeben, es kommt nur darauf an, was jemand versteht.« Er ermunterte Gustav eher darin, sich auf diese Weise neben seiner praktischen Arbeit fortzubilden.

Als Gustav im November 1870 ins niederschlesische Glogau ging, wo er Vorträge hörte und Aussicht auf eine Stelle hatte, fand Otto das in Ordnung. Er bat seinen Bruder aber, die Berliner Schlafstelle nicht aufzugeben, denn nach wie vor hoffte er, dass sie später wieder zusammen wären. Nur in Berlin hätte Gustav »die meiste Gelegenheit, etwas zu lernen«.

Obwohl Otto nur ein Jahr älter war als Gustav, wirkte er doch viel gesetzter und realistischer, was ihre Zukunftspläne betraf. Geradezu väterlich kümmerte er sich um den Bruder, ermahnte ihn, erteilte Ratschläge und sorgte sich um dessen Ausbildung. Ausführlich schilderte er dem angehenden Architekten alles, was ihn interessieren könnte. Die französischen Häuser, schreibt er, seien durchweg aus Gips. »Anstatt der Steine bedient man sich der Brocken zerfallener Häuser, die auch wieder Gips sind. Es entsteht daraus ein schauerliches Gemäuer ...« Manchmal fielen die Mauern um, wenn man sich dagegenlehnte. Doch verwunderten Otto die »Mengen von Journalen und Bilderbüchern«, die er bei solchen

Hausinspektionen häufig entdeckte, obwohl doch seiner Meinung nach »die gemeinen Franzosen ... wenig lesen«.

Einmal unternahm er eine Exkursion zu dem von seinen Bewohnern verlassenen malerischen Ort Montmorency, in dem mehr als hundert Jahre zuvor Jean-Jacques Rousseau für einige Zeit gelebt hatte. Die wohlhabenden Pariser verbrachten dort auf der Suche nach ländlicher Idylle ihre Sommer inmitten von großzügig angelegten Parks, Weinbergen und ausgedehnten Wiesen. »Viele Leute hört man hier die Schönheit der Villen und Schlösser rühmen, doch nur die, die etwas davon verstehen, schaudern bei ihrem Anblick, der Stil ist zum Rasendwerden, das allerimpertinenteste Rokoko, dabei tragen sie alle den Charakter der Unsolidität.« Auch hier erstaunten Otto die reich ausgestatteten Bibliotheken sowie die mondänen Musiksalons, und er genoss es, einmal wieder die Tasten eines Klaviers zu berühren. Der Wein, den er und die Kameraden in riesigen Kellern vorfanden, war allerdings nicht nach seinem Geschmack. »Wein ist billiger als Wasser«, schrieb er Caroline. Er verdünnte lieber seine Stiefelwichse damit. Es war Erntezeit, doch in den Weinbergen verfaulten die Trauben – sehr zum Bedauern Ottos, der sie am liebsten zu seiner Familie nach Hause geschickt hätte.

Die französische Hauptstadt umschloss mittlerweile ein dichter Belagerungsring. »Soviel ich weiß«, schreibt Otto am 4. Oktober an Gustav, »soll Paris jetzt ausgehungert werden.« Hatten die Generäle sich durchgesetzt? Sollten die Pariser doch »wie die tollen Hunde krepieren«, so ein Ausspruch von Graf Blumenthal, dem Generalstabschef des Kronprinzen. Noch war der Machtkampf zwischen Militär und Regierung über das Schicksal von Paris nicht entschieden, blieben die Soldaten im Ungewissen, wie es mit der Belagerung weitergehen sollte. Würde Paris endlich beschossen oder diente man weiterhin den Franzosen, »die daran Spaß finden, ihre eigenen Dörfer zu bombardieren«, nur als Zielscheibe? In der

Nacht zielten sie nach Gehör und machten dabei »einen Höllenspektakel«, trommelten und trompeteten, pfiffen und sangen, während sich die Deutschen versteckt hinter Gartenmauern mucksmäuschenstill verhielten.

Noch hatte Otto nicht einen Schuss abgegeben. Geradezu naiv hoffte er darauf, überhaupt »von dem Infanteriegewehr ... keinen Gebrauch machen zu müssen«. Die einzig wirkliche Gefahr, der er bis dahin ausgesetzt gewesen war, rührte von einem Kameraden her. »In der Nacht schoss einer unserer Posten auf einen verdächtigen Gegenstand, und die Kugel hätte beinahe mich getroffen, ich fühlte den Wind, welchen die Kugel machte, im Gesicht.«

Hin und wieder wurde die Dunkelheit von ungewohnt grellem Licht durchschnitten, das »schauerlich schwarze Schatten« warf. Es kam vom Montmartre herüber, oder es fiel, von Hohlspiegeln verstärkt, von riesigen Luftballonen herab. Die Franzosen nutzten diese frei fliegenden »Soldaten ohne Marschbefehl«, die allein dem Wind gehorchten, nicht nur zur Frontbeleuchtung. Nachdem die Deutschen die Verkehrswege und auch die telegrafischen Verbindungen rund um Paris abgeschnitten hatten, war diese erste Luftbrücke ein weltweit mit großem Interesse verfolgtes Mittel der nationalen Verteidigung. Allerdings galten die Ballone als recht unzuverlässige Transportmittel: Bei Kosten von bis zu 4000 Francs konnten sie nur ein einziges Mal die Frontlinie stadtauswärts überqueren, eine zeit- und zielgenaue Zustellung der Fracht war unmöglich. Die Windabhängigkeit führte sie auch immer wieder auf Abwege, und so fiel fast ein Drittel der Ballone den Deutschen in die Hände.

Von September 1870 bis Januar 1871 hatte Otto Lilienthal immer wieder Gelegenheit, diesen ersten mehr oder minder regelmäßigen Luftverkehr zu beobachten und über dessen Nutzen und Funktionsweise nachzudenken. Was er sah, bestärkte ihn darin, dass das Ganze ein Irrweg der Luftfahrt war. Aus bestem Perkalinstoff gefertigt und mit Leinöl gefirnisst oder aus Baumwolle und mit einer speziellen Fettlösung abgedichtet, waren die Ballone mit Leuchtgas

Luftabwehrgeschütz von Krupp beim Beschießen von
französischen Ballons während der Belagerung
von Paris 1871

gefüllt und trugen in ihren Gondeln bis zu vier Personen, insgesamt 500 Kilogramm Gewicht.

66 Ballone mit insgesamt 168 Personen verließen während der Belagerung Paris, darunter der französische Kriegsminister Léon Gambetta, der dann die Leitung der Kampfhandlungen von Tours aus überwachen und außerdem den Luftpostverkehr organisieren sollte. An die drei Millionen Briefe wurden in jenem Zeitraum befördert, anfangs überwiegend für militärische, später zunehmend auch für zivile Zwecke. Damit so viele Depeschen wie möglich »par Ballon monté« befördert werden konnten, wurde der Postverkehr generalstabsmäßig organisiert und streng reglementiert. Ein Brief,

der nicht mehr als 4 Gramm wiegen durfte, kostete den Pariser pro Wort anfangs 50, später 10 Centimes, ohne dass die Zustellung garantiert werden konnte. Oft mussten die Depeschen mehrmals abgeschickt werden, ehe sie auch wirklich ankamen. Noch schwieriger war der Postverkehr ins besetzte Paris hinein. Nachdem mehrere Versuche mit Ballonen scheiterten, gelang auch der mit Hilfe einer eigens entwickelten Mikrofotografie und Hunderten von Brieftauben. Eine einzige Taube konnte 40 000 derart präparierter Depeschen tragen. Trotz aller Unwägbarkeiten, mit der intensiven Nutzung der Ballone als Verkehrsmittel begann eine neue Phase der Luftfahrtgeschichte.

Die entscheidende Frage auf deutscher Seite aber lautete: Würde Paris standhalten können? Je länger die Belagerung dauerte, desto eher schien das Kalkül des Generalstabs um Graf von Moltke aufzugehen. Während die preußischen Soldaten mittlerweile reichlich zu essen hatten, gingen den Parisern die Lebensmittel aus. Auch die übrig gebliebenen Bauern aus dem Umland hungerten und schlachteten ihre Pferde. »Gestern allein wurden 6 Pferde an unserer Wohnung vorbeigeschleift«, registrierte Otto nüchtern das Vorgehen der Franzosen. Aus Mitleid erhielten die »Eingeborenen mit blauen Blusen«, wie die Bauern bei den Deutschen hießen, gleich den preußischen Soldaten Lebensmittelrationen, mussten dafür aber für die Besatzer arbeiten. Bekamen sie etwas geschenkt, riefen sie mürrisch »Vive les Prussiens!«.

In Paris selbst begann es unter dem Volk zunehmend zu brodeln. »Es gehen Gerüchte«, schreibt Otto am 17. Oktober an Gustav, »dass Revolutionäre in Paris auch Jules Fabre erschossen.« Das war eine Ente. Der französische Außenminister lebte zwar, aber das Gerücht zeigte, dass sich in Paris das politische Klima zwischen Regierung und Volk verschlechterte. Ein Bürgerkrieg drohte.

Zehn Tage später fiel Metz, und Otto hoffte, »dass die Belagerung von Paris auch nicht mehr lange dauern« werde. Doch noch immer leisteten die Franzosen erbitterten Widerstand. Am 30. Oktober

Straßenkampf in Le Bourget im Jahr 1870

versuchten die eingeschlossenen Pariser Truppen den Belagerungsring im Norden zu durchbrechen, besetzten Le Bourget, den wichtigsten Bahnknotenpunkt zwischen Paris und Soissons, und richteten es zur Verteidigung ein.

Drei Tage später wurde das Dorf von den preußischen Garderegimentern wieder zurückerobert. Es sei kein Gefecht, »sondern eine Schlacht gewesen«, stellte Otto am 4. November gegenüber Gustav die offizielle Berichterstattung richtig. Nach Monaten relativ ruhiger Vorpostenstellung hatte er erstmalig selbst an Kampfhandlungen teilgenommen. »Auf unserer Seite sind 36 Offiziere und 400 Mann gefallen. Wir haben 1500 Gefangene gemacht«, resümiert er das Ende der Schlacht, deren positiver Ausgang seinem Regiment sogar ein großes Lob vom König einbrachte.

Der Kampf um Le Bourget war damit jedoch noch nicht zu Ende. Am 21. Dezember, bei eisigen Temperaturen von minus sechs Grad, griffen die Franzosen erneut an. Vergeblich, denn bis Weihnachten hatten die Preußen das Gebiet erneut unter Kontrolle, während auf Seiten der Franzosen große Verluste zu beklagen waren. »Wahrscheinlich«, schreibt ein anderer Teilnehmer dieser Schlacht, »wegen der großen Kälte, in Folge deren viele biwakierende Franzosen in den letzten Nächten erfroren waren.« Die französische Armee zog sich wieder nach Paris zurück. Weihnachten verlief für Otto ruhig. »Essen gekocht, gelesen, Briefe geschrieben, auf Vorposten gewesen.«

Einen Monat später sah er Le Bourget, das für ihn die Feuertaufe gewesen war, aus einer anderen Perspektive. In der Nacht vom 26. zum 27. Januar war das Geschützfeuer gegen Paris eingestellt worden, und anschließend hatte Ottos Regiment die um St. Denis, einen Vorort von Paris, liegenden Forts besetzt. Bei dieser Gelegenheit war Otto noch einmal durch das kleine Dorf gekommen. »Es machte einen eigentümlichen Eindruck, wie wir mit Musik durch die zerschossene Vorpostenlinie rückten. Le Bourget sieht grauenvoll aus ...« Der Kampf um den dortigen Kirchhof hatte »besonders heftig« getobt, wie der Dichter Theodor Fontane, der ihn ebenfalls miterlebte, berichtet. Überall hätten danach gefällte Bäume, zerschlagene Gitter und Denkmäler herumgelegen, ein Bild der Zerstörung, das laut Fontane später ein gemeinsames Denkmal für die beiden kurz nacheinander gefallenen deutschen wie französischen Kompanieführer aufzuheben versuchte – »eine 15 Fuß hohe Pyramide mit Kreuz und Inschrifttafeln«: »Mortui pro patria requiescant in pace« – Gefallen fürs Vaterland, ruhen sie in Frieden.

Ende Januar 1871 herrschte Waffenstillstand. Der Kanzler hatte sich schließlich mit Unterstützung des Königs und der Presse gegenüber dem Militär durchgesetzt, und Paris war am 20. Januar unter schwerem Artilleriebeschuss erstürmt worden, zwei Tage nachdem sich König Wilhelm im Spiegelsaal des Versailler Schlosses zum deutschen Kaiser hatte ausrufen lassen. Die Stadt brannte. Das Volk hungerte und grub auf den gefrorenen Feldern vor den Toren der Stadt nach verfaultem Kohl. Der Einmarsch der Deutschen nach Paris war gespenstisch gewesen. Kein Pariser ließ sich auf der Straße sehen, aus den Fenstern hingen schwarze Fahnen. Die Läden waren sämtlich geschlossen. Nachts herrschte völlige Dunkelheit. Nach wenigen Tagen zogen die deutschen Truppen wieder ab. Der Krieg war zu Ende.

»Gott sei gelobt und gedankt«, schreibt Caroline. Die Lilienthals in Anklam und Berlin atmeten auf. Otto hatte überlebt, wenn auch an Rückkehr noch nicht zu denken war. In zähen Verhandlungen rang Bismarck mit dem französischen Außenminister Jules Fabre um die Kapitulationsbedingungen: die Abtretung des Elsass und eines Teils von Lothringen sowie sechs Milliarden Goldfrancs Kriegsentschädigung. Währenddessen brach in Paris ein offener Bürgerkrieg aus. Das Gewehrfeuer drang bis nach St. Denis, wo Otto Lilienthal seit Februar stationiert war. »In der Nacht kann man hören, wie die Pariser revoltieren; sie sollen mehrere Generäle umgebracht haben«, schreibt er am 25. Februar an die Mutter. Zur Verteidigung von Paris war eine große Zahl von Arbeitern und Arbeiterinnen bewaffnet worden. Die Nationalgarde, die zunächst eine Bürgerwehr war, erhielt dadurch einen überwiegend proletarischen Charakter und wurde zu einer Gefahr für die bürgerliche Republik unter Adolphe Thiers.

Als der Premierminister die Nationalgarde in der Nacht zum 18. März entwaffnen wollte, widersetzten sich die Arbeiter. Die ausführenden Generäle Lecomte und Clément Thomas wurden standrechtlich erschossen, und ein von den Nationalgardisten legitimierter Zentralausschuss übernahm die Regierung in Paris. Es war der Beginn der Pariser Kommunen. »Krieg den Palästen, Friede den Hütten, Tod der Not und dem Müßiggange« hieß der Schlachtruf der Revolutionäre, die am 26. März ihren Aufstand mit Wahlen legitimierten. Diese insgesamt 72 Tage bestehenden Kommunen waren der erste Versuch einer Machtübernahme durch Arbeiter, einer »Diktatur des Proletariats«, die, nachdem die Deutschen sie anfangs als Verrücktheit abgetan hatten, »den Philistern« laut Friedrich Engels, dem Mitautor des »Kommunistischen Manifests«, einen »heilsamen Schrecken« einjagte. Bereits am 25. Mai 1871, während der ersten Reichstagssitzung, hatte August Bebel vorausgesagt, dass dieser Schlachtruf der Kommunen »einst der Schlachtruf des gesamten europäischen Proletariats werden« würde.

Die ersten Maßnahmen der Volksregierung galten der Verbesserung der Lebensbedingungen des Volkes. Frauen richteten Volksküchen ein, die sie den »revolutionären Kochtopf« nannten, und organisierten »Wachsamkeitskomitees«, in denen sie die Errungenschaften der Kommune bewaffnet verteidigten. Man übergab von ihren Besitzern verlassene Werkstätten und Fabriken an Arbeiter, verbot Frauen- und Kinderarbeit, eröffnete eine Industrieberufsschule für Mädchen und führte das Scheidungsrecht für Frauen ein. Frauen übten auch erstmals die Funktion von Gemeinderatsmitgliedern aus. Richter und Beamte konnten vom Volk abgesetzt werden, keine Amtsperson erhielt mehr als einen Arbeiterlohn, die Polizei stand unter Volkskontrolle, und das stehende Heer wurde durch eine allgemeine Volksbewaffnung ersetzt. Paris sollte weiter verteidigt werden, sowohl gegen die noch immer vor den Toren der Stadt stehenden Deutschen als auch gegen die französischen Regierungstruppen unter Thiers in Versailles.

Nach St. Denis, wo Otto stationiert war, drang von den Kämpfen, in denen täglich Hunderte Menschen ihr Leben ließen, nur unaufhörlicher Kanonendonner. »Hier lässt sich das Leben schon ertragen, wenn man etwas Geld hat«, so Otto an seine Mutter am 7. April. Der Handel würde »wie im tiefsten Frieden« blühen, alles sei »ganz billig und gut zu haben«. Nicht so in Paris. Viele Einwohner flüchteten deshalb zu den Deutschen. Sie »fühlen sich unter unserem Schutz sicher und würden uns jetzt ungern abziehen sehen«. Otto, der inzwischen wie alle »Freiwilligen« Gefreiter geworden war, genoss es besonders, dass unter den Flüchtlingen auch Schauspieler und Sänger waren, die den Soldaten mit Theatervorstellungen und Konzerten die Langeweile vertrieben. So erlebte er zumindest einen Abglanz des bunten Pariser Lebens und fühlte sich ein wenig »im großen Weltentrubel«. Nach Paris selbst kam er nicht, denn die Siegesparaden wurden außerhalb der Stadt abgehalten.

Bei aller Ablenkung, die St. Denis bot – das Nichtstun verdross Otto zunehmend. »Mitunter habe ich jetzt fürchterliches Heimweh, so dass mir doch wohl weiter nichts übrig bleibt, als mir Flügel zu bauen und dann zu fliegen zu meiner lieben Mama«, schreibt er im April an Caroline. »Zu meiner Arbeit sehne ich mich auch sehr zurück, es ist fürchterlich, sich den ganzen Tag so herumzudrücken, ohne etwas zu schaffen.« Otto erwog sogar, »in einer der hiesigen Fabriken eine Stelle« anzunehmen, was allerdings wohl nicht ganz ernst gemeint war. Ohnehin sei es mit der Arbeit »sehr flau, kein Mensch hat Lust, etwas zu tun. Die Arbeiter stehen zu Dutzenden herum und spielen mit Soustücken im Sande.«

Um geistig nicht gänzlich zu verkümmern, vor allem aber auch, um das Geschehen in Paris besser verfolgen zu können, lernte Otto in jenen Monaten intensiv Französisch. Das, was ihm auf dem Gymnasium beigebracht worden war, reichte zwar aus, um sich den Einheimischen verständlich zu machen, genügte ihm nun aber nicht mehr. Er ließ sich Wörterbücher und Grammatiken schicken und betrieb sein Studium so intensiv, dass er bald täglich französische Zeitungen lesen konnte. Diese »redeten über nichts anderes als über den Bürgerkrieg«, schreibt er an Marie, die inzwischen schon ein großes und recht aufgewecktes Mädchen von 14 Jahren war.

Die Angst vor den aufständischen Kommunarden hatte aus den Feinden plötzlich Verbündete gemacht. Unter stiller Duldung Bismarcks formierte Thiers aus zurückgekehrten Gefangenen eine Armee, die eng mit den Deutschen zusammenarbeitete. Um die französische Regierung zu entlasten, war sogar ein Teil der auf fünf

Milliarden Goldfrancs heruntergehandelten Reparationen, der bereits hätte gezahlt werden müssen, gestundet worden. Paris sollte erneut ausgehungert werden. Gewehr bei Fuß schauten die deutschen Truppen nun diesem »mord- und branderfüllten Schauspiel« zu, so der Kommentar eines Premierleutnants, der zur Belagerung von Paris eingesetzt war, während sich in unmittelbarer Nähe die stationierten Soldaten der französischen Regierungstruppen mit Fernrohren aufgestellt hätten und Neugierigen für »einige Sous« anboten zuzusehen, »wie die ›Versaillais‹ den ›Communards‹ und umgekehrt den Garaus machten«.

Nüchtern berichtet Otto seinem Bruder am 8. Mai 1871, dass »jetzt keine Lebensmittel nach Paris« mehr hineindürften. Er selbst kontrollierte auf seinem Vorposten mit die Ein- und Ausfuhr. Nebenbei fing er Schmetterlinge und schickte die präparierten Flügel nach Hause. Aus Langeweile begann er wieder intensiv über das Flugproblem nachzudenken. Sein »halbes Notizbuch« habe er bereits voll gemalt, und er sei dabei schon im März durch genaue Rechnungen »auf eigentümliche Schlüsse« gekommen, lässt er Gustav wissen. Er glaube, endlich verstanden zu haben, »was den Vogel zum fliegenden Individuum macht«, warum »ein Löschblatt, das einem beim Schreiben vom Tische fällt, erst nach längerer Zeit den Fußboden erreicht«. Einige seiner neuen Erkenntnisse deutete er Gustav gegenüber an, doch die wesentlichen verschwieg er noch. Sein Bruder sollte selbst darauf kommen.

Am 21. Mai drangen die Versailler Truppen schließlich durch Verrat und unter Duldung der Preußen in das geschwächte Paris ein und schlugen in der so genannten Blutwoche die Kommunen nieder. Von St. Denis aus sah Otto Paris, »bedeckt von Rauch und Qualm, der die Sonne verfinsterte«. An Gustav schreibt er: »Es müssen fürchterliche Straßenkämpfe sein. Die Kommunisten werden jedenfalls unterliegen.« Er sollte Recht behalten. Das Experiment der Arbeiter war gescheitert. Nachts brannte die Stadt so lichterloh und war der Himmel so hellgelb, dass man in St. Denis noch lesen konnte. Es war »ein grausiges Schauspiel«, an dem sich die deutschen Soldaten »ein warnendes Beispiel« nehmen sollten, gibt er gegenüber Marie die Worte seines Brigadekommandeurs wieder. 30 000 Menschen starben bei Kämpfen und Massenexekutionen, 10 000 Aufständische wurden interniert oder in Zwangslager verschleppt. Paris war eine zerstörte Stadt – die Tuilerien waren verschwunden, mehrere Ministerien niedergebrannt.

Otto hatte in wenigen Monaten einen Parforceritt durch die Geschichte erlebt, wie er eindrücklicher nicht hätte sein können. In jener »Blutwoche« war er 23 Jahre alt geworden.

4. KAPITEL

Auf eigenen Füßen
»Jetzt werden wir es machen«

»Hurra, Hurra, Hurra. Er ist da«, jubelte Gustav »in großer Aufregung« am 9. Juni 1871 in einem eilig geschriebenen Brief an Caroline. »Ich habe mich nun lange genug hier allein gequält.« Noch war Otto zwar in Brandenburg, aber es war abzusehen, wann die Brüder einander in die Arme schließen würden. Am 12. Juni rückte Ottos Kompanie in Charlottenburg ein, vier Tage später erlebte Berlin mit dem Einzug der Truppen durch das Brandenburger Tor ein rauschendes Fest, auf dem es »sehr unmilitärisch« zuging. Schon auf den Bahnhöfen hatten die Frauen und Kinder die eintreffenden Züge regelrecht gestürmt, sich dann bei der Parade Unter den Linden zwischen die Soldaten gemischt, ihnen die Gewehre abgenommen und die Kinder auf die Schultern gesetzt. »Einen so unregelmäßigen Parademarsch hat Kaiser Wilhelm nie vorher und nie nachher gesehen«, erinnerte sich ein Zeitgenosse.

Auch Caroline, Marie und selbst die Großmutter Pohle waren eigens nach Berlin gekommen, weil sie sich den Einzug Ottos auf keinen Fall entgehen lassen wollten. »Wie glücklich konnte ich sein, dass mein Junge gesund aus dem Felde heimgekehrt war!«, schreibt Caroline ein Vierteljahr später an eine alte Freundin, die 1848 mit ihrem Mann, einem Freund Gustav Lilienthals, nach Übersee ausgewandert war. »Trauert doch eine große Schar von Frauen um den Sohn, den Gatten oder einen Bruder, den sie in diesem blutigen Kriege haben hingeben müssen! Doch das wiedererstandene Reich deutscher Nation ist gewiss solcher Opfer wert, und auch mein Mann hätte sich wohl ebenso wie der Ihrige darüber gefreut. Freilich: seine Träume von Einheit und Freiheit sind damit nur zum Teil und auf ganz anderem Wege verwirklicht, als er damals hoffte.«

Caroline meinte damit nicht nur, dass Österreich in diesem neuen Bund von insgesamt 26 Staaten fehlte. Die neue Reichsverfassung gewährte keine Glaubens-, Gewissens- und Religionsfreiheit, keine Freiheit der Wissenschaft und ihrer Lehre, keine Presse- und Versammlungsfreiheit, kein Postgeheimnis. Über Krieg und Frieden entschied der Kaiser. Er allein blieb uneingeschränkter Oberbefehlshaber, nur an seinen von ihm einsetz- wie absetzbaren Reichskanzler Bismarck berichtend, der mit der Gegenzeichnung der kaiserlichen Verordnungen auch die politische Verantwortung übernahm. Das Parlament hatte dabei kein Mitspracherecht.

In wirtschaftlicher Hinsicht war dieses neu geschaffene Reich allerdings ein enormer Fortschritt. Gab es bis dahin doch »so viel Arten von Maß und Gewicht wie Tage im Jahr, dazu zweierlei Mark ..., zweierlei Gulden und mindestens dreierlei Taler«, wie Friedrich Engels – Sohn eines Textilfabrikanten – diese wirtschaftlich unbefriedigenden Verhältnisse beschrieb. Endlich war ein einheitliches deutsches Zoll- und Handelsrecht geschaffen worden, sorgte die auf dem Dezimalsystem beruhende Reichsmark für eine vereinfachte Währung, und auch das Postwesen wurde vereinheitlicht. Preußen gab eindeutig den Ton an, und der vormals preußische König Wilhelm ließ sich den Sieg und seine neue Kaiserwürde etwas kosten. Das Brandenburger Tor, das Schloss, das neu erbaute Rote Rathaus, alle Denkmäler und öffentlichen Gebäude waren mit Girlanden umwunden, mit Kränzen behängt und dazu illuminiert. Raketen und bunte Leuchtkugeln stiegen die ganze Nacht über zum Himmel auf; jeder Soldat, der am Einzug teilgenommen hatte, erhielt die Tage darauf eine Spende von einem Taler und Freitisch bei einer Berliner Familie.

Für Otto Lilienthal endete das Fest am 19. Juni. Dann musste er mit seinem Regiment zurück in die Kaserne nach Spandau. Erst am 21. Juli wurde er endgültig aus dem Militärdienst entlassen, nachdem man ihn noch zum Unteroffizier befördert hatte. Das Führungsattest bescheinigte ihm, dass er sich »während seiner Dienstzeit sehr gut geführt« habe, nicht bestraft worden sei und die Erwartung rechtfertige, auch später »ein brauchbarer Reserve Offizier« zu werden.

Doch das lag, so hoffte er, noch in weiter Ferne. Im Sommer 1871 musste er sich vor allem erst einmal um Arbeit kümmern. Als gut ausgebildeter Absolvent der Gewerbeakademie hatte er im Gegensatz zu Tausenden ungelernten Arbeitssuchenden, die in den letzten zwei Jahren aus der Provinz nach Berlin gezogen waren, kein Problem damit. Im August fand er eine Anstellung als Ingenieur in der Maschinenfabrik M. Weber. Das Unternehmen mit über 100 Mitarbeitern lag in der Chausseestraße und stellte Dampfmaschinen sowie Anlagen für Gas- und Wasserwerke her. Der Inhaber war Emil Rathenau, der spätere Gründer von AEG, die sich zu einem der größten Elektrokonzerne der Welt entwickeln sollte. Trotz der anspruchsvollen Arbeit verdiente Otto nicht allzu viel bei seiner ersten Arbeitsstelle. Sein Jahresgehalt von 300 Talern lag nur knapp über dem eines einfachen Fabrikarbeiters, der durchschnittlich 230 Taler erhielt. Er empfand das als ein »Spottgeld« angesichts des beispiellosen Aufschwungs, den Berlin dank der Milliarden aus den französischen Kriegskontributionen nach dem Krieg erlebte.

Im so genannten Gründerboom stiegen die Investitionen in der Industrie um das Vierfache, im Wohnungsbau gar um das Siebenfache – ohne dass der Wohnungsmangel damit allerdings behoben werden konnte. Aktiengesellschaften schossen wie Pilze aus dem Boden, gefördert von den Banken, die großzügig Kredite vergaben und unter kleinen wie großen Anlegern ein hektisches Spekulationsfieber auslösten. Allein von 1869, dem großen Hungerjahr in Berlin, bis 1873 schnellten die Aktienkurse um 50 Prozent in die Höhe. Da häufig nur der schnelle Gewinn zählte, wurden Einlagen nur kurzfristig eingesetzt. Korruption und Bestechung waren an der Tagesordnung.

Auch Gustav profitierte zunächst vom Gründerboom. Er hatte beruflich gleich mehrere Eisen im Feuer: eine »excellente Stelle« als Bauleiter, die ihm monatlich 40 Taler einbrachte, dazu einen Bauauftrag, von dessen Erlös »50–100 Taler wohl übrig« blieben für den Unterhalt von Mutter und Schwester. Außerdem versuchte er, sein Steckenpferd – das Entwerfen von dekorativen Mustervorlagen für Schmuck, Teppiche und Textilien – zu Geld zu machen. Seine Schürzen, mutmaßte Otto, würden »noch die ganze Frauentracht umstoßen«. Womöglich ginge er sogar »mit Heiratsgedanken« um! Aber davon war Gustav weit entfernt. Er hatte noch nicht vor, sich familiär zu binden, und erwog sogar, ins Ausland zu gehen. Einige europäische Länder waren für deutsche Architekten und andere Fachkräfte ein interessanter Markt geworden.

Während Otto und Gustav beruflich langsam Fuß fassten, ging es ihrer Mutter in Anklam finanziell immer schlechter. Bereits während des Krieges hatte sie in ihren Briefen mit Otto diskutiert, ob sie nicht das Haus verkaufen und mit Marie nach Berlin ziehen sollte. Im September 1871, als ihr auch die letzten Pensionäre kündigten und sich neue Mieter, die ihr sowieso »eine ewige Qual« waren, noch nicht gefunden hatten, blieb ihr kaum noch eine andere Wahl, nicht zuletzt wegen Marie. Nach jenem Fest in Berlin war die Fünfzehnjährige recht aufmüpfig geworden, träumte nur noch von der Hauptstadt und kam sich in Anklam wie eine »verzauberte Prinzessin« vor, beklagte sich Caroline gegenüber Gustav. »Mich soll wundern, was aus ihr noch werden wird.«

Im selben Brief überantwortet sie ihrem Zweitgeborenen den Hausverkauf, obwohl sie skeptisch ist, »den Kasten« wirklich loszuwerden. Doch ihr blieb nichts anderes übrig. In Anklam hatte sie keine Existenzgrundlage mehr und wäre mit Marie auf den Unterhalt ihrer Söhne angewiesen gewesen. »Der Grundriss liegt bei und ich übergebe Dir, das Haus zu verkaufen. Du weißt ja, dass weiter keine Äcker und Wiesen mehr dabei sind. Der Preis, auf den ich mich halten möchte, wäre 6000 Taler. Unter 5000 Taler, sagte mir

Papa in seinen letzten Tagen, sollte ich es nicht verkaufen. Für die Wiese habe ich 200 Taler bekommen, die wollen wir von den 6000 abrechnen.«

Carolines Rechnung für das künftige Zusammenleben mit ihren Kindern war ernüchternd. 3000 Taler vom Erlös würden an Gläubiger gehen, die ihr zumindest beim Verkauf des Hauses »nichts in den Weg« legten. Von den 100 Talern, die ihr als Anteil blieben, musste sie der Schwiegermutter allerdings noch 98 zum Lebensunterhalt zahlen. Bitter resümiert sie: »Somit hätte ich ein Einkommen jährlich von 2 Taler. Also arm wie ein Schneekönig.« Sie hofft darauf, dass sie und Marie »noch etwas verdienen« könnten, was ihre Schwiegermutter jedoch bezweifelte.

Caroline wird nie in Berlin ankommen. Als sie den Entschluss fasste, Anklam zu verlassen, war sie 46 Jahre alt, nicht mehr jung, aber noch weit entfernt vom Altenteil. Die Vorstellung, wieder in jene Stadt zurückzukehren, in der sie einen Teil ihrer Jugend verbracht und die sich seither so rasant entwickelt hatte, schreckte sie nicht. Vermutlich war sie angesichts der vielfältigen kulturellen Möglichkeiten sogar verlockend. Dennoch wird Caroline die Aussicht, auf Almosen angewiesen zu sein, belastet haben. Einzig die große Liebe, die sie und ihre Söhne verband, das uneingeschränkte gegenseitige Vertrauen, hatten ihr diesen geplanten Schritt erleichtert.

Zunächst musste eine Wohnung für fünf Personen gefunden werden. »Erkundigt Euch doch mal so unter der Hand, wenn Ihr spazieren geht«, bat Caroline Gustav und Otto, »nach einer Wohnung von 3 Stuben, einer großen Küche, die zugleich Speisezimmer vorstellen kann, und wenn es angeht, 1 oder 2 Kammern.«

Angesichts der Wohnungsknappheit und steigender Mieten war das keine leichte Aufgabe. Die Brüder wohnten nach wie vor in der Paulstraße 6 in Moabit. Dort waren im Herbst 1871 Typhus und Cholera ausgebrochen und Notlazarette eingerichtet worden. Die Hauswirte waren zudem seit Monaten in eine Art Boykott gegen

Wohnungssuchende getreten, die bis zu 30 Taler jährlich mehr Miete zahlen sollten. Empört schrieb ein Arbeiter damals an die Zeitung *Neuer Social-Demokrat*: »Als im vorigen Jahr der Krieg begann, wer war es da, der hinauszog ins Feld ...? Waren es vielleicht die Personen, die jetzt in übermütiger Weise den Landwehrleuten den Mietpreis steigern? ... In ganzen Straßen und hauptsächlich in Arbeitergegenden ist allen Mietern gekündigt, und die Menschen laufen bereits zu Tausenden trostlos umher, wo sie zum 1. Oktober ein Obdach für die Familie beschaffen sollen.«

Der 1. April und der 1. Oktober waren stets die so genannten Ziehtage, an denen die halbjährlichen Mietkontrakte abgeschlossen wurden. War man in der Lage zu zahlen, blieb man, andernfalls wurde gnadenlos gekündigt. An solchen Stichtagen spielten sich in Berlin regelmäßig Verzweiflungsszenen ab. Ganze Familien saßen samt Kindern und Hausrat vor ihren ehemaligen Wohnungen, Hauswirte und Mieter beschimpften sich lauthals, auf den Straßen ratterten unzählige Umzugswagen, »Hundekarren, Tragbahren, Wagen jeder Gestalt mit Pferden jeder Gattung, oft auch mit keuchenden Menschen bespannt oder von Letzteren geschoben«. Während Gustav und Otto nach einer bezahlbaren Wohnung Ausschau hielten, bemühte sich ihre Mutter intensiv um den Verkauf des Hauses in der Peenestraße. Der Schumachermeister Adolph Trost zeigte bereits Interesse, bot aber nur 4000 Taler, was zwar dem Taxwert entsprach, jedoch weit unter den angestrebten 6000 Talern lag.

In ihrer Not begann Caroline bereits im Herbst 1871 mit der Auflösung des Haushalts. Das meiste musste sie verkaufen, vor allem die Möbel. Stundenlang stand sie der stark riechenden Politur wegen im kalten, zugigen Hausflur, um sie aufzuarbeiten, was ihr gar nicht gut tat. Auch das Verpacken des für Berlin notwendigen Hausrats war eine sehr anstrengende Sache. Von vielem, was ihr lieb geworden war, musste sie sich nun trennen. Das Klavier und die Nähmaschine jedoch sollten mit. Mit dem Nähen hoffte Caroline etwas Geld zu verdienen, um nicht ganz so abhängig von ihren

Söhnen zu sein. Auch das Dutzend ausgestopfter Vögel musste auf Bitten von Otto und Gustav mit nach Berlin. Caroline hatte immer ein wenig Angst vor ihnen gehabt, wenn sie im Halbdunkel in die Stube trat. Andererseits waren die Tiere eine Erinnerung an ihren Mann, an dessen Ausflüge mit den Kindern in die Wiesen und Wälder um Anklam.

Eines Morgens – in der Nacht zuvor war ein Schneesturm durch Anklam gefegt, Eisblumen bedeckten die Fensterscheiben – versuchte Caroline vergeblich, aufzustehen. Das Atmen fiel ihr schwer, wenig später bekam sie hohes Fieber, das wochenlang blieb. Jeden Morgen aufs Neue stand sie auf, um wenigstens einen Teil ihrer Arbeit fortzuführen. Doch sie hatte eine Lungenentzündung, und ihre Lebensenergie schwand.

Caroline starb am 6. Februar 1872. Bei ihrem Begräbnis zog sich der »lange Leichenzug über gestreute Blumen« vom Haus in der Peenestraße bis weit hinaus auf den Kirchhof.

Was Carolines Tod für die Brüder und Marie bedeutet hat, lässt sich nur erahnen. »Unsere Mutter starb«, schreibt Otto Lilienthal in der Familienchronik, »als wir im Begriff waren, ... ihr das zu vergelten, was sie an uns getan hatte.« Dieser Dank blieb ihnen verwehrt. Für beide Brüder war ihr Tod das »ganze Leben eine schmerzliche Erinnerung«.

Vorerst hatten sie allerdings kaum Zeit zu trauern. Sie mussten sich um den Verkauf des Hauses kümmern. Der Schuhmacher Trost erhielt es schließlich für die gebotenen 4000 Taler. Mehr Geld hatten sie beim besten Willen nicht herausschlagen können. Außerdem wurde es nun immer dringender, endlich eine größere Wohnung zu finden. Die fünfzehnjährige Marie und die hochbetagte, aber durchaus noch sehr rüstige Großmutter Pohle würden nun zu ihnen ziehen. Die »verzauberte Prinzessin« und die alte, resolute Dame sollten künftig den Haushalt besorgen und den Brüdern damit für ihre Arbeit den Rücken freihalten. Wie »die Fürsten« konnten sie jetzt nicht mehr leben, vermutlich würden sie sogar hin und wieder

Marie Lilienthal, um 1870

auf das Erbe, das nach Abzug der Hypothekenschulden zusammen 1000 Taler betrug, zurückgreifen müssen.

Im Frühjahr mieteten die Brüder mit Marie und Großmutter Pohle eine Wohnung in der Albrechtstraße 12a. Sie lag unweit der Friedrichstraße, direkt an der Spree, wenige Grundstücke von der ersten Markthalle Berlins entfernt. Kurz danach zogen sie in das Haus gegenüber, Albrechtstraße 13. Endlich hatten die Brüder mehrere Zimmer zur Verfügung und obendrein einen geräumigen Dachboden.

Seltsame Dinge sahen die Anwohner der Albrechtstraße manchmal aus dem Dachfenster der Nummer 13 segeln: klappernde »Vögel« oder »Drachen«, die nach kurzem Flug senkrecht in die Spree stürzten. Es waren Gustavs und Ottos neue Flugobjekte, die sie in ihrer Freizeit nun endlich auch in Berlin bauen und ausprobieren konnten, seit es ihr »Laboratorium« in Anklam nicht mehr gab.

Otto Lilienthal und Gustav Lilienthal, 1870

Die Brüder waren inzwischen zu der wesentlichen Erkenntnis gelangt, dass Auffliegen nur über Vorwärtsbewegung möglich sei. »Wir haben immer ausgerechnet«, hatte Otto im März 1871 an Gustav geschrieben, »dass der Vogel nicht die mechanische Arbeit leistet, die sein Flugapparat erfordert, um ihn zu heben, d. h. ihn in derselben Entfernung von der horizontalen Erdoberfläche zu halten, oder wir fanden, dass größere Vögel, bei denen man die Geschwindigkeit der Flügel überhaupt nur annähernd messen kann, Letztere viel zu langsam bewegen, um einen Luftwiderstand zu erzeugen, dessen Resultate gleich ihrem Gewicht ist. Letzteres muss aber der Fall sein.« Um aber handfeste Resultate erzielen zu können, würden sie »noch unzählige Versuche machen müssen«.

Jetzt war die Zeit dafür gekommen. Auf dem Dachboden richteten sich die Brüder eine Werkstatt ein, wo sie sonntags zum Basteln und Diskutieren zusammenkamen. Sie bezogen sogar Marie mit ein. Bereits vor dem Krieg hatten Otto und Gustav die so genannte

Taube gebaut, die sich mit einer Feder aufziehen und in Bewegung setzen ließ. Sie flog dann kurz, und wenn die Feder abgelaufen war, trudelte sie und stürzte senkrecht zu Boden. Noch lag offensichtlich der Schwerpunkt falsch. Nun, in der Albrechtstraße, bauten die Brüder außerdem monatelang mit größter Beharrlichkeit an einem Schwingenflieger von der Größe eines Storches, dessen Flügel so genau wie möglich der Natur nachgebildet waren. Als Antrieb diente eine kleine Dampfmaschine, die Otto aus dünnem Messingrohr konstruiert hatte.

Dieser Motor von etwa einer viertel Pferdestärke Leistung war ein Meisterwerk der Feinmechanik. Doch schon beim ersten Probeflug zerbrachen die Flügel, da sie dem verstärkten Luftwiderstand bei der Schlagbewegung nicht gewachsen waren. Gustav vermutete, dass der Motor zu kräftig war. Dennoch hatten diese Versuche einen positiven Nebeneffekt. Der Bau des kleinen Dampfkessels war sozusagen der erste Schritt auf Ottos Weg zum Unternehmer. Seinen »Embryo« nannte er später den Motor des künstlichen Vogels, denn dieser verkörperte bereits das Prinzip des »Schlangenrohrkessels, Patent Lilienthal«, welcher, in wesentlich größerer Ausführung, zehn Jahre später zum Kernstück seiner Maschinenfabrik werden sollte.

Im Frühjahr 1873 setzte Gustav seine »Wandergedanken« in die Tat um und ging für einige Monate nach Prag. Er hatte das Angebot angenommen, unter dem österreichischen Architekten Carl Schlimp beim Bau des dortigen Nordwestbahnhofs mitzuwirken. Es war das erste Mal, dass Gustav die Grenzen Preußens überschritt. Und es sollte nicht das letzte Mal gewesen sein.

Atmosphärisch wie architektonisch war die Stadt an der Moldau gegenüber dem klassizistisch-schnittigen Berlin eine Offenbarung für ihn. Eingebettet in baumlose Hügel, erstreckten sich zu beiden Seiten des Flusses bunte Häusermassen mit abenteuerlich verschachtelten Dächern, unzähligen Kuppeln und Türmen, und über allem thronte die Kaiserburg, der Hradschin, zu dem Hunderte

Stufen und Gassen hinaufführten. »Die Bauwerke aus früherer Zeit haben hier durchaus etwas Phantastisches«, schrieb einst der österreichische Dichter Franz Grillparzer über Prag, »das in einem sonderbaren Einklange mit dem Geiste der ältesten Geschichte Böhmens, der romanhaftesten, die ich kenne, steht. Diese vielen Türme mit vielfachen Spitzen, jeder anders und nur in der Seltsamkeit übereinstimmend ...« Gustavs berühmte Lichterfelder Bauten, seine Vorliebe für romantische Formen, seltsame Türmchen und Zinnen haben vermutlich hier ihre erste Anregung erhalten.

Anfangs wohnte er in der Petersgasse 24, der heutigen Petrška, im wirtschaftlichen Zentrum Prags. Im Petersviertel, seiner Bauten wegen das »gotische« genannt, lebten viele Deutsche, die sich dort schon seit dem 11. Jahrhundert ansiedelten. Die Baustelle des heute nicht mehr existierenden Nordwestbahnhofs der österreichischen Bahn befand sich ganz in der Nähe. Da hatte er es nicht weit zur Arbeit. Seine Aufgabe bestand vor allem darin, die Decken des Bahnhofs malerisch zu gestalten.

Im Sommer zog Gustav in die Heinrichsgasse 4 – »2 Stiegen, bei Hambursky« entnehmen wir den Akten um die Erbschaftsregelung, da Gustav ein Restteil des Erbes nach Prag zugestellt wurde. Dort, in der Nähe des Wenzelsplatzes, war er mitten im quirligen Leben. Auf dem unweit gelegenen Heumarkt befanden sich die St.-Heinrich-Kirche, damals wie heute das wichtigste Gotteshaus der Neustadt, vor allem aber Theater, wie das Neustädter und das Teatro Salone Italiano.

Ein Vierteljahr verbrachte Gustav in Prag, wo seine Muttersprache keine Fremdsprache war, sondern Teil der nationalen Identität, allerdings mit österreichischer Färbung. Denn noch gehörte Böhmen zur österreichisch-ungarischen Doppelmonarchie. Mit der rasanten Industrialisierung kamen immer mehr Tschechen in die Stadt, viele umliegende Dörfer wurden eingemeindet, und die seit langem schon schwelenden Gegensätze zwischen Tschechen und Deutschen trennten sie bald in zwei feindliche Lager. Das ganze soziale Leben war in den 1870er Jahren beherrscht von Politik, kein Kaffeehausbesuch ohne Diskussionen denkbar, denn dank Preußens Sieg 1866 bei Königgrätz über Österreich hatte der Nationalgedanke das Land erfasst. Böhmen wollte von Wien unabhängig werden. Die Monarchie schwächelte, und Bismarck unterstützte anfangs die Unabhängigkeitsbestrebungen.

Noch aber regierten die schwarz-rot-goldenen Liberalen und hielten die radikalen »Jungtschechen« mit ihren Abspaltungsideen in Schach – mittendrin die Juden, die sich zwischen beiden Lagern zu entscheiden hatten, was auch sie wiederum spaltete. Die meisten waren Anhänger der Monarchie – trotz des zunehmenden Antisemitismus unter den Österreichern und der elenden Verhältnisse, unter denen die Juden im Getto zu leben hatten. Diese ebenso aufgeheizte wie anregende Atmosphäre hat Gustav nicht unbeeinflusst gelassen.

Bevor er im Juli 1873 nach Berlin zurückkehrte, wollte er sich noch mit Otto auf der Wiener Weltausstellung treffen. Sie war eine grandiose Schau internationalen Erfindergeistes, mit der die politisch geschwächte Donaumonarchie der Welt wenigstens auf technischem und künstlerischem Gebiet Stärke demonstrieren wollte. Das Ausstellungsgelände war der Prater zwischen Donau und Donaukanal, einst kaiserliches Jagdrevier, nun Erholungsgebiet der Wiener Bevölkerung. Die alten Buden hatte man abgerissen und durch ordentlichere Gebäude ersetzt, neue Linien der Pferdebahn eingerichtet, Luxushotels und Brücken über den Donaukanal gebaut. Die Natur als Kulisse verlieh der Ausstellung eine zusätzliche Qualität. Glanz und Gloria auf allen Ebenen sollte das Ereignis überstrahlen. Selbst die Schönheit von Kaiserin Elisabeth war dabei eine wichtige Trumpfkarte des gastgebenden Kaisers. Der persische Schah Nasr-ad-Din, wegen seiner seltsamen Eskapaden in ganz Europa bekannt, sah sich angeblich sogar zu einem Kaufangebot für die Kaiserin veranlasst. Franz Joseph lehnte jedoch dankend ab.

Als die Brüder Lilienthal in der österreichischen Hauptstadt ankamen, war der feierliche Glanz bereits erloschen. Der Wiener

Börsenkrach, ein Vorbote der deutschen Gründerkrise, hatte die hochgestochenen Erwartungen schwer erschüttert. Allein am 8. Mai waren 110 Insolvenzen unter den Ausstellern gemeldet worden. Und zu allem Unglück brach die Cholera aus und bremste den Besucherstrom. Finanziell hatte sich bereits vor der Eröffnung eine desaströse Bilanz angedeutet. Dennoch war das Ganze ein ideeller Erfolg für den internationalen Austausch künstlerischer und industrieller Novitäten. So mancher spätere Industriemillionär zeigte hier seine ersten Exponate und knüpfte Kontakte, die ihm wirtschaftlich die Tür zur Welt öffneten.

Auch Gustav und Otto konnten sich einen Überblick verschaffen, der ihren Horizont erweiterte. Zwei Themenausstellungen interessierten sie besonders: »Geschichte der Erfindungen« und »Geschichte der Gewerbe«. In Letzterer wollte Gustav vor allem mehr über die Entwicklung des Kunsthandwerks innerhalb der Textilverarbeitung erfahren. Bereits in Prag hatte er sich im neu eröffneten Kunstgewerbemuseum umgesehen, das erstmals ein breites Spektrum an Stickereien und Kleidung aus der ganzen Welt zeigte. Seit einiger Zeit trug er sich mit dem Gedanken, sich kommerziell auf diesem Gebiet zu betätigen. Die zeitgenössische Handarbeit, oft genug geschmacklose Verzierungen von Kleidung, Decken, Kissen und Teppichen, brauchte seiner Meinung nach ein künstlerisches Design. Noch gab es kaum Schulen, die junge Mädchen in dieser Richtung ausbildeten – eine Marktlücke, die Gustav reizte, auch im Hinblick auf Marie, die inzwischen ein Lehrerseminar absolviert hatte.

Gustavs erster Auslandsaufenthalt hatte seine Spuren hinterlassen. Er kam als veränderter Mensch nach Berlin zurück, als antibürgerlicher Kosmopolit und als Künstler. Böhmens Freiheitsbestrebungen hatten offenkundig auf ihn abgefärbt. Frisch und natürlich wollte er zukünftig leben, frei von alten Zöpfen und Großtuerei. Den »schwarzen Bratenrock« und die hart gesteiften Brustschilder der

Männerhemden hatte er abgelegt. Diese Art, sich zu kleiden, sei »das Unglücklichste, was die Mode je hervorgebracht hat«. Sonntags präsentierte Gustav sich der Familie nun in einem nach eigenem Entwurf angefertigten Anzug. Zu einer dunkelroten, hochgeschlossenen Jacke mit doppelreihigen Knöpfen über einer grauen Kniehose trug er einen ledernen Gürtel, lange farbige Strümpfe und einen grünen Hut. Ein wahrhaft radikaler Bruch mit der bisherigen Kleidung, die seine Familie im ordnungsliebenden Berlin etwas befremdete. Bald sah auch er ein: »Die bunte Tracht des Mittelalters, wo die Leute noch das reine Schlaraffenleben führten, passt nicht zu unserer rastlosen modernen Tätigkeit«, und so kleidete er sich wieder etwas moderater.

Gustavs Plan, eine Handarbeitsschule zu eröffnen, stand unter einem ungünstigen Stern. Die Lage in der Reichshauptstadt war alles andere als günstig für die Gründung eines Unternehmens. Im Oktober 1873 hatte der so genannte Gründerkrach nach Amerika und Österreich nun auch Deutschland erreicht. Die französischen fünf Milliarden Kriegsentschädigung waren für die Unternehmen nur ein kurzfristiger Segen gewesen, die hemmungslosen Spekulationen hatten sie in den Abgrund geführt. Innerhalb kürzester Zeit verfielen die Kurse dramatisch. Millionen Aktienpapiere wurden wertlos. Im Laufe von vier Jahren waren »mehr Eisenbahnen, Fabriken, Bergwerke etc. errichtet worden«, als »bei normaler Entwicklung der Industrie in einem Vierteljahrhundert geschaffen worden wären«. Diese ungeheuer rasante wirtschaftliche Entwicklung der letzten Jahre fand nun ein abruptes Ende. Nichts war mehr sicher. Jedes vierte Unternehmen wurde liquidiert. Unternehmer wie »harmlose« Anleger verloren von heute auf morgen ihre Ersparnisse, ihre Perspektiven, ihre Illusionen. Viele trieb der wirtschaftliche Ruin in den Selbstmord. Die Folge dieser Gründerkrise war eine politische Trendwende, spürbar für Gustav bereits in Prag, erst recht nach dem Börsenkrach in Wien und nun auch in Berlin. Die Hoffnung, vom enormen Reichtum der Industriebourgeoisie würden automatisch auch alle anderen sozialen Schichten profitieren, hatte sich nicht erfüllt. Der »Laisser-faire-« oder »Manchester-Liberalismus« des freien Spiels der Marktkräfte ohne jegliche staatliche Regulierung funktionierte nicht mehr. Als politische Alternative fand deshalb die Idee des Sozialismus europaweit immer mehr Anhänger. Auch Gustav begann sich dafür zu interessieren.

Ein Angebot des Architekten William Henry Crossland führte ihn im Winter 1873 aus dem krisengeschüttelten Berlin dorthin, wo Karl Marx und Friedrich Engels im Exil die ökonomischen Bewegungsgesetze der modernen Industriegesellschaft zu enthüllen suchten – nach London. Crossland war ein künstlerisch hochbegabter Mann, für den Geld beim Bauen keine Rolle spielte. Seine Niederlassung lag in einer der vornehmsten Straßen Londons, in der Regent Street. Ein paar Straßen weiter war acht Jahre zuvor die Bahnhofshalle St Pancras entstanden, ein Meisterwerk viktorianischer Ingenieurskunst: eine geschwungene Gusseisen- und Glaskonstruktion, die mit 75 Metern Spannweite und ohne Trennung von Wand und Dach lange Zeit die größte Bahnsteighalle im Inselreich war. Als Gustav nach London kam, baute Crossland gerade ein Heim für psychisch Kranke und in West Yorkshire ein Postgebäude. Berühmt wurde er später für sein monumentales Royal Holloway College in Egham. Vermutlich hat Gustav bei jenem Sanatorium mitgewirkt und dabei Erfahrungen gesammelt, auf die er später zurückgreifen wird.

Nach der architektonischen Beschaulichkeit von Prag war Gustav Lilienthal nun in der Moderne angekommen, unter Menschen, deren Lebensgefühl Königin Viktoria seit 1837 radikal veränderte, in einem Land mitten in Reformen, in eine Stadt, die mit fast vier Millionen Einwohnern wuchs und wucherte. Erstmals bekam Gustav einen Vorgeschmack darauf, was ihn in nur wenigen Jahren in Berlin erwarten würde: das Gefühl, in der Anonymität der Menge zu verschwinden. Wenn er durch die Stadt wanderte, wurde er wie Edgar Allan Poes gleichnamiger Protagonist zum

»Massenmenschen«. Hunderttausende Menschen aller Klassen und Stände drängten sich aneinander vorbei, rannten aneinander vorüber, ohne sich eines Blickes zu würdigen.

Architektonisch erstaunte ihn an London hingegen eine vitale Lust am Individualistischen, eine »Architektur der Maskerade«. Italienische Renaissance-Palazzi standen neben holländisch inspirierten Ziegelsteinvillen, neogotische Prachtbauten grenzten an schlichte Häuserreihen für den Mittelstand. Bahnhöfe, Hotels, Bürogebäude und Kaufhäuser, die Architektur der neuen Industriegesellschaft, verbargen ihre Funktion hinter dem schönen Schein der Andersartigkeit. In den Wohnungen des Mittelstands wurden Möbel plötzlich verhüllt, bedeckten Teppiche den Fußboden, standen künstliche Blumen herum. Unzählige Hündchen, Spitzendeckchen und Porzellan-Nippes zierten die Kamine und Klaviere – »My home is my castle«.

In Eastend hingegen, in den dunklen, schmalen Gassen der irischen Einwanderer, war das Elend zu Hause, das Inferno des 19. Jahrhunderts. Die Häuser, bewohnt vom Keller bis hart unters Dach, waren schmutzig und überaus baufällig. Das Mauerwerk bröckelte, die Fenster waren zerbrochen und die Türen von alten Brettern zusammengenagelt oder gar nicht vorhanden. Hier, in jener imperialen Stadt, wo laut Engels, der die soziale Lage der englischen Arbeiter aus eigener Erfahrung bestens kannte, »der soziale Krieg, der Krieg Aller gegen Alle ... offen erklärt« war, »der Stärkere den Schwächeren unter die Füße« zwang, wurde auch Gustavs Blick für soziale Phänomene und Probleme geschärft und sein Verantwortungsgefühl geweckt. Zehntausende Londoner waren ohne ein Zuhause. Noch lagen in Berlin erst wenige hundert Obdachlose auf der Straße. Aber in den Neunzigern wird es bereits eine halbe Million Menschen sein, die ein Nachtquartier suchen.

Andererseits konnte Gustav in London auch die Bemühungen der Regierung, mit dem Elend fertig zu werden, bewundern. Noch in den fünfziger Jahren waren die Abwässer in die Themse geleitet worden, die damals »The Great Stink« – »der große Gestank« – hieß. Da auch das Trinkwasser der Themse entnommen wurde, waren immer wieder große Epidemien ausgebrochen, grassierten Typhus und Cholera, bis der Bau eines riesigen Abwassersystems, das größte zivile Bauvorhaben des 19. Jahrhunderts, der Verschmutzung ein Ende machte. Die Sterberate war daraufhin rapide gesunken.

In London fand Gustav nicht nur als Architekt ein reiches Anschauungsfeld. Auch für die Flugsache eröffneten sich für ihn und Otto ganz neue Perspektiven. Crossland hatte ihn in die Aeronautical Society of Great Britain eingeführt. Der Kontakt zu dieser ältesten flugtechnischen Vereinigung war für die Brüder Lilienthal ein Fenster zur Welt. Von einer ähnlichen Vereinigung in Deutschland hatten sie bisher nur träumen können. Gerade die Fliegekunst, kritisierte Otto wenig später, sei »wenig geeignet, nach der Art des Schießpulvers erfunden zu werden. Aus diesem Grunde ist es eben schade, dass gerade die Engländer und nicht die mehr theoretischen Deutschen auf den Gedanken verfielen, einen aeronautischen Verein zu gründen und eine Gesellschaft von Ingenieuren zu bilden, welche sich zur Aufgabe stellt, das Geheimnis des Fliegens zu entdecken.«

Erstmals hatten die Brüder Gleichgesinnte gefunden, denn anders als die Deutschen sahen die Briten »das Problem des Vogelflugs als ein weit ergiebigeres Forschungsfeld« gegenüber der Ballonfahrt an. Gustav trug in der Aeronautical Society über ihre bisherigen Ergebnisse vor und ließ sich und seinen Bruder als Mitglieder einschreiben. Der daraufhin beginnende Austausch war eine große Bereicherung für ihre weitere Forschung. Welche Ermutigung für die bis dahin isoliert arbeitenden Autodidakten.

Als Gustav im Mai 1874 zurückkam nach Berlin, sprühte er vor Ideen. Ob als Architekt oder als Flugpionier. Er war bereit, nach neuen, ungewöhnlichen Wegen zu suchen. »Jetzt werden wir es machen«, Ottos Satz, als er den Bruder nach dem Krieg in die Arme schloss, hatte für ihn eine neue Dimension bekommen.

Flugstunde 3

Sonntag. Ein Brachfeld hinter Charlottenburg. Heftiger Wind jagt Wolkentiere über den Himmel, Schwalbenschwärme und bunte Drachen mit Schleifen. Die Schnur fest in der Hand, rennen Kinder ihnen schreiend hinterher. Plötzlich halten sie inne. Ein riesiger Stoffvogel steigt zum Himmel auf, viel höher als ihre kleinen Papierdrachen, höher und höher, bis die Schnüre fast senkrecht nach unten zeigen. Ein Mann in schwarzem Anzug hält sie in der Hand. Neben ihm steht eine junge Frau mit Strohhut. Aufmerksam blickt sie nach oben. Ein anderer Mann mit bunten Strümpfen unter knielangen Hosen beobachtet den Drachen mit einem Gerät vor den Augen. »Keine zehn Grad!«, ruft er. »Vorne noch etwas tiefer!« So ernst sind die drei. Der Mann im Anzug dreht an dem Stab in seinen Händen. Einige Meter zieht der Drachen nach vorn, dann werden die Schnüre schlaff. »Loslassen!«, ruft der andere. Der Mann im schwarzen Anzug zögert. Er scheint zu lauschen. Immer leiser knattert der Stoff über den gewölbten Weidenruten. Der Drachen steht ruhig. Da gibt der Mann die Schnüre frei. Und das Stofftier schwebt, den »Kopf« gegen den Wind, viel höher, als ein Mensch es je gesehen hat. Die Männer brechen in Jubel aus. »Er fliegt wie ein Vogel, wie ein richtiger Vogel!«, schreien sie. Das Mädchen rennt lachend über die Wiese, fällt hin, rafft ihr Kleid und läuft weiter. Mit einem Ruck bleibt sie stehen. Denn der Vogel wird größer und immer größer, den »Kopf« nach hinten, die Schnüre verfangen im Kraut, stürzt er zur Erde.

5. KAPITEL

Erfinderglück
»Technische Unmöglichkeiten gibt es nicht«

»Von der Hand wird niemand behaupten können, die mechanischen Vorgänge der Vögel so genau erkannt zu haben, dass er dieselben für die dem Menschen zu Gebote stehenden Mittel als eine unmögliche Leistung darzustellen vermöchte ...« Dieser Satz Otto Lilienthals in seinem Vortrag »Die Theorie des Vogelflugs« im Dezember 1873 vor dem Potsdamer Gewerbeverein war eine Provokation. Vermutlich war das den Zuhörern – Unternehmern, Ingenieuren und Beamten – allerdings gar nicht bewusst. Sie waren nur etwas überrascht, denn man hatte ihnen einen Überblick über den gegenwärtigen Entwicklungsstand der Luftfahrt angekündigt. Was aber hatte der Vogelflug damit zu tun?

Luftfahrt hieß damals Luftschifffahrt, die Nutzung des Ballons. Wenn sie überhaupt als Verkehrsmittel neben Schifffahrt und Eisenbahnverkehr eine Zukunft hätte, dann, so glaubte man, in Form lenkbarer Ballone, die dem Prinzip »leichter als Luft« folgten. Luftschifffahrt schien für militärische und wissenschaftliche Zwecke geeignet sowie für den Postverkehr, der sich in jener Zeit rasant entwickelte. Viel Geld floss damals weltweit in diese neue Technik, deren Nutzen sich gerade im deutsch-französischen Krieg gezeigt hatte.

Was die Mitglieder des Vereins an dem Vortrag des unbekannten Ingenieurs aus Berlin irritierte, war, dass er ebendiese Ballonfahrt schlichtweg für eine Fehlentwicklung hielt. Der Fortschritt der Luftfahrt liege nicht in der anzustrebenden Lenkbarkeit des Ballons. Für Lilienthal zählte das Ganze »zu denjenigen Erfindungen, welche uns heute bei weitem nicht so nützlich erscheinen, als sie bei ihrer

Entstehung sensationserregend waren«. Damals habe man sich »im Geiste nur noch per Luft seine Reisen unternehmen« sehen, »glaubte überhaupt ... sich berechtigt, den Luftballon für eine Erfindung zu halten, deren Tragweite von nichts übertroffen wird«.

Otto Lilienthals Vision, sein Traum vom Fliegen, ging in eine andere Richtung: Fliegen nach der Art der Vögel, »schwerer als Luft«, nicht leichter. Und er nutzte gern die Gelegenheit, diesen selbstbewussten und durchaus provokanten Standpunkt einer Öffentlichkeit vorzustellen. Dass er sich dabei in einem indirekten Dialog mit Hermann von Helmholtz, dem weltbekannten Berliner Physiker, befand, war wohl keinem seiner Zuhörer bewusst.

Helmholtz hatte am 26. Juli 1873 in einer Gesamtsitzung der Königlich Preußischen Akademie der Wissenschaften behauptet, dass es nach mathematischer Erkenntnis dem Menschen »auch durch den allergeschicktesten flügelähnlichen Mechanismus, den er durch seine eigene Muskelkraft zu bewegen hätte«, kaum möglich sei, nach dem Prinzip »Schwerer als Luft« zu fliegen. Die Natur habe im Modell der großen Geier schon die Grenze erreicht.

Doch genau das bezweifelte Otto Lilienthal. Sein Optimismus, dass auch der Mensch eines Tages aus eigener Kraft fliegen werde, hatte sich nach den intensiven Modellversuchen mit seinen künstlichen Vögeln und Vogeldrachen in den letzten Monaten nur noch verstärkt. Dass man leichter als Luft fliegen konnte, hatten die Brüder Montgolfier bewiesen. Warum aber, wunderte sich Otto, sollte die obere Grenze für das Fliegen von Lebewesen ausgerechnet zwischen den großen Vögeln und dem Menschen liegen? Sah doch das Segeln gerade der großen Vögel am Himmel besonders mühelos und majestätisch aus.

Eines Tages, davon war er überzeugt, würde man diesen anstrengungslosen Flug verstehen, und dann wäre es nur eine Frage der modernen Technik, bis der Mensch sein Gewicht nach der Art der Vögel in die Lüfte hebt. Zuerst galt es jedoch, die theoretischen Grundlagen dafür auszuarbeiten. Eben davon handelte sein Vortrag vor dem Potsdamer Gewerbeverein, und davon zeugten die Modelle, die er dort vorführte.

Bisher waren die Lilienthals nach dem Prinzip Versuch und Irrtum vorgegangen. Sie hatten die Natur beobachtet, die Anatomie von Vögeln und fliegenden Pflanzensamen analysiert, anschließend Modelle gebaut – und geschaut, ob diese nach ihren Vorstellungen funktionierten. Nun aber waren sie an einem Punkt angelangt, an dem sie merkten, dass nicht nur ihnen die Grundlagen fehlten, und so suchten sie nach einer Theorie, die das Beobachtete beschreibt. Um weiterzukommen, mussten sie erst einmal die richtigen Fragen stellen und die Begriffe festlegen, mit denen sich das Beobachtete in eine mathematische Form bringen ließ. Wie kann man den Flug der Vögel in Laborexperimenten nachstellen, bei denen ein nachgebauter Vogelflügel in systematischen Messreihen sein Geheimnis preisgibt? Was ist eigentlich ein Flügel? Was passiert mit dem Wind, der an ihm entlangstreicht? »Die Kenntnis der mechanischen Vorgänge beim Vogelflug steht gegenwärtig noch auf einer Stufe, welche dem jetzigen allgemeinen Standpunkt der Wissenschaft nicht entspricht«, wird Lilienthal 16 Jahre später sein Buch *Der Vogelflug als Grundlage der Fliegekunst* einleiten.

Um diesen Mangel zu beseitigen, bauten die Brüder Lilienthal Geräte, an denen sich künstliche Flügel befestigen und durch die Luft bewegen ließen: ein großes Gestell, an dem sie durch die Luft kreisten, den »Rundlauf«. Das Gerät stellten sie später in einer Turnhalle in der Wilhelmstraße 117 auf, um in exakten Messreihen Flügel mit unterschiedlicher Wölbung zu untersuchen und mit verschiedenen Materialien zu experimentieren. Sie konstruierten einen Waagebalken, an dem der Wind in einigen Metern Höhe auf die Messfläche traf. Mit Federwaagen ließen sich die Windkräfte an den Flügeln bestimmen: die hebende Wirkung des Windes ebenso wie die »hemmende«, Auftrieb und Widerstand. Diese Messung der Kräfte am Tragflügel war Pionierarbeit und ist bis heute gültiger Standard der Technik geblieben.

Beim Ablesen der Messwerte unterstützte Marie ihre Brüder. Gewissenhaft notierte sie die Werte, die man ihr zurief. Anschließend wertete Otto die Unmenge an Daten aus. Immer wieder ergab sich daraus im Koordinatensystem eine geschlossene Kurve – für Naturwissenschaftler stets ein gutes Zeichen. Der Kurvenverlauf war überraschend, denn er zeigte einen Zusammenhang zwischen Auftrieb und Luftwiderstand an gewölbten Flächen, der mit den bekannten Formeln nicht zu beschreiben war.

Mit dieser Kurve – der Vater der russischen Luftfahrt, Nikolai Schukowski, wird sie später die »Lilienthal-Polare« nennen – hatten die Lilienthals ein Tor aufgestoßen. Das »Geheimnis der ganzen Fliegekunst«, das »auf den Eigenschaften ... schwachgekrümmter vogelflügelähnlicher Flächen« beruht, war kein Geheimnis mehr, sondern hatte nun eine wissenschaftliche Grundlage. Zwar war die Flügelwölbung der Vögel auch anderen zeitgenössischen Forschern aufgefallen. Aufgezeichnete Messwerte oder gar eine entsprechende Theorie hatte es bisher jedoch nicht gegeben. Das war allein das Verdienst der Lilienthals. Eine neue Wissenschaft war geboren, die »Aerodynamik der Tragflächen«, Grundlage für den Bau von Flugzeugen – künstlichen Vögeln.

Eine gewisse Tragik liegt darin, dass Otto Lilienthal seine Theorie des Vogelflugs erst 15 Jahre später, 1889, in Buchform veröffentlichte. Der Engländer Horatio F. Philipps hatte inzwischen ein Patent erworben, in dem die gewölbte Fläche enthalten war. Die entscheidende Erkenntnis Lilienthals, die den Weg zum Menschenflug ebnete, war so nicht mehr patentierbar. 1874 hatte Lilienthal jedoch kein Geld, um ein Buch herauszugeben, an dessen reißenden Absatz mit Recht kein Verleger geglaubt hätte. Außerdem war die Erforschung des Vogelflugs gar nicht das eigentliche Ziel, sondern nur die Vorarbeit. Das Entscheidende fehlte: seine Nachahmung.

Bis es so weit war, sollten allerdings noch Jahre vergehen. Um das »Flug-Zeug«, wie Otto es später nennen wird, auf der Basis der neu gewonnenen Erkenntnisse weiterzuentwickeln, fehlte es den

Brüdern vorerst an Zeit, Geld, Platz und Muße. Stattdessen mussten sie sich dem Broterwerb widmen. »Ich habe die Hoffnung«, schreibt Otto 1885 an Marie, »dass ich und Gustav in einiger Zeit so weit sein werden, dass wir uns irgendwo ohne ein bestimmtes Geschäft niederlassen können und uns mit allerhand Erfindungen beschäftigen, so namentlich mit dem Fliegen. Hierdurch ist natürlich zunächst nichts zu verdienen, und man muss von seinen Zinsen leben. Das ist ungefähr das Ideal, auf das wir lossteuern werden.«

Während Gustav im Frühjahr 1874 kurzzeitig eine wenig befriedigende Stelle in der Berliner Bauverwaltung angenommen hatte, lenkte Otto seine Lust am Erfinden auf den Maschinenbau, und das nicht nur, um das teure Flughobby finanzieren zu können. Auf dem Gebiet des Maschinenbaus war er schließlich zu Hause. Sein Ziel, auf ein Patent hin ein Unternehmen zu gründen, hatte er nach dem Abschluss von der Gewerbeakademie nie aus den Augen verloren. Er hatte sich vom mittellosen Studenten und Schlafburschen zum gut verdienenden Konstruktionsingenieur hochgearbeitet und sich in verschiedenen Firmen einen Namen gemacht. Doch zunehmend störte ihn die Abhängigkeit von einem Arbeitgeber. Er wollte eigene Ideen umsetzen, Verantwortung übernehmen und über den Betriebserlös selbst bestimmen.

Bereits im Dezember 1875 hatte Otto Lilienthal zusammen mit Gustav ein Patentgesuch für einen Heißluftmotor eingereicht. Nach dem Bau des kleinen Dampfmotors für die Flugmodelle war er auf die Idee gekommen, solche kleinen Antriebsquellen vor allem für das Kleingewerbe zu entwerfen. Er sah darin die Chance, der Konkurrenz der Großindustrie, die dem Handwerk zunehmend den Markt streitig machte, standzuhalten. Der bisher gängige Typ der Dampfkessel, die zur Speisung der Dampfmaschinen dienten, war »ein ungezähmtes reißendes Tier in zerbrechlichem Käfig«, wie Ottos ehemaliger Kommilitone Adolf Slaby, inzwischen Dozent an der Gewerbeakademie, ihn treffend charakterisierte. Die neue Dampfmaschine musste dagegen klein, leicht handhabbar und gefahrlos wie Gasmotoren und Heißluftmaschinen sein sowie wenig Wartung benötigen. Der erste Patentversuch in dieser Richtung – ein Heißluftmotor – wurde jedoch abgelehnt, ausgerechnet von Professor Reuleaux, der ihn im Auftrag des Ministeriums zu begutachten hatte. Der Motor sei »keine wesentliche Neuerung«, hieß es. Otto war dennoch überzeugt, dass es für solche kleinen Motoren einen Markt gäbe. In den nächsten sechs Jahren verbesserte er seine Idee, bis er 1881 mit seinem »Schlangenrohrkessel« endlich Erfolg hatte. Mehrere Patente darauf sollten die Grundlage für eine schnell expandierende Maschinenbaufabrik werden, die seine finanzielle Zukunft sicherte.

Bis dahin war es aber noch ein weiter Weg, ein Weg, der Lilienthal tief unter Tage führte, in die Kohle- und Salzgruben der sächsischen und galizischen Bergbaugebiete, und – in die Arme einer Frau.

Im Juni 1876 saß Otto Lilienthal in der Albertbahn von Dresden nach Potschappel. Von da aus sollte es in das kleine Bergarbeiterdorf Zauckerode weitergehen. Nachdem Otto als Reserveoffizier gerade noch einmal für acht Wochen den ungeliebten »bunten Rock« der Gardefüsiliere hatte anziehen müssen, schickte ihn sein Arbeitgeber Carl Hoppe nun in das südwestlich von Dresden gelegene Döhlener Becken. Als Konstruktionsingenieur sollte Otto eine neue Schrämmaschine zum Abfräsen von Kohle ausprobieren, auf die Hoppe ein Patent anmelden wollte.

Als die schroffen Felswände des Weißeritztals sich der Ebene öffneten, hatte Otto das Abteilfenster schließen müssen, damit der Rauch ihm nicht den Atem nahm. Von »Feuerland« am Oranienburger Tor war er einiges gewohnt, doch die Entstellung des einst so wilden wie lieblichen, von bedeutenden Künstlern gemalten Plauenschen Grundes ließ selbst ihn nicht unbeeindruckt.

Das Mitte des 19. Jahrhunderts einsetzende Industriezeitalter hatte der ehemaligen Idylle ein Ende gemacht. Wehmütig konstatierte der

Maler Ludwig Richter in seinen *Lebenserinnerungen*: »Jetzt lärmen die schrillen Pfeifen der Lokomotive und das Gerumpel der Lastkarren durch Bahngeleise und Straßen, welche aus jenen stillen Kornfeldern in die neue dampfselige Zeit hineingewachsen sind.« Sein vermutlich erstes Werk *Mönch in einer Felslandschaft betrachtet ein Kreuz* war in ebenjener Gegend entstanden, die später der Bahnbau zerstörte.

Bald hieß der Plauensche Grund nur noch »Tal der Arbeit«. Aus kleinen Dörfern wie Potschappel, Burgk, Döhlen und Zauckerode, später zu Freital vereinigt, waren dicht bewohnte Arbeitergemeinden geworden. Steinkohle- und Eisenhüttenwerke sowie eine Eisenbahnverbindung zwischen Dresden und Tharandt hatten eine immense industrielle Entwicklung in Gang gesetzt. Betriebe für Stahlproduktion, Maschinenbau und Chemieindustrie siedelten sich an, Färbereien, Glas-, Papier- und Textilwerke entstanden. Qualmende Fabrikschlote wurden weithin zum Wahrzeichen, der dichte Wald auf den sanften Hügeln immer lichter, und die Weißeritz verkam zu einem übel riechenden, schäumenden Gewässer. Doch das zählte damals nicht. In nur einem halben Jahrhundert wurde hier in wirtschaftlicher, wissenschaftlicher und sozialer Hinsicht Geschichte geschrieben.

1828 war Burgk dank einer hochmodernen Leuchtgasfabrik das erste Dorf der Welt mit Gasbeleuchtung. Die Döhlener Chemiefabrikantenfrau Wilhelmine Reichard war »das erste luftschiffende Frauenzimmer«, und 1882 sollte die erste elektrische Grubenlokomotive der Welt, gebaut von Siemens & Halske, in den Zauckeroder Oppel-Schacht einfahren. Der Kranken- und Sterbekassenverein, Krankenhäuser für Grubenarbeiter, ein Kindergarten, Berufsschulen für Jungen und Mädchen zeugten trotz härtester Arbeitsbedingungen und Ausbeutung auch von einem sozialen Engagement der Unternehmer, wie es damals in Deutschland noch selten anzutreffen war.

Otto Lilienthal stieg im »Döhlener Hof«, dem späteren »Gasthof zur rothen Schänke«, ab. Beißender Gestank aus der nahe gelegenen Chemiefabrik des Luftschiffers Reichard schlug ihm ent-

Der Döhlener »Gasthof zur rothen Schänke«

gegen. Doch der Gasthof machte einen guten Eindruck und war zudem offenkundig so etwas wie der kulturelle Mittelpunkt der Gegend. Der örtliche Gesangsverein traf sich hier, man spielte Theater, veranstaltete Konzerte und gab Bälle. Otto würden die Abende in den nächsten Monaten nicht lang werden. Tagsüber war er ohnehin in der Grube.

Wie der Bergbaudirektor der Königlich Sächsischen Steinkohlewerke Förster geschrieben hatte, sollte Hoppes Schrämmaschine im erst ein Jahr zuvor eröffneten Döhlener Carola-Schacht getestet werden. Förster hatte sich an der Maschine, von der er sich eine höhere Förderleistung erhoffte, höchst interessiert gezeigt. Die Montanindustrie boomte zwar mit Zuwächsen von über 50 Prozent. Dennoch hatte es der Döhlener Bergbau nach Jahren des Aufschwungs, die der Einsatz von Dampfmaschinen mit sich gebracht hatte, nicht leicht, sich gegen die wachsende Konkurrenz aus Zwickau, dem Ruhrgebiet und aus Schlesien zu behaupten.

Allein technische Neuerungen mochten die beginnende Talfahrt aufhalten: Die elektrische Bohrmaschine bewährte sich im Carola-Schacht bereits hervorragend, ebenso die mechanische Kohlewäsche, die hier europaweit erstmals praktiziert wurde. Förster versuchte zudem mit neuartigen Sprengmitteln den Kohleabbau zu steigern. Bewährte sich nun auch das maschinell unterstützte Abfräsen des Kohleflözes mit Hoppes Maschine, war dem Berliner Fabrikanten für die kommenden Jahre ein gutes Geschäft mit den staatlichen Bergwerken sicher. Und Otto Lilienthal hatte die Chance, sich in ein ihm bis dahin fremdes Gebiet einzuarbeiten.

Es war eine spannende, aber auch beängstigende Herausforderung, die den »Himmelsstürmer« in der Hölle des »schwarzen Goldes« erwartete. Die Arbeit im Bergwerk gehörte zu den härtesten und unangenehmsten, die er sich vorstellen konnte, sie war gesundheitsschädlich und kräftezehrend. Es gab kaum Beleuchtung und Belüftung, Wolken von Gesteins- und Kohlestaub machten das Atmen und Sehen schwer. Gefährlich war dieser Moloch obendrein. Erst sechs Jahre zuvor hatte in den Burgker Schächten die bis dahin größte Schlagwetterkatastrophe des deutschen Bergbaus knapp 300 Bergleute in den Tod gerissen und über tausend Witwen und Waisen hinterlassen. Militär sekundierte damals mit aufgepflanztem Bajonett die Trauerfeier, da die Regierung einen Aufruhr befürchtete.

Fünf Monate lang fuhr Otto Lilienthal in der schwarzen Bergmannsuniform noch vor dem ersten Hahnenschrei mit den Häuern in 350 Meter Tiefe ein. Zuweilen »einen ängstlichen Blick nach oben« werfend, »ob nicht etwas herunterkommen könnte«, ertrug er Enge, stickige Luft, Kälte und die Furcht vor dem Grubengas, das jederzeit austreten konnte. Mit der Zeit gewöhnte er sich daran. In der schweren Arbeit lag eine elementare Kraft, die ihn faszinierte. Er schrämte das Flöz, machte Notizen, veränderte Anschliff und Position der Messer und begann wieder von vorn. Dank seiner außerordentlichen Spannkraft der Nerven, die Gustav an ihm bewunderte, gab er nicht so schnell auf.

Doch Hoppes Hoffnungen erfüllten sich nicht. Die Maschine erwies sich als ungeeignet – »das Feuer sprühte ... wie bei einer Schleifmaschine mit Schmirgelscheibe«. Für Otto Lilienthal bedeutete das dennoch nicht das Ende der Schrämmaschine, denn grundsätzlich war er von der Richtigkeit des Prinzips überzeugt. Die Maschine schien ihm nur unausgereift. Würde er sie weiterentwickeln, könnte er vielleicht selbst ein Patent darauf erhalten. Ihm schwebte eine handbetriebene Maschine vor – nicht so schwerfällig wie die vorhandenen, die zwei Mann aufstellen mussten, sondern leicht transportierbar und einfach in der Bedienung.

Harte Arbeit lag vor ihm, bei der Otto Hilfe brauchte. Da Gustav gerade keine feste Anstellung hatte, lag es nahe, dass er ihm dabei zur Seite stehen könnte. Ohnehin hielten es die Brüder nicht für ausgeschlossen, auf der Basis der Schrämmaschine künftig sogar gemeinsam eine Firma zu betreiben. Also zog auch Gustav die Bergmannsuniform an und begleitete Otto hin und wieder in die »schwarze Hölle«. »Um 4 Uhr morgens«, erinnerte sich Gustav, »fuhren wir mit der Frühschicht ein und arbeiteten da in einem toten Stollen, der nicht an die Wetterführung angeschlossen war ... Da galt es nun, mit der ganzen Kraft die Kurbel zu drehen, wobei wir uns beide ablösten. Die Luft war sehr schlecht und schwül, und fortwährend hörten wir das unheimliche Krebsen der aus der Kohle austretenden Gase. Ich bin selbst gerade kein Schwächling, musste aber meine Leistungen sehr bald auf die Hälfte vermindern, während mein Bruder ... bei voller Leistungsfähigkeit blieb.«

Die Zähigkeit seines Bruders beim Ringen um die Lösung eines Problems brachte Gustav damals noch nicht auf. »Technische Unmöglichkeiten gibt es nicht«, pflegte Otto zu sagen, »und Schwierigkeiten müssen überwunden werden.« Das Studium an der Gewerbeakademie hatte ihn entsprechend geprägt: die gegenseitige Durchdringung von Theorie und Erfahrung, der erstmals wissenschaftlich fundierte Maschinenbau, Erziehung zu industriellem Denken und nicht zuletzt Begeisterung über die Wunder der Mechanik.

Die patentierte Handschrämmaschine Otto Lilienthals

In Konstruktionstagebüchern notierte Otto Berechnungen mit den dazugehörigen Lösungswegen, hielt sie in Detailzeichnungen oder Skizzen fest und entwickelte damit ebenjene Systematik, auf der seine späteren Erfolge beruhten. Beim Schrämen am Kohleflöz arbeitete er eng mit dem Obersteiger Fischer zusammen. Er nahm dessen Anregungen auf und verband die Erfahrung und das Gespür des Bergmanns mit seinem Wissen und Können als Ingenieur. Ottos Stärke zeigte sich in der Weiterentwicklung von Vorhandenem, in Verbesserungen, die Neuheitswert besaßen. Dabei war sein Ziel stets, Marktfähigkeit zu erreichen.

Ende September 1876 waren die Brüder so weit. »Mein Bruder und ich«, schreibt Gustav an den Zauckeroder Bergdirektor Förster, »sind von der Richtigkeit des Prinzips so weit überzeugt, dass wir beabsichtigen, wie Ew. Wohlgeboren ja auch selbst geraten haben, das Schrämrad mit komprimierter Luft zu betreiben.« Um das Patent darauf zu erlangen, benötigten sie eine Bestätigung von

Förster, dass die Maschine auf diese Weise im Carola-Schacht gearbeitet habe.

Das Schreiben kam postwendend, denn Förster hielt »diese Angelegenheit von größter Wichtigkeit für den Bergbau«, und er bat Gustav darum, ihn über die Weiterentwicklung auf dem Laufenden zu halten. Am 10. November stellte Gustav – um Hoppe nicht zu brüskieren, hielt Otto sich formal zurück – an das Königlich Sächsische Ministerium für Handel und Gewerbe den Patentantrag, dem dann am 10. Januar 1877 stattgegeben wurde.

Ein weiteres Jahr später, nachdem Otto verschiedene Varianten sowohl in Zauckerode als auch in Schlesien, Tirol, Ungarn und Zwickau, wo die Kohle weicher war, getestet hatte, erwarben die Lilienthals ein zweites Patent. Umgehend informierte Otto Bergdirektor Förster darüber, der gerade an einem Vortrag für den in Leipzig erscheinenden *Civilingenieur* arbeitete und darin auf die Maschine der Lilienthals einzugehen gedachte. Otto berichtete ihm nicht ohne Hintergedanken detailliert über seine Erfolge. Nach dem Patenterwerb hoffte er, die Schrämmaschine mit Försters Befürwortung an die staatlichen Bergwerke verkaufen zu können. Ihr Vorteil, schreibt er ihm am 10. Februar, liege in der Kurbelbewegung statt der bisher angewendeten Hebel, »wobei die Kurbel für alle Fälle eine zum Handbetrieb bequeme Lage erhält«. Die Aufstellung sei »ohne besondere Körperanstrengungen« möglich, »die Anwendung eines kleinen oszillierenden Luftzylinders ... sehr einfach und billig«. Vor allem erzeuge sie »keinen Staub« und sei »leicht zu transportieren«.

Förster bestätigte, dass die Maschine »unzweifelhaft gewisse Vorteile« habe, denn die Bergleute konnten nun zum Beispiel aufrecht stehen und mussten nicht mehr in gebückter Lage arbeiten. Darüber hinaus hatte sich die durchschnittliche Auffahrung pro Förderschicht erhöht. Förster notierte: »Gut damit eingearbeitete Arbeiter vermochten bei ihrer Benutzung, unter Beibehaltung gleichen Gedinges, höheres ... zu verdienen als ohne diese Maschine. Auch wurde dieser Vorteil durch die sehr geringen Reparatur- und sonstigen Schmiedekosten nicht aufgewogen.« Ein Vorteil gegenüber anderen Arten von Schrämmaschinen, die etwa zur gleichen Zeit in Zauckerode und in Polnisch-Ostrau erprobt wurden. Die Chancen standen demnach nicht schlecht, dass die Lilienthal'sche Maschine bald generell in den Schächten von Döhlen dauerhaft zum Einsatz kam.

Otto hatte an der Anwendung seines Patents mittlerweile nicht nur ein rein technisch-kommerzielles Interesse. Er war verliebt und wollte heiraten. Mit 28 Jahren war es seiner Meinung nach längst an der Zeit dafür. Agnes, die neunzehnjährige Tochter des Obersteigers Fischer, der ihm bei seinen Experimenten assistierte, war seit Oktober 1876 seine Braut. Auf dem »Burgwartsberge in Pesterwitz unter zwei hohen Bäumen« hatten sie sich verlobt.

Carl Hermann Fischers Vorfahren arbeiteten bereits seit fünf Generationen als Häusler und Berghäuer. Er selbst hatte zudem das Schmiedehandwerk erlernt, was Otto sehr gelegen kam, da Fischer ihm die Messer für die Maschine fertigte. Das kleine Haus des Obersteigers – das untere Stockwerk hatte man vermietet – war ein geselliger Ort. Die Familie sang und musizierte gern, so dass sich Otto schon bald zu Hause fühlte.

Die einfache, offenherzige Agnes mit den tiefschwarzen Augen und dem dunklen, streng gescheitelten Haar, die Konzerte gab und manchmal zu seinem Waldhorn sang, gern Blumen pflückte und wanderte, gefiel ihm. Glücklicherweise erwiderte sie seine Liebe, und die beiden warteten nicht allzu lange mit der Verlobung. Schon kurze Zeit später hatte das Paar im »Döhlener Hof« einen ersten öffentlichen Auftritt mit flotten Arien – »die zünden immer«, überzeugte Otto seine Braut. Weihnachten verbrachte er bereits bei den Fischers.

Otto Lilienthal war eine gute Partie, galt er doch als ein hoffnungsvoller Ingenieur, und man traute ihm für die Zukunft einiges zu. Er war gewissenhaft, zupackend und nervenstark. Obendrein sah

Agnes Lilienthal, geb. Fischer, um 1880

er mit seinen hellen Augen und den nach hinten gekämmten blonden Locken gut aus. Seinem einnehmenden, fröhlichen Wesen konnten nur wenige Menschen widerstehen. Vielleicht war er ein bisschen zu verrückt für das schlichte Gemüt von Agnes. Sie hatte keine höhere Schule besucht und konnte seinen hochfliegenden Gedanken oft nicht so ganz folgen. Auch ihr Sächsisch störte den Norddeutschen bisweilen – vor allem beim Singen –, und ohne ihrem »engeren Nationalgefühl« zu nahe treten zu wollen, riet er ihr doch, »recht scharf artikuliert auszusprechen, alle anwesenden, kunstverständigen Nichtsachsen werden Dir Dank wissen«. Aber er war sich sicher, dass sie die Richtige für ihn war.

Otto wusste nun, wofür er arbeitete: »wir beide wollen uns eine Gemütlichkeit schaffen, die noch nie da gewesen ist«. Die Patente, vielleicht ein Unternehmen, sollten der Grundstock ihrer Existenz werden. Bis zur Hochzeit hoffte er, darin ein Stück weitergekommen zu sein. Doch vorerst war noch kein Geschäft mit dem

Verkauf der Schrämmaschinen zu machen. Im Laufe des Jahres 1877 konnte Otto gerade einmal eine einzige Maschine an die Königlich Sächsischen Werke verkaufen, zum Einkaufspreis von 750 Mark, Anzahlung 250. Bei den Probeläufen mit den Arbeitern hatte sich das neue Gerät als nicht ganz so geeignet erwiesen, wie er sich das gedacht hatte. Zu gering war die Zauckeroder Flößstärke, zu porös und brüchig die Kohle, zu ungebildet letztlich die Arbeiter, damit umzugehen. Noch steckte die Presslufterzeugung in den Kinderschuhen, und Elektrizität sollte erst ein Jahrzehnt später zur Anwendung kommen. Otto musste sich nach einem anderen Einsatzgebiet als Kohle umsehen, wenn er seine Hoffnungen auf eine Unternehmensgründung nicht ganz aufgeben wollte.

»Ich bin in ein eigentümliches Land geraten«, schreibt Otto Lilienthal am 16. Oktober 1877 an Agnes. Seit Anfang des Monats war er in Galizien, das damals zu Österreich gehörte, aber unter polnischer Verwaltung stand. Das Salzbergwerk von Wieliczka war sein neuer Arbeitsort. Dort wollte er in den nächsten Monaten erproben, ob für seine und auch Hoppes Schrämmaschine der Salzabbau geeigneter wäre.

»Bis Krakau war nur Bahnverbindung, dann ging es auf einem offenen, jämmerlichen Vehikel nach Wieliczka ... Dir eine Schilderung einer solchen Stadt ... zu machen, hieße geradezu, Franzos überbieten zu wollen, und dazu habe ich nicht das Zeug.« Damit Agnes sich ein Bild machen könne, empfahl er ihr »ein Kapitel aus den ›Juden von Barnow‹« zur Lektüre. Karl Emil Franzos hatte ein Jahr zuvor *Aus Halb-Asien* und 1877 *Die Juden von Barnow* veröffentlicht, traurig-schöne Geschichten über Juden, Polen und Deutsche und die Schwierigkeiten ihres Zusammenlebens im »Land der Unbegreiflichkeiten«, dort, wo sich »seltsame europäische Bildung und asiatische Barbarei« begegnen, »Humanität und so wilder und grausamer Zwist der Nationen und Glaubensgenossenschaften«.
Es ist eine düstere Welt, die Franzos da beschreibt, in der pol-

nische Adlige jüdischen Kindern zum Spaß mit der Peitsche ein Auge ausschlagen, in der die Christen an Fronleichnam auf Judenjagd gehen und wo weltliche Gerichtsbarkeit nur für die Reichen existiert; eine Welt, in der jüdischen Frauen Bildung verwehrt ist, Ehen ohne Liebe arrangiert werden und Atheismus eine Todsünde ist. Da gibt es etwa die Geschichte von der einzigen Tochter Moses Freudenthals, der hoch intelligenten Esther, die heimlich Lesen und Schreiben lernt, am Glauben zu zweifeln beginnt und mit einem polnischen Rittmeister durchbrennt, als der Vater ihr die Bücher wegnimmt. Als sie eines Tages abgerissen und krank an die Tür des väterlichen Hauses klopft, lässt Moses Freudenthal sie nicht ein. Für ihn ist sie nach jüdisch-orthodoxem Brauch tot – schon seit Jahren. Auf dem Friedhof befindet sich das leere Grab. Eine andere Geschichte erzählt vom Bezirksrichter Herrn von Negrusz, einem Christen, und von Chane, der jüdischen Frau des Dorfgehers Nathan Silberstein, deren Liebe wie ein Naturereignis über sie hereinbricht und am Ende zum Ausschluss aus der Gemeinschaft führt.

Otto Lilienthal hatte Franzos' Bücher gleich in den ersten Wochen verschlungen und fand in dem dort vermittelten Galizien-Bild seine eigenen Eindrücke bestätigt. Per Zufall lernte er den in der Nähe von Sadagóra aufgewachsenen Schriftsteller jüdischer Abstammung auf einer Bahnfahrt von Krakau nach Berlin sogar persönlich kennen. Sie diskutierten Gedichte von Fritz Reuter, die Otto dann zu Franzos' Überraschung auf Plattdeutsch vortrug. Sie tauschten ihre Adressen aus und korrespondierten später über ethische und soziale Fragen.

Ottos Galizien-Bild war demnach ähnlich ambivalent wie das von Franzos, ohne dass er dessen moralischen Impetus teilte. Trotz aller Bildung oder gerade deshalb war es nicht frei von Ressentiments gegenüber dem Anderen und Fremden. Die Landschaft, »sanftes Hügelland«, umgeben vom Riesengebirge und den schneebedeckten Karpaten, die Bauerntrachten, bunte Punkte auf grünen Wiesenmatten – »man kann sich keine harmonischere Farbenzusammenstellung denken« – gefielen ihm. Doch er schimpfte über die miserable Infrastruktur, im Herbst unpassierbare Straßen, Schmutz und sein schlechtes Hotel – »ein Schweinestall, der die Frechheit hatte, sich Gasthaus zu nennen«.

Es ist der zeittypisch überhebliche Blick des gebildeten Deutschen auf die »Barbaren« im Osten, wo man ihn anstaunte »wie ein Wundertier«, auf die tiefe Religiosität der polnischen Bauern, die nach dem Tod Papst Pius IX. 14 Tage lang weinten und die Glocken läuten ließen, auf die »klebrigen Gesellen mit den Pfropfenzieherlocken vor den Ohren«, gepaart mit Respekt vor dem Geschäftssinn der »Eierjuden«, die »sämtliche galizische Eier aufkauften und nach London zu Tausenden von Zentnern schickten«. Eier waren damals »der größte Exportartikel Galiziens neben dem Salz«.

Otto befremdeten zudem die polnische Sprache, das »ewige Gezischel«, »wo man im Stande ist, ›Szczrdnski‹ mit Leichtigkeit auszusprechen«, »das Geschimpfe der Leute untereinander« und die »denkbar größte Uneinigkeit« der Polen bei der Arbeit. Das kannte er nicht von den eher ruhigen deutschen Arbeitern, die immer einen Spaßvogel dabeihätten, der »durch einen schlechten Witz die anderen bei guter Laune hält«, ebenso wenig die für seine Begriffe übermäßige Trunksucht. Die »Befriedigung darin, in den schmutzigen Kneipen sich herumzudrücken und mit den Kellnerinnen herumzuschäkern«, hielt er für unmoralisch, und er glaubte seine Braut zu betrügen, wenn er sich in Bars von »halbnackten Mädchen vortanzen und vorsingen ließ«.

Dennoch konnte er sich der »entsittlichten Einöde«, vor der ihn nur sein »guter Engel« Agnes bewahrte, nicht ganz entziehen. Reichlich angeheitert schilderte er Agnes dann im Telegrammstil seine Erlebnisse: »Nicht wahr? Heute sieht man an der Schrift, dass wir Brüder sind.« Offensichtlich schrieb er betrunken ähnlich unleserlich wie Gustav. »Das war ein Ball, wie ich ihn nie mitgemacht habe, und wie ich mich bemühen werde, ihn nie wieder mitzumachen … Ich hatte Ballanzug aus Berlin schicken lassen …,

Salzbergwerk Wieliczka, aus Salz gehauene
St. Antonius-Kapelle

wurde als fescher Kerl gelobt vom Bergrat, mir sehr angenehm und tanzte sehr viel mit Fräulein Leo, verehrte ihr ein von mir geschnitztes Kreuz aus Salz ... Grund zur Eifersucht absolut nicht vorhanden ... Mazurka ... wurde 2mal getanzt ... Darin liegt noch Leidenschaft, rapides Tempo mit Mollstimmung. Eigentümlich ... Herren in weißer Krawatte und mit Chapeau clapp unter dem Arm. Damen in enormer Toilette. Alle haben Ausgaben über Einnahmen, Schulden wie Haare auf dem Kopf. Polnische Frauen an Körperschönheit den Deutschen sehr überlegen, an Geistesschönheit schwerlich ... Der Ball war glänzend, aber Dein Bild hat mich nie verlassen.«

In den fünf Monaten, die Otto Lilienthal mit einigen Unterbrechungen in Galizien verbrachte, setzte er alles daran, seine Schrämmaschine entscheidend zu verbessern – allein schon Agnes' wegen. »Wenn ich heute so die Stahlschneiden zurechtfeilte, war es mir, als hätte ich unser Glück in den Schraubstock gespannt ...«

Schon nach kurzer Zeit hatte sich gezeigt, dass das Bergwerk von Wieliczka für seine Maschine tatsächlich besser geeignet war als die Kohleflöze von Döhlen. Die Abbauorte waren bequemer und heller, was »eine genauere Beobachtung der Maschine und günstigere Kontrolle der Arbeiter« ermöglichte. Die Stähle blieben »für 20 und mehr Schräme scharf«, wie Otto an Förster berichtete.

In dem ältesten Bergwerk der Welt wurde bereits seit 500 Jahren das »graue Gold« abgebaut. Otto Lilienthal lief es anfangs »kalt über«, als er »diese 100 Fuß langen und 100 Fuß breiten Räume ohne jegliche Unterstützung« erblickte. Mit einer Gesamtlänge von 250 Kilometern auf neun Sohlen in über 300 Metern Tiefe, riesigen »Kapellen«, in denen Kronleuchter aus Salz von der Decke hingen, und seinen Seen war es ein äußerst beeindruckendes unterirdisches Labyrinth. Nachdem die Österreicher das Bergwerk von den polnischen Königen übernommen hatten, machten sie es neben einer hochmechanisierten Bewirtschaftung europaweit auch als Heilbad und Touristenattraktion bekannt. Die »Höllenfahrt«, die Otto einmal mitmachte, war besonders berühmt. Zusammen mit einer Gesellschaft von »30 Herren« kam er durch »hohle Räume von mehr wie Kirchturmhöhe«, passierte schwankende Brücken, »ringsum schwarzes ungewisses Dunkel oder bengalisch beleuchtete Kristallwände in schauerlicher Entfernung«, überfuhr »unter den Klängen eines schönen Chorales« zwei Seen, sah Bergleute »mit Fackeln und Gesang aus dem Grunde der Höhle emporfliegen«.

11 bis 13 Stunden verbrachte er nahezu täglich in der weißen Grube, damit ihm »die Leute mit der Handschrämmaschine auch ja den größten Nutzen« erzielten, und schabte sich an den scharfen Messern die Haut blutig. Oft vergaß er vor lauter Arbeit zu essen

und wunderte sich dann, dass er Probleme mit der Verdauung bekam. Angenehm empfand er im Vergleich zur Kohlegrube die »große Reinlichkeit«: »Man bewegt sich zwischen kristallglitzernden Wänden, nur an der Sohle ist etwas weißer, trockener Salzstaub, den man ... auf der Zunge spürt. Die Temperatur ist niedrig, 10–12 Grad ... Die Häuer arbeiten mit nacktem Oberkörper.« Sie grüßten den deutschen Ingenieur ehrerbietig, wenn er an ihnen vorüberkam, und zogen dabei die Kopfbedeckung seitlich herunter. Wohl um den Kamm zu sparen, wie Otto vermutete.

Bald erbrachte er mit seiner Maschine »alle Tage die doppelte Leistung der Handschrämerei«, schlug »alles bisher Dagewesene und im Voraus alles Kommende«, wie er überschwänglich Agnes verkündete. Damit stach er nicht nur alle seine Konkurrenten aus, sondern auch seinen Arbeitgeber. Hoppes Maschine war für das zähe Salz zu schwerfällig. Stolz berichtete Otto seiner Braut: »Dass meine Maschine Einfachheit und Zweckmäßigkeit im höchsten Grade vereinigt, das habe ich hier wiederum gesehen, und das kannst Du Dir zu Deiner Beruhigung merken, dass es nicht so leicht ist, hier meine Maschine zu übertreffen.« Mindestens eine Bestellung war sicher, weitere hatte er in Aussicht. In der *Österreichischen Zeitschrift für Berg- und Hüttenwesen* sollte ein Artikel über seine Schrämmaschine erscheinen, und Ende Februar meldete Otto ein österreichisches Patent darauf an, eine Idee, die Gustav ihm auch gerade hatte vorschlagen wollen – »also wieder zwei Seelen und ein Gedanke«, schreibt er glücklich an Agnes.

Der Erfolg versöhnte Otto mit Wieliczka. »Ich habe Wieliczka so oft schlechtgemacht, dass ich mich ordentlich freue, auch einmal etwas Angenehmes zu berichten.« Der Auftritt einer Amateurtheatergruppe mit polnischen Volksstücken und der Tochter des Oberbergrats Leo in der Rolle der Liebhaberin hatte ihn begeistert. »Ich bin befriedigter nach Hause gegangen als aus dem ›Freischütz‹ in Berlin«, schwärmte er Agnes gegenüber, »piekfein« sei es gewesen. »Die Musik hat mich förmlich gerührt; die Leute hatten nicht einmal alle Grubenkittel, sondern ganz schlechte Röcke und auch vielleicht nichts im Magen, aber spielten dennoch sehr brav. Sie müssen tags arbeiten in der Grube und haben nur die freie Zeit zum Üben.« Und er resümiert: »Zum Schluss habe ich dann doch noch Wieliczka kennen und die polnische Sprache etwas verstehen gelernt.«

Als der Winter die niedrigen Hütten der Bergarbeiter »in Schneehaufen mit schwarzen Schornsteinen verwandelt« hatte, war seine Mission in Wieliczka beendet. »Man muss mich sehr liebgewonnen haben, obgleich ich sehr zurückhaltend war«, schreibt er Agnes über den Abschied von den Bergleuten. »Einen Kuss sogar hat er mir eingebracht, aber nicht von schönen Lippen, sondern von einem älteren Beamten, einem Bergverwalter, der mich gerührt umarmte, ein Kuss der Achtung und Freundschaft. Innigkeit wohnt bei den Polen, wenigstens bei vielen.«

Am 1. März war Otto wieder in Berlin, »wo es keine Langeweile gibt, wo man viel lernen kann und wo man viel Geld verdient« und – wohin Agnes ihm hoffentlich bald folgen würde. Die Zeit der Trennung, das Gefühl der Unbehaustheit, ihre Briefe und Liebesgaben hatten ihn nur noch darin bestärkt, dass sie die richtige Frau für ihn war. »Wir haben die rechte Bahn zum wahren Glück eingeschlagen, und mit Entzücken sehe ich Dein hingebendes Vertrauen, das ich um eine Welt nicht zu verscherzen vermöchte ... Kühn, sehr kühn war meine Hoffnung und schön der Traum, den ich geträumt, doch schöner, über alles schöner ist das Glück, das mich durchströmt, wenn ich Deine Liebe fühle ...« Er hatte nicht geglaubt, dass ihn, diesen nach Meinung seiner Cousine Therese »sonderbaren Menschen«, ein Mädchen so lieben könnte. Was damit gemeint war, bleibt ein Rätsel. »Du musst bedenken, liebe Agnes«, schreibt er am 9. Dezember 1877, »dass Du die einzige bist, welche weiß, was meine Sonderbarkeit für einen wahren Hintergrund hat.«

Ein halbes Jahr später, am 11. Juni, standen der aussichtsreiche Erfinder und die sächsische Bergmannstochter vor dem Traualtar der lutheranisch-evangelischen Kirche zu Döhlen und gaben sich das Jawort. In guten wie in schlechten Zeiten wollten sie von nun an füreinander da sein, bis dass der Tod sie scheide. Ottos größtes Hochzeitsgeschenk war der Verkauf von sieben seiner Handschrämmaschinen nach Wieliczka, eine war bereits geliefert – ein »durchschlagender Erfolg«, wie er drei Tage nach der Trauung Förster jubelnd berichtet.

6. KAPITEL

Gehen auf unbetretenen Wegen
»Der Funke wird bald zu zünden anfangen«

»Das Gehen auf unbetretenen Wegen kann man sich an- und abgewöhnen. Du hättest mich mal vor 15 Jahren sehen sollen, damals leistete ich auch etwas darin, theoretisch und praktisch«, wird Gustav einst seiner Braut schreiben. 1874, als 25-Jähriger, suchte er vor allem die »unbetretenen Wege«. Nachdem er aus London zurückgekehrt war, hatte er eine Stelle bei der Berliner Bauverwaltung angenommen. Doch das Beamtenleben, diese »maschinenartige Erledigung von Arbeiten«, widerstrebte dem temperamentvollen und vor Ideen sprühenden Gustav zutiefst. Wie Otto wollte er »eine Sache entstehen lassen und ganz durchführen und dafür verantwortlich sein von Anfang bis Ende«. Außerdem fand er für ein Tagegeld von 6 bis 8 Mark zu arbeiten einfach »versauernd«.

Schon nach kurzer Zeit kündigte er wieder. Das war ein durchaus mutiger Schritt, denn die Arbeitslosigkeit nahm Mitte der 1870er Jahre in Deutschland beängstigende Ausmaße an. Aber Gustav setzte auf eine zukünftige Selbstständigkeit, und da war Kreativität gefragt. Lieber stieg er mit seinem Bruder für ein Patent in den Schacht, ertrug Dreck, Enge und Gefahr, oder engagierte sich für die damals heiß umstrittene Feuerbestattung, die ihm vielleicht neue Bauprojekte einbringen konnte.

Für die Wiedereinführung dieser antiken Bestattungsart setzten sich damals gegen den kirchlichen Vorwurf des Materialismus und Atheismus vor allem Wissenschaftler, Mediziner und auch Schriftsteller wie Gottfried Keller ein. Es war eine grundlegende Zäsur im Umgang mit dem Tod und den Toten, bei der Deutschland zusammen mit der Schweiz international eine Vorreiterrolle einnahm.

Mit der Entstehung von Großstädten und industriellen Ballungsräumen war die Durchdringung der Erde nicht nur mit Abfallstoffen, sondern auch mit Leichengift zum Problem geworden. »Ohne sonderliche Wahl«, schreibt im März 1874 ein Journalist der Bergarbeiterzeitung *Glückauf*, »... werden die Brunnen gegraben. Kam dieses Wasser von einer Fäulnisstätte? ... Hat es vorher Leichen ausgelaugt? ... Was wollen gegenüber einer solchen Entfernung die üblichen Vorschriften für die ›Entfernung der Begräbnisorte von den Wohngegenden‹ nützen?« Viele Cholera- und Typhus-Epidemien könnten mit der Leichenverbrennung zukünftig vermieden werden. Die Toten müssten »unschädlich« gemacht werden »für die Lebenden«.

Zwei Jahre später, im Sommer 1876, nahm Gustav Lilienthal am ersten europäischen Kongress für Feuerbestattung in Dresden teil. Er hatte sich an dem dazugehörigen Architekturwettbewerb mit dem Entwurf eines Krematoriums und einer Urnenhalle für eine Stadt von 150 000 Einwohnern beteiligt. Zwar wurde sein Plan als zu kostspielig für die bescheidenen Anfänge der Feuerbestattung abgelehnt, aber er fand die besondere Anerkennung des Vorstandsmitglieds des Züricher Feuerbestattungsvereins Gottfried Kinkel. Mit dem Kunsthistoriker, Schriftsteller und Vorkämpfer der 1848er Revolution verband Gustav bald ein anregender Austausch. Der ältere Herr hatte ein bewegtes Leben hinter sich. 1849 zu lebenslanger Haft verurteilt, hatte ihn sein Freund Carl Schurz aus der Spandauer Zitadelle befreit und ihm zur Flucht nach England und Amerika verholfen. Als Gustav Kinkel kennen lernte, lehrte dieser Kunstgeschichte am Polytechnikum in Zürich, nachdem er das Fach 1861 mit seinen Vorlesungen am South-Kensington-Museum für Kunstgewerbe in Großbritannien eingeführt hatte. Das Museum, das Gustav während seines London-Aufenthalts wiederholt besucht hatte, spielte bald eine Pionierrolle in der Förderung von künstlerischem Design. Das war für Gustav insofern interessant, als er die Idee, eine Kunstwerkstatt zu eröffnen, nach wie vor im Auge behielt.

Mit der seriellen und industriellen Herstellung von Produkten war ein Geschmacksverfall einhergegangen, der seiner Ansicht nach dringend einer künstlerischen Schulung der Gewerbetreibenden bedurfte. Kunst und Gewerbe mussten zusammenfinden, wenn Deutschland international konkurrenzfähig werden sollte. Noch steckte das Deutsche Reich hierbei im Vergleich zu England in den Kinderschuhen, und so wurde nach 1871 der Ruf nach einer »kunstgewerblichen Reform« als eine der brennendsten Fragen der Zeit immer lauter.

Diesen Reformwillen nutzte Gustav, und er eröffnete im Herbst 1876 zusammen mit Marie eine »Kunst-Werkstatt fuer weibliche Handarbeiten«. Anfangs mietete er einen Raum in der Krausenstraße, zog später aber um in die Elsasser Straße 92, der früheren und auch wieder späteren Torstraße, wo die Geschwister auch wohnten. »Gustav Lilienthal – Architekt« steht auf einem noch erhaltenen Anzeigen-Entwurf für die Schule, »Unterricht im Ornament-Zeichnen und Entwerfen von Mustern erhalten Damen einzeln und in Zirkeln. Anfertigung von Stickereien auf Bestellung«.

Gustav gründete mit der Schule nicht nur sein erstes eigenes Unternehmen, sondern bot vor allem auch für Marie die damals bei weitem nicht selbstverständliche Möglichkeit, als Frau einen Beruf auszuüben. Das Gebiet des Kunstgewerbes bot sich hierfür besonders an. An den Schulen für höhere Töchter wurden lediglich Mußetätigkeiten wie Sticken, Nähen und Malen gelehrt. Die Mädchen sollten damit später als Ehefrauen bei Abendgesellschaften eine gute Figur machen und ein bisschen mitreden können. Ein Zeitvertreib, mehr nicht. An Gelderwerb war dabei nicht gedacht. Mit der Industrialisierung und dem Auseinanderfallen der Familien waren jedoch immer mehr Frauen gezwungen, zum Unterhalt der Familie beizutragen.

Das betraf insbesondere auch unverheiratete Mädchen. Gerade in Handwerkerfamilien waren sie oft nur geduldete, überflüssige Esserinnen, die man nicht nur durchfüttern, sondern obendrein standesgemäß kleiden musste. Hatten sie früher im Haushalt noch eine Funktion gehabt – beim Nähen, Obst- und Gemüseeinkochen oder Waschen –, so war es inzwischen billiger geworden, Fertigprodukte auf dem Markt zu kaufen, die Wäsche wegzugeben oder sich ein Dienstmädchen vom Lande zu holen.

Sich im Kunstgewerbe zu betätigen, war für diese Frauen deshalb nahe liegend. Was ihnen aber fehlte, war eine fundierte Ausbildung. »Keine Dilettantin soll die Frau im Kunstgewerbe sein, sondern ein wirklich schöpferischer, gedankenreicher Faktor, der nicht geringer ins Gewicht fällt als der schaffende Mann«, forderte Kronprinzessin Viktoria. Diese außergewöhnliche Frau, Tochter von Englands Königin Viktoria und Prinz Albert, den Gründern des South-Kensington-Museums, spielte eine entscheidende Rolle in der Förderung der Kunst-Industrie. Zusammen mit ihrem Mann Friedrich-Wilhelm war sie eine der Hauptinitiatoren für das 1867 gegründete Berliner »Museum für Kunst und Gewerbe«. Mit den dort gesammelten Objekten sollte ebenjene Geschmacksbildung der Handwerker und Fabrikanten gefördert werden, die das Land so dringend brauchte. Denn nur über eine weltweit konkurrenzfähige Qualität der Produkte war ein Ende der wirtschaftlichen Depression erreichbar. Die Reformer konnten dabei an die Initiativen von Wilhelm Beuth und Karl Friedrich Schinkel anknüpfen, deren »Vorlagehefte für Fabrikanten und Handwerker« über Vorbildwirkung Geschmack bilden sollten. Mit der Gründung des »Vereins zur Beförderung des Gewerbefleißes in Preußen«, der bedeutendsten preußischen Institution dieser Art, hatte Beuth 1821 bereits einen Anfang gemacht. Darin fanden sich viele Koryphäen aus Politik, Wissenschaft, Wirtschaft und Kunst zusammen – darunter Graf von Bülow, Alexander von Humboldt, Krupp und Schinkel –, die Erfindungen prüften und auszeichneten, Ausstellungen organisierten und Literatur zur Verfügung stellten.

Fünfzig Jahre später war »Kunstgewerbe« zum Modewort geworden und – anders als im heutigen Sprachgebrauch – zum

Synonym für »stilvolle Qualität«, womit allerdings ein Eklektizismus verschiedenster Stile gemeint war. Das Biedermeier liebte eine reiche Ornamentik, Harmonie in der Mannigfaltigkeit. Öffentlich diskutierte man darüber, wie sich das Kunstgewerbe entwickeln sollte, man bildete Bürgervereine und ehrenamtlich verwaltete Komitees zur Gründung von Kunstgewerbemuseen und -schulen. Wer es sich leisten konnte, sammelte selbst und stattete seine Wohnung mit Begeisterung nach den neuesten Informationen der Kunstgewerbezeitschriften aus.

Günstige Umstände also für die Eröffnung einer Kunst-Werkstatt, hoffte Gustav Lilienthal. Die Mädchen und Frauen lernten in seiner Schule Kostümkunde und das Abzeichnen von Ornamenten. Sie entwarfen selbstständig Verzierungen für Frauen- und Kinderkleidung, Decken, Kissen und Wandbehänge. Als Muster dienten Vorlagen von der Antike bis zur Neuzeit, die Gustav von seinen Aufenthalten in Prag, Wien und London mitgebracht und in Musterbüchern gesammelt hatte, sowie eigene Entwürfe, was Gustav besonders reizte. Caroline und Großmutter Pohle waren ihm hierin gute Lehrerinnen gewesen.

Die anfängliche Euphorie bekam freilich schon bald einen Dämpfer. Das Geschäft lief nur mühsam an und entwickelte sich auch nach dem Umzug in die Elsasser Straße nicht wie erhofft. Noch war der Unterricht von Frauen ein Novum, das skeptisch beäugt wurde. Preußens Emanzipation der Frauen steckte in den Kinderschuhen. Als immer weniger Geld in die Familienkasse floss, sah

Beispiel für einen kunstgewerblichen
Entwurf Gustav Lilienthals

Gustav sich gezwungen, nach neuen Geldquellen Ausschau zu halten.

Im Frühjahr 1877 machte ihm sein ehemaliger Arbeitgeber, der Londoner Architekt Crossland, das Angebot, beim Bau eines Hospitals an einer kleinen Zwischenstation der Great-Western-Eisenbahn mitzuarbeiten. Die Vorstellung, sich wieder in Abhängigkeit von einem wenn auch genialen Arbeitgeber sein Brot zu verdienen, behagte Gustav wenig. Doch was blieb ihm angesichts der finanziellen Misere anderes übrig? Crossland war nicht knauserig. Außerdem, so hoffte Gustav, könnte er sich in seiner Freizeit noch anderweitig beschäftigen – zum Beispiel Unterricht für Kunsthandwerk geben oder Londoner Zeitschriften Muster liefern. Wie er im Mai 1877 in einem Brief an die Schwägerin Agnes schreibt, kam ihm sein bisheriges Werk dabei »sehr zustatten«. Die Verleger hätten sich seine Muster angesehen und ihm »Aussicht gemacht«.

An sich waren das recht gute Voraussetzungen, um in London über die Runden zu kommen. Dennoch trat Gustav die Stelle gar nicht erst an. Nach einer kurzen Stippvisite in London war er Anfang Mai bereits wieder in Berlin. Die »englischen Gebräuche und Verhältnisse« hatten ihn mehr gestört als bei seinem ersten Aufenthalt. Vor allem aber wäre sein Büro nicht in der Stadt, sondern etliche Kilometer von London entfernt gewesen, also »jwd«, »janz weit draußen«, wie der Berliner sagt. Und noch eine Station weiter hätte er wohnen müssen.

»Nun sage mir«, begründet er seinen Schritt in dem schon zitierten Brief an Agnes, »womit ich meine Zeit an den Abenden hätte totschlagen sollen? Du wirst sagen: mit Musik, very well, aber womit sonntags? Da darf man in England keine Musik machen. Ich kann Dir sagen, diese Sonntage sind für einen Deutschen die wahre Landplage. Keine Eisenbahnverbindungen, keine Konzerte oder dergleichen. Kaum dass man etwas zu essen bekommen kann, die Restaurationen sind nur von 11–1 geöffnet; da sitzt man dann und schaut in den fallenden Regen ... Es mag Deutsche geben, die sich auch in England wohl fühlen können, wer aber den Verkehr mit frei denkenden Gesinnungsgenossen gewöhnt ist, wird sich in jenem Eldorado des Augenverdrehens stets unendlich einsam fühlen.«

Aber es war nicht nur die Etikette, die den freisinnigen Gustav zunehmend störte. Crossland – der übrigens später Bankrott ging und sich zu Tode trank – hatte ihm sein »Gesuch um Beschäftigung auch außerhalb der Bürostunden« abgeschlagen. Gustavs Textil-Muster hatten nach den viel versprechenden Anfragen der Verleger ohnehin keine honorable Resonanz gefunden, woran seiner Meinung nach »die kriegerischen Verhältnisse« schuld seien. Er spielte damit auf die neuerlichen Spannungen zwischen Deutschland und Frankreich an, die auch auf Großbritannien und Russland ausstrahlten.

In Berlin hatte Gustav bald wieder »alle Hände voll zu tun«. Schulvorsteherinnen bestellten Sticktücher bei ihm, und außerdem musste er sich um das Bekanntwerden seiner Kunst-Werkstatt kümmern.

Im Dezember 1877 hielt er einen durchaus provokanten Vortrag im Berliner Kunstgewerbeverein. »Gustav hat mir heute geschrieben«, berichtete Otto Agnes, »und mitgeteilt, dass sein Vortrag ... sehr lebhaft aufgenommen ist, er will den Zutritt von Frauen zu den Vorträgen, die im Verein gehalten werden und sehr lehrreich sind, erwirken. Er hat seine Muster unter großem Beifall vorgezeigt, und mehrere Herren haben Gustav schon den Besuch mit Frauen und Töchtern angekündigt; damit diese auch etwas davon haben.« Derlei war bisher keineswegs selbstverständlich. Und Otto frohlockte: »Der Funke wird bald zu zünden anfangen.«

In Gustavs Bemühungen um seine Schule kam ihm außerdem ein Mann gelegen, den er über den Kunstgewerbeverein kennen gelernt hatte: Jan Daniel Georgens. Der Mitbegründer der ersten systematischen Heilpädagogik engagierte sich zusammen mit seiner Frau, der Schriftstellerin Jeanne Marie von Gayette, ebenfalls intensiv für die Reform des Geschmacks weiblicher Handarbeit und gab

Entwurf Gustav Lilienthals für einen
Kinderteppich mit Tiersymbolen

mehrere Zeitschriften heraus, so unter anderem die *Schule der weiblichen Handarbeit*, deren erste Ausgabe bereits nach kurzer Zeit vergriffen war.

Als Georgens Gustav anbot, für die nachfolgenden Ausgaben Illustrationen zu liefern, sagte dieser gern zu. Neben dem Honorar hoffte er dabei auf einen Werbeeffekt für seine Muster, die er darin anzeigen konnte: Entwürfe von Tischdecken, Türvorhängen, Ofenschirmen oder Schlüsseltaschen. Auch Teppiche hatte er im Programm, in Mosaiktechnik mit Tiermotiven, darunter das später mit dem Steinbaukasten berühmt gewordene Eichhörnchen. Unter den in der Zeitschrift abgebildeten Mustern war ein Zentimetermaß gezeichnet, das die Größe des Entwurfs im Verhältnis zur real möglichen Ausführung zeigte.

Die intensive Zusammenarbeit mit Georgens lenkte Gustavs Augenmerk auf ein weiteres Gebiet reformerischer Tätigkeit: Kinderspielzeug. Das vorhandene Angebot genügte bisher kaum pädagogischen Ambitionen. Es war kostbar und eher zum Anschauen als zum Spielen gedacht – Fuhrwerke, Pferde und optisches Spielzeug, wie die Laterna magica, oder Spielpuppen aus Holz, Wachs, Papiermaché und Porzellan, Puppenstuben und Puppenhäuser. Die Kinder bekamen solches Spielzeug insbesondere zu Weihnachten, das sich als Fest des Schenkens erst mit dem aufkommenden neuen Wirtschaftsbürgertum etablierte. Hier war also ein Markt, in den zu stoßen sich lohnen mochte. In Georgens Umfeld fand Gustav ein Forum für seine Ideen; so lieferte er Vorlagen zum Bauen und zum Legen von Ringen, Stäbchen und Tafeln sowie zum Flechten, Falten und Modellieren.

Doch auch diese Initiativen Gustavs zeitigten nicht den gewünschten finanziellen Erfolg, denn größere Aufträge blieben aus. Die Schule dümpelte somit weiter vor sich hin. Kam er mit seinen Ideen zu früh? Sollte er sich um staatliche Unterstützung bemühen? Immerhin war Kronprinz Friedrich bei einer Kunstgewerbe-Ausstellung auf ihn aufmerksam geworden, hatte längere Zeit an seinem Stand verweilt, seine Arbeiten gelobt und anschließend einen Besuch in seiner Werkstatt in Aussicht gestellt. Doch Gustav wartete vergeblich und resignierte schließlich. »Die Schule hat Gustav bis jetzt wenig genützt«, kommentierte Otto kurz vor seiner Abreise aus Wieliczka die gescheiterten Bemühungen seines Bruders, sich selbstständig zu machen. Dennoch schätzte er den Bruder als einen »Meister des Geschmacks«, wie er später in der Familienchronik festhält, dessen Arbeiten allerdings »der sich bahnbrechenden besseren kunstgewerblichen Richtung zu viel« vorausgeeilt seien, »um die entsprechende Würdigung zu finden«. Gustav musste sich wieder nach neuen Einnahmequellen umschauen, und er war froh, dass sein Bruder ab März 1878 zurück in Berlin sein würde.

Kurz bevor Otto nach Galizien gegangen war, hatten die Geschwister Lilienthal sich ein neues Quartier in der Brunnenstraße 40 genommen. Die Wohnung im zweiten Stock des Vorderhauses war groß genug, um auch die Werkstatt dort unterzubringen: drei Zimmer, Küche und sogar ein Balkon, für Berliner damals noch ein seltener Luxus. Zwei Zimmer teilten sich Marie und die Brüder, während die »gute Stube« als Unterrichtsraum genutzt wurde. Der Lieblingsort von Otto und Gustav war ohnehin der Dachboden. Dorthin zogen sie sich zum Basteln und Diskutieren zurück, wenn Marie ihre Ruhe brauchte.

Nun, nach dem Scheitern der Schule, war auch die Schwester gezwungen, ihre beruflichen Perspektiven neu zu überdenken. Sie war 22 Jahre alt und nicht verheiratet. Sich auf Dauer von ihren Brüdern versorgen zu lassen, kam für die selbstbewusste junge Frau, die bisher den Haushalt geführt hatte, nicht in Frage. Lieber verdiente sie ihr Brot irgendwo anders. Außerdem hatte sie wenig Lust, nach Ottos Heirat die Küche mit Agnes zu teilen. Das würde nicht gut gehen, ahnte sie. Und da sie wie alle Lilienthals eine robuste Natur und gute Nerven besaß, traute sie sich inzwischen einiges zu. Sie war neugierig auf die Welt.

Am 1. März 1878 machte sich Marie Lilienthal auf den Weg nach Irland, damals noch englische Kolonie, wo sie in Dublin eine Stelle als Lehrerin angenommen hatte. Zwei Jahre wollte sie dort bleiben, fern von Berlin und ihren geliebten Brüdern. »Was fangen wir an«, klagte Otto noch aus Krakau. Ihn interessierte vorerst mehr die praktische Seite ihrer Abwesenheit: »... sollen wir uns von dem kolossalen Küchendragoner die Wirtschaft führen lassen?« Er konnte nicht ahnen, dass er und Marie einander nie wiedersehen würden. Sie hatten sich nicht einmal voneinander verabschieden können, denn Otto kehrte erst am Tag nach ihrer Abreise zurück. Und als Marie 32 Jahre später wieder deutschen Boden betrat, war er längst tot.

Wer auch immer mit dem Küchendragoner gemeint war, lange musste er nicht für die Brüder kochen und putzen. Im Juni 1878 zog Agnes in die Brunnenstraße ein, um den Junggesellenhaushalt nach ihren Vorstellungen in ein »urgemütliches Heim« zu verwandeln. Den Balkon hatte Otto zur Begrüßung seiner jungen Frau bereits in eine lauschige Laube verwandelt.

Die Brüder machten es Agnes nicht leicht. Sie waren eine verschworene Gemeinschaft, ständig am Diskutieren, und sie vertraten sehr moderne Auffassungen vom Leben. Der Bergmannstochter blieb diese Welt fremd. Auch wenn Otto und Gustav »von einem intellektuellen Unterschiede zwischen M.[ann] und F.[rau] nichts wissen« wollten, so konnte Agnes ihnen doch nicht folgen. Ihr Vater war zwar ein durchaus gebildeter Mann – immerhin hatte er neben seiner Arbeit als Häuer einst als Student der Bergakademie Vorlesungen über Mathematik, Physik und Chemie gehört –, die Mutter hatte die Volksschule besucht, und auch Agnes war acht Jahre zur Schule gegangen. Doch die Weltoffenheit der Brüder, ihre Unkonventionalität und das Ignorieren jedweder Etikette fehlten der eher kleinbürgerlichen Familie Fischer aus Döhlen. Weder hatte Agnes die jahrelange Übung Maries, sich an den Gesprächen Ottos und Gustavs zu beteiligen, noch teilte sie deren freie Ansichten, was die Gleichberechtigung zwischen Mann und Frau betraf. Agnes kam »aus einem so ganz anderen Kreise zu uns …, mit ganz anderen Idealen, als wir sie anstrebten«, beschreibt Gustav später die Situation. Ihr fiel es eben schwer, auf »die gute Stube zu verzichten«, die er okkupierte, oder »allein zu essen«, wenn er ihren Mann aufforderte, »na baben« zu kommen, nach oben in die Dachkammer, um mit ihm allein zu sein.

Agnes gab sich alle Mühe, das zu verstehen. Aber der Verzicht auf die »gute Stube«, die man an sich ohnehin nur an Sonn- und Feiertagen betrat, war eben auch der Verzicht auf ihr Statussymbol für den Aufstieg von der Bergmannstochter zur angehenden Unternehmergattin. Das kränkte sie. Doch sie war »klug genug, um im Grunde recht viel« vom Bruder ihres Mannes zu halten. Otto hätte ihr ein anderes Verhalten sicher kaum verziehen. Gleichwohl empfand sie sich »als Störenfried«, auch wenn Otto ihr das auszureden versuchte und Gustav es seine Schwägerin nicht spüren ließ: Er »glaube nicht«, rechtfertigt er sich einmal, »dass Agnes behaupten wird, dass ich jemals versucht habe, ihr die Liebe ihres Mannes abwendig zu machen. Unsere brüderliche Anhänglichkeit konnte doch nur ein Grund sein, dies nicht zu tun.«

Dennoch fiel es Gustav schwer, den Bruder nun teilen zu müssen, weil es schlicht keinen Ersatz für ihn gab. Noch war er unverheiratet und kein anderer Freund auch nur ansatzweise in der Lage, Ottos Stelle einzunehmen. Die Erkenntnis, dass er selbst plötzlich zum Eindringling wurde, machte ihn einsam. Die Mutter und die Großmutter waren tot, die Schwester versuchte ihr Glück in der Fremde, und den Bruder, sein »anderes Ich«, hatte eine Frau in Beschlag genommen. Gustav versuchte sein Bestes, damit umzugehen. Aber es war eine Zerreißprobe, bei der einer der drei Lilienthals verlieren musste.

Nachdem es einmal zum Streit gekommen war, weil Gustav auf die Benutzung der »guten Stube« bestanden hatte, was Agnes ihm übel nahm, erwog er ernstlich auszuziehen. Doch dafür fehlte das Geld. »Es ging uns damals ziemlich knapp, sonst hätte ich gleich von vornherein ein Lokal [Quartier] gemietet.« – »Ein Dritter ist aber immer störend, und wenn es ein Engel wäre«, schreibt später einmal Gustavs Braut Anna, die ähnliche Kämpfe nicht mehr zu befürchten hatte. »Das muss für eine junge Frau schrecklich sein, und ich kann mir denken, dass sie gewiss manchmal schwere Stunden gehabt haben mag.« Zehn Jahre danach hatte Anna es leichter, denn da hatten »die Verhältnisse« das Band zwischen den Brüdern »schon so gelockert«, dass es für sie einfach war, »sich dazwischenzudrängen«.

Verzweiflung ist der Rohstoff von Veränderung. Nachdem Gustav die Kunst-Werkstatt geschlossen hatte, blieb ihm nur die Flucht nach vorn. Angeregt durch Georgens, hatte er eine grandiose neue Geschäftsidee, die den Spielzeugmarkt einst revolutionieren würde. »1879 erfanden wir den Steinbaukasten aus einer Firnis-Kreide-Masse, welches Rezept wir 1880 an Richter in Rudolstadt verkauften, der ungezählte Millionen Baukästen nach unseren Rezepten fabrizierte.« Es handelte sich um die legendären späteren »Anker-Bausteine«, die man dank ihres enormen kreativen Potenzials als Vorläufer allen Konstruktionsspielzeugs wie des LEGO-Systems bezeichnen kann. Was zunächst nach einer Erfolgsstory aussah, war am Ende jedoch eine Tragödie, die das Leben der Brüder über Jahre beherrschte, ihre Beziehung belastete und sie ein Vermögen kostete. Hätten die Lilienthals es tatsächlich geschafft, ihre Bausteine selbst zu vermarkten, sie wären Millionäre geworden. Wer weiß, ob die moderne Fluggeschichte dann mit dem Namen Lilienthal verbunden wäre oder womöglich auch früher eingesetzt hätte, weil den Brüdern ganz andere finanzielle Spielräume für die Umsetzung ihrer Vision zur Verfügung gestanden hätten.

In der ganzen Angelegenheit spielte der schon erwähnte Georgens eine recht unrühmliche Rolle. »Er konnte sehr begeisternd reden, doch war sein Charakter nicht so aufrichtig, wie es bei einer ersten Begegnung den Anschein hatte«, erkannte Gustav später verbittert. Er hätte damals seinen Freunden, die ihn vor Georgens gewarnt hatten, glauben sollen. In dessen reformerischem Arbeitskreis, an dem Gustav sich rege beteiligte, hatte man sich neben der Geschmacksbildung von Frauen auch die von Kindern zur Aufgabe gemacht. Georgens hatte Gustav auf Baukästen mit leichten Holzklötzchen aufmerksam gemacht. Ihre geometrischen Grundformen regten die Kreativität der Kinder an, die damit ihrer Phantasie freien Lauf lassen konnten.

Die Baukästen gingen auf Friedrich Fröbel zurück, den Pädagogen, Aufklärer und Gründer des ersten Kindergartens, den auch

Georgens gut kannte. Fröbel hatte ein System von »Spielgaben« in Holzkästen entwickelt, die mit hölzernen Körpern in geometrischen Grundformen gefüllt waren: mit Würfeln, Quadern und Prismen. Dabei sollten sich nach Fröbel »die drei Seiten des Lebens – Nützlichkeit, Wahrheit und Schönheit – durchdringen, wie sich Leben, Wissenschaft und Kunst immer durchdringen«. Das Spielen mit den Bauklötzen und das anschließende Wiedereinordnen in die Kästen erzog die Kinder zu Genauigkeit, Konzentration und Ordnung. Es war ein komplexes Geschicklichkeitsspiel.

Gustav schwebte etwas anderes vor. Seine Bausteine sollten die Kinder zu Baumeistern machen, sie Architektur verstehen lehren. Nach dafür entworfenen Mustervorlagen sollten sie in der Lage sein, echte Gebäude nachzubauen. Aber dafür mussten die erforderlichen Steine aus einem Material bestehen, das ähnliche Eigenschaften aufwies wie das beim richtigen Häuserbau benutzte.

In einem alten bautechnischen Handbuch stießen die Brüder auf eine Mischung aus Firnis, Kreide und Sand, die ihnen geeignet erschien. Entscheidend aber war das richtige Mischungsverhältnis für die Steine. Monatelang probierten sie eine Mischung nach der anderen aus. Die hochschwangere Agnes hatte alle Mühe, die Küche, die in dieser Zeit einer Baustelle glich, in Ordnung zu halten. Feiner weißer Staub überzog die Möbel, unter den Füßen knirschte es, und der Ofen war zum Trocknen der Steine belegt. Abends wurden sie hineingeschoben, und morgens wussten die Brüder, ob das Ergebnis ihren Vorstellungen entsprach oder ob sie wieder von vorn anfangen mussten. Sie hatten kaum einen anderen Gesprächsstoff außer vielleicht die bevorstehende Geburt des Kindes.

Ottos erster Sohn, »Otto II.«, wurde am 30. Juni 1879 geboren, zu früh, was die ohnehin angespannten Beziehungen zwischen Agnes und Gustav sicher belastete. Agnes hätte sich mehr Ruhe und Zuwendung von Seiten ihres Mannes gewünscht. Aber die Brüder waren einander selbst in der Zeit ihrer Schwangerschaft wichtiger.

Schließlich fanden sie das richtige Mischungsverhältnis und

suchten nun nach der passenden Farbtönung der Steine, die den realen Baustoffen Sandstein, Ziegel und Schiefer entsprechen sollte. Die Brüder entschieden sich für die Naturfarben Ocker, Englischrot und Ultramarin, die mit Kienruß versetzt wurden – bis heute das Erkennungsmerkmal der Steine. Anschließend entwarf Gustav die Formen: Würfel, Quader, Pyramiden, Prismen, Säulen, strukturierte Rundbögen sowie halbrunde Dachaufsätze. Otto konstruierte und baute die Gussformen und richtete eine einfach zu bedienende Presse für die Steine ein. In der Zwischenzeit zeichnete Gustav Vorlagen – Kirchen, Burgen, Kreuze, Treppen, Brücken, Tore, Türme, Häuserfronten – und gestaltete den Deckel des Kastens. Ein kleines Eichhörnchen, das schon seinen Teppichentwurf geziert hatte, wurde das Markenzeichen. Es war geschafft. Zu einem Preis von 10 Mark lagen 80 Steine nach einem vorgegebenen Ordnungsprinzip mit acht farbigen Figurentafeln in einem Holzkasten.

Das Ganze unter die Leute zu bringen, war für die Erfinder die weitaus schwierigere Aufgabe. Als Erstes versuchte Gustav, das neue Spielzeug direkt zu vertreiben. Er erkundigte sich nach den größten Spielwarenläden und lief sie einen nach dem anderen ab. Die Reaktion war überall die gleiche: Kopfschütteln, »niemand hatte ›Meinung‹ dafür«, nicht einmal in Kommission wollten sie den Baukasten nehmen. Aus Gefälligkeit stellte das Spielwarengeschäft Brinhauer in der Leipziger Straße probeweise einen Kasten ins Schaufenster.

Was war falsch an den Bausteinen, deren Herstellung immerhin schon einige Tausend Mark verschlungen hatte? War der Preis zu hoch? Oder war das Bauprinzip so kompliziert, dass es Kinder überforderte? Noch gab es keine Spezialläden für Modellbau oder ähnliche Freizeitartikel, in denen Gustav den Baukasten hätte anbieten können. Oder musste das pädagogisch wertvolle Spielzeug den Eltern erst in Georgens Zeitschrift bekannt gemacht werden? Als Gustav den Baukasten darin vorstellte, war das Ergebnis jedoch ähnlich enttäuschend.

Georgens, der den Wert der Bausteine durchaus erkannt hatte, bot den Brüdern daraufhin die professionelle Hilfe des Verlegers seiner Zeitschriften an. Friedrich Adolf Richter war ein ebenso begnadeter wie windiger Unternehmer, so ideenreich wie skrupellos. Er galt vor allem als ein genialer Werbestratege, dessen Produkte in ganz Europa bekannt waren. Begonnen hatte er einst mit einer pharmazeutischen Fabrik im thüringischen Rudolstadt. Sie stellte allerlei »Geheimmittel« her, die Richter in einem benachbarten eigenen Kurhotel verkaufte: »Lebkuchen mit Motiven nach Albrecht Dürer, Chocoladen, Cacao, Liköre«.

Um die Wirksamkeit der Kur und damit den Verkauf seiner Pillen zu erhöhen, erlaubte er den Kurgästen, von einer Galerie im Laborgebäude aus das »geschäftige Zusammenrühren der unwahrscheinlichsten Placebos« mitzuerleben. Eines der Mittelchen, der »›Pain-Expeller‹, bestand aus 35 Teilen verdünntem Spiritus und 20 Teilen Salmiakgeist. Er wurde gegen Rheuma, Asthma und Herzkrankheiten empfohlen. Andere Mittel ... traten gegen Schwindsucht, Krebs, Syphilis und Cholera an.« Bald produzierte er auch Spielzeug, Schallplatten und mechanische Musikwerke, und schließlich gründete er die Richter'sche Verlagsanstalt, in der Georgens Zeitschriften erschienen.

Als Gustav Lilienthal seine Bausteine vorführte, witterte Richter sofort ein Geschäft, wusste aber als geschickter Einkäufer sein gesteigertes Interesse zu verbergen. Die Lilienthals hatten noch kein Patent auf die Steine angemeldet. Das war seine Chance – und der Brüder später so tief bereutes Versäumnis. 6000 Mark bot Richter Gustav an – wenn dieser ihm das Verfahren abträte.

Gustav rechnete nach: Abzüglich der 5000 Mark Herstellungskosten blieben ihm noch 1000 Mark. Da er die Summe selbstverständlich mit Otto teilen würde, erhielte jeder je 500 Mark – ein Hungerlohn für diese Erfindung. Aber hatte er eine andere Wahl? Die Steine lasteten schwer auf der Familienkasse, und weitere eigene Vermarktungsmöglichkeiten sah er nicht. Er nahm das Geschäft an – mit einer folgenreichen Klausel im Vertrag: Die Brüder verpflichteten sich, auf die weitere Herstellung solcher Steine zu verzichten. Dieser Passus sollte sie später in endlose Gerichtsprozesse führen und ein Vermögen kosten. Doch das war noch nicht das Schlimmste.

Nachdem Richter 1880 das Verfahren umgehend hatte patentieren lassen, baute er mit einer äußerst geschickten Werbestrategie ein wahres Stein-Imperium auf. Noch im gleichen Jahr stampfte er für die Herstellung der Bausteine in Rudolstadt ein eigenes Gebäude aus dem Boden. Parallel dazu etablierte er eine »Kunstanstalt«, in der einige bekannte Künstler, Illustratoren und Architekten die Bauvorlagen für die »Anker-Steinbaukästen« erstellen sollten. Anschließend sorgte er für eine eigene Erfinderlegende. Bereits 1883 galt Georgens als derjenige, der zusammen mit »Dr. Richter ... in seinem chemischen Versuchsraum unermüdlich von Versuch zu Versuch schritt«, wie es 1920 in einer Festschrift zum 50-jährigen Jubiläum der Firma Richter hieß, »bis es ihm gelang, eine Masse zu finden, die den strengsten Ansprüchen genügte ..., ein Stein, der alle Fachleute zufrieden stellte, hart und fest genug, um ein Menschenalter hindurch mit ihm zu spielen«.

In den folgenden Jahren entwickelte Friedrich A. Richter 400 verschiedene Baukästen mit 1200 Bausteintypen, die er auf zahlreichen Ausstellungen weltweit präsentierte. Die Anerkennung war gewaltig. Allein bis 1885 brachten ihm die Baukästen mit dem roten Eichhörnchen 15 Goldmedaillen ein. In Wien, St. Petersburg, London und New York entstanden Niederlassungen und Zweigbetriebe. Ein ausgeklügeltes Erweiterungs- und Ergänzungssystem ermöglichte es, den Kasten beliebig zu variieren. Ähnlich wie später »LEGO« wurden »Anker-Bausteine« zum Synonym für kreatives und pädagogisch wertvolles Spielzeug, das in keinem Kinderzimmer gebildeter Familien mehr fehlte und auch Erwachsene faszinierte. Selbst Papst Leo VIII. ließ sich ein maßstabsgetreues Modell seines Geburtshauses entwerfen. Eine etwas kleinere Variante davon mit 2608

Steinbaukasten. »Altdeutsches Rathaus, Vorderansicht«, aus Richters Bauvorlagen

Steinen bot Richter anschließend im Handel an. Der Architekt und Leiter der Berliner Kunstgewerbeschule Walter Gropius spielte sein ganzes Leben lang begeistert mit den Steinen. Aber wusste er, wer die eigentlichen Erfinder waren?

Nichts erinnerte mehr an die Lilienthals. Sie waren vergessen. Als sie sich 1885 ein Stück aus dem riesigen Gewinnkuchen abschneiden wollten, begann der Tragödie zweiter Teil. Doch dazu später.

Gustav war tief deprimiert. Kein Erfolg im Beruf, keine Frau in Aussicht und zu Hause das unbestimmte Gefühl, von Agnes nur noch geduldet zu werden. Nach der Geburt des Sohnes Otto war die Wohnung noch enger geworden. Mehr denn je fühlte er sich überflüssig, und das nicht nur in der Brunnenstraße. War seine Kreativität in Deutschland überhaupt gefragt? Das Land steckte nach wie vor in einer wirtschaftlichen Rezession. Die Arbeitslosigkeit war so gestiegen, dass Hunderttausende Deutsche auswanderten, weil sie nicht mehr an eine lebbare Zukunft in ihrer Heimat glaubten. Auch Gustav sah für sich keine Perspektive mehr, und so entschloss er sich ebenfalls, Deutschland den Rücken zu kehren. Er wollte endlich alles hinter sich lassen, was ihn bedrückte, und wie sein Vater ein Vierteljahrhundert zuvor sein Glück in der Neuen Welt versuchen, dort, wo so vieles einfacher schien.

Der Entschluss auszuwandern belebte seine Lebensgeister wieder. Zudem würde er nicht allein gehen müssen. Marie wollte ihn begleiten. Ihr Vertrag in Dublin lief aus, und ihre Neugier, ein weiteres Stück Welt kennen zu lernen, war groß. Anfangs fassten die beiden Brasilien ins Auge, ein damals sehr beliebtes Auswanderungsland. Dort herrschte Arbeitskräftemangel, und ganze Heerscharen von Agenten zogen durch Europa, um für gutes Geld Arbeitskräfte anzuwerben. Der Ausbruch politischer Unruhen brachte die Geschwister jedoch wieder davon ab. Schließlich geriet Australien in ihr Blickfeld.

In den Augen der Zeitgenossen war der fünfte Kontinent »eine Welt, in der Milch und Honig fließt, ein Land von unerhörter Fruchtbarkeit, gesegnet mit dem herrlichsten Klima der Welt, frei von reißenden Bestien, dünn bevölkert von ziemlich harmlosen Buschnegern ..., Schnabeltieren und Kängurus«. Noch war es in weiten Teilen unerschlossen, barg »ungeahnte Schätze an Erzen, edlem Gestein und nützlicher Kohle« und bot Platz »für Millionen, die im überbevölkerten Europa hungern müssen«. Der Norden des Landes war bereits industrialisiert und ein Eldorado für junge Zuwanderer, die ein neues Leben beginnen wollten.

Otto verfolgte Gustavs Pläne eher skeptisch. Anders als sein Bruder, dessen Reiselust er nie ganz nachvollziehen konnte, war er eher ein sesshafter Mensch, und ein gemütliches Heim in vertrauter Umgebung war ihm wichtiger als schlechte Betten in fremden Ländern. Seine Neugierde auf andere Welten stillte er lieber mit der Lektüre von *Über Land und Meer* und anderer Journale. Er sah seinen Platz in Deutschland und empfand die politischen Spannungen als weniger dramatisch. Noch hatte er den Plan eines eigenen Unternehmens nicht aufgegeben. Außerdem hätte Agnes ihn sicher ungern in die Fremde begleitet. Sollte er Gustav von seinen Plänen abhalten? Otto wusste, dass sein Bruder nicht mehr zu halten war. Mit wem sollte er jetzt »na baben« gehen und all seine Gedanken diskutieren, mit wem an der Flugidee weiterarbeiten? Gustav würde ihm fehlen. Keiner hatte ihn je so angeregt, so kompromisslos kritisiert wie er.

Ende Juli 1880 bestieg Gustav Lilienthal mit seinem Anteil am Baustein-Verkauf in der Tasche und einem Empfehlungsschreiben von Kinkel, »das seine Fähigkeiten als Architekt ausführlich schilderte«, ein Schiff nach England. Marie erwartete ihn. Von dort aus nahmen die Geschwister ein paar Tage später die *John Elder* mit Kurs auf Australien. Ihre Zukunft war vollkommen ungewiss.

Flugstunde 4

Der Wind heult durch die Takelage. Die Focksegel flattern in Fetzen an den Tauen. Die See kocht.

Sturzseen jagen Gustav über Deck. Er überhört die Warnungen des Stewards und Maries, die ihn bittet, doch in die schützende Kajüte zu gehen. Gustav wartet auf die Sturmvögel, die zu sehen der Seemann ihm versprochen hat. Er wartet lange, will schon aufgeben, da wird es noch dunkler am Himmel. Ein Dutzend Albatrosse schießt mit riesigen Schwingen durch die Taue des Fockmastes. Fast reglos stehen ihre Körper im Sturm. Mühelos parieren sie jede noch so plötzliche Bö, suchen mit gierigem Blick das Deck nach Essbarem ab. In wenigen Sekunden haben sie das Schiff erobert. Ohne Flügelschlag, nur durch Wenden und Drehen, steuern sie haarscharf gegen den Sturm. Gustav ist glücklich. »Wenn das Otto sehen könnte!« Der Regen peitscht ihm ins Gesicht, kein trockener Faden hängt ihm mehr am Leib. Aber er kann nicht den Blick von den Vögeln wenden, erkennt das gewölbte Profil der mächtigen Schwingen auch in Längsrichtung, ihre feinen Vibrationen, die den Segelflug unter den Sturmböen erst möglich machen. »Wenn der Wind anhält, verlassen sie das Schiff nicht mehr bis Australien«, bemerkt der alte Seemann neben ihm. Ihn amüsiert das kindliche Staunen des Berliners. Als die Nacht hereinbricht, verschwinden die Albatrosse.

Am nächsten Morgen sind sie wieder da, wie an einer Drachenschnur stehen sie im Wind, folgen der Gischt des Dampfers und schnappen nach Brocken von Schiffszwieback, die ihnen Passagiere und Matrosen zuwerfen. Ab und an stürzen sie pfeilschnell senkrecht ins Meer. Gustav sitzt an Deck und zeichnet sie. Seine Schwester Marie nimmt er kaum wahr. Akribisch versucht er alle Bewegungen und Formen der Albatrosse zu dokumentieren, ihr steifes und unbeholfenes Stolzieren auf Deck, ihren Start aus dem Meer, indem sie einfach nur die Flügel ausbreiten und mit dem Wind schräg nach oben steigen. Nur eine Handbreit über dem Wasser segeln sie entlang der Wellen. »Hier haben wir unsere Lehrmeister zu suchen, wenn wir unsere Kenntnisse über den Vogelflug bereichern wollen«, schreibt Gustav in sein Notizbuch. Blatt für Blatt füllt er, damit seinem Bruder kein Detail entgeht. Als die Steilküste der Känguruinsel sichtbar wird, verlassen die Sturmvögel das Schiff. Kurze Zeit später geht die John Elder *am südaustralischen Golf von St. Vincent vor Anker.*

7. KAPITEL

Aufstieg zum Unternehmer
»Weniger Geld als Arbeit und Ausdauer«

Er hatte es geschafft. Stolz führte Otto Lilienthal seine Frau durch die kleine Halle seiner Werkstatt im Seitenflügel der Köpenicker Straße 110: Hier würde er mit seinen Arbeitern künftig den Schlangenrohrkessel produzieren. Noch waren nicht alle erforderlichen Maschinen vorhanden. Aber ein Anfang war gemacht: ein paar Arbeitsplätze, eine Drehbank, eine Schmiede. Für mehr hatten sein Erspartes und das Darlehen nicht gereicht. Otto war optimistisch, dass er bald erweitern konnte, denn an Aufträgen mangelte es nicht. Seine Maschine war bereits bekannt, noch bevor er sie in seiner eigenen Firma zu fertigen begann.

»Otto Lilienthal's gefahrloser Dampfkessel aus Schlangenrohr-Elementen« galt als eine hervorragende Alternative zu jenem »ungezähmten reißenden Tier in zerbrechlichem Käfig«, das der für jede Dampfmaschine nötige Kessel darstellte und auf dessen Konto jedes Jahr Hunderte von lebensgefährlichen Explosionen gingen. Mit einem Durchmesser von 70 bis 120 Zentimetern war er extrem klein, sparsam im Koksverbrauch, dabei beheizbar wie ein Zimmerofen, bequem in der Bedienung – zusammen mit seiner ebenfalls kleinen Dampfmaschine, die kein Fundament erforderte, eine hochpraktische Kleinkraftmaschine für Handwerker. Die Fachpresse nannte das Ganze eine Glanzleistung, der eine große Zukunft vorausgesagt wurde. Selbst eine Verwendung in der Luftschifffahrt schien denkbar, hatte Otto den Schlangenrohrkessel doch einst für seine flugtechnischen Bestrebungen entwickelt.

1881 war es ihm nach seinem ersten erfolglosen Versuch sechs Jahre zuvor gelungen, das Patent auf diesen Kessel zu bekommen.

Zwei Jahre später hatte er sein Unternehmen darauf gegründet. Bis dahin und auch noch eine Zeit lang danach wurden auf eine Lizenz hin seine Dampfkessel und -maschinen bei dem Mechaniker H. Seidel in der Linienstraße 158 produziert. Dessen Firma hatte ihm bereits bei der Ausführung der Schrämmaschine und der Bausteinpressen gute Dienste geleistet. Vermutlich hatte Otto bis zur Gründung seiner Firma als Seidels »freier Konstruktions-Ingenieur« gearbeitet. Sein erster Schlangenrohrkessel stand jedenfalls in Seidels Werkstätten und leistete noch nach Jahrzehnten seinen Dienst. Vielleicht handelte es sich dabei um einen Prototyp oder um die Voraussetzung seines Lizenzvertrags mit Seidel.

Der Maschinenbau, der jahrelang stagniert hatte, begann sich gerade zu erholen. Ursache für den Aufschwung war die allgemeine Spezialisierung: Zahlreiche kleine Fabriken und Werkstätten konzentrierten sich fortan auf die Herstellung von Einzelelementen und kooperierten direkt und dauerhaft mit der Großindustrie. Otto sah just in solchen Zulieferbetrieben seine Chance. Und umgekehrt kamen Lilienthals Kraftmaschinen für die Kleinunternehmen genau zum richtigen Zeitpunkt. Auch wenn die Ablösung der Dampfkraft nur noch eine Frage der Zeit war: Der Kaufmannsgehilfe Nicolaus August Otto hatte den Gasmotor des Belgiers Etienne Lenoir 1876 zu einem leistungsfähigen Explosionsmotor weiterentwickelt, bei dem kein Kessel mehr neben der Maschine stehen musste, sondern die Verbrennung in der Maschine selbst erfolgte. Und eine dritte Energie rückte zunehmend ins Bewusstsein der Unternehmer: die Elektrizität. Die Hauptenergiequelle blieb vorerst dennoch die Dampfmaschine.

Mit der Eröffnung seiner Fabrik erwies sich Otto Lilienthal als würdiger Abgänger der Gewerbeakademie. Auch ein Borsig oder ein Schwartzkopff hatten wie er begonnen und irgendwann Millionen mit ihren Unternehmen verdient. Wollte er ihnen nacheifern? Wenig spricht dafür. Im Gegenteil: Wie bereits aus seinem Patentantrag auf den Schlangenrohrkessel von 1875 zu entnehmen war, wollte er eher das Kleingewerbe konkurrenzfähig machen. Dabei schwebte ihm vor, »nach und nach eine Decentralisation der großen Fabrikationscentren mit ihrem nachtheiligen Gefolge herbeizuführen«. Die Konzentrationsprozesse der Großindustrie hielt er für eine Fehlentwicklung, die vor allem in einer Stadt wie Berlin nicht zu übersehen war.

Was Otto vor der Gründung seines Unternehmens miterlebt hatte, war, dass diese Großindustrie nicht Arbeitsplätze schuf, sondern sie vernichtete. Von 35 000 Arbeitern, die noch 1873 in der Maschinenbauindustrie beschäftigt waren, standen 1877 gerade mal noch 16 000 in Lohn und Brot. An die 50 Prozent der in der Oranienburger Vorstadt lebenden Arbeiter hatten keine Stelle. Der Stammbetrieb von A. Borsig hatte in jenen Jahren seine Belegschaft halbiert. Bei denen, die noch Arbeit hatten, sanken die Löhne dramatisch, auch in der Baubranche. Dort verringerte sich der Tageslohn eines Bauarbeiters bis 1879 im Vergleich zum Jahr 1873 um ein Drittel, auf 3,13 Mark.

Hunger und ein unbeschreibliches Wohnungselend waren die nicht zu übersehenden Folgen. Wie diese brennende »soziale Frage« zu lösen sei, war ein Thema, das alle sozialen Schichten beschäftigte, nicht nur die betroffenen Arbeiter und ihre politischen Vertreter oder den Kanzler. Um eine Revolution von unten zu verhindern, reagierte Bismarck mit »Zuckerbrot und Peitsche«, einerseits mit bahnbrechenden sozialen Maßnahmen, andererseits mit dem »Sozialistengesetz«, das sozialdemokratischen Parteien jegliche Presseaktivitäten, Versammlungs- und Redefreiheit verbot. Doch die Probleme spitzten sich zu. Vermutlich sah der liberal gesinnte Otto Lilienthal die Lösung der sozialen Frage deshalb eher in einer Stärkung des Mittelstands, jedenfalls solange dieser wirklich innovativ war.

Sich in jener Krisenzeit als Erfinderunternehmer behaupten zu wollen, war dennoch mutig. Die Konkurrenz innerhalb der Maschinenbauer war gewaltig. Für Otto war diese neue Rolle eine ganz eigene Herausforderung. Sein offenherziges, gerades Wesen und seine Ehrlichkeit waren mit den Gepflogenheiten im Geschäftsleben nicht unbedingt vereinbar. »Ich hatte mir die Geschäftspraxis doch etwas anders vorgestellt«, lässt er in seinem autobiographisch gefärbten Stück *Moderne Raubritter* sein Alter Ego, den Tischlereibesitzer Wilhelm Krüger, sagen. »Als Fabrikant hat man vielfach Sorgen, von denen man als Arbeiter sich nichts träumen lässt. Im Geschäftsleben kann man wirklich Menschenkenner werden. Hier platzen die materiellen Interessen so aufeinander, dass man deutlich erkennt, wie verschieden die Grundsätze der Menschen sind. – Handel und Schacher ist ja überall, bei jedem Geschäft, aber es muss seine Grenzen haben.«

Zwar behalte bei einigen Kunden »ein gewisses Anstandsgefühl die Oberhand«. Doch die »elende Preisdrückerei« beeinträchtige die Schaffenskraft. Die menschliche Janusköpfigkeit der Partner widerstrebte ihm zutiefst. »Sowie es sich um geschäftliche Angelegenheiten handelt, werden einem gleich die Zähne gezeigt und eine feindliche Miene tritt zum Vorschein. Wenn Preise festgestellt werden und das Schachern beginnt, dann wird überall gemäkelt; das Unglaublichste wird an den Haaren herbeigezogen, um bei dem Fabrikanten die Stimmung zu verschlechtern, damit er nur ja nicht glaubt, seine Forderungen aufrecht halten zu können. – Sind dann die Preise und Bedingungen abgemacht, dann fühlen auch diese so genannten schneidigen Geschäftsleute sich wieder als Menschen, werden leutselig und freundlich ...«

Diese Verhaltenheit in den Emotionen, das Beherrschen seiner naturgegebenen Spontaneität musste Otto erst lernen. Wenigstens seinen Arbeitern gegenüber versuchte er »Mensch«, das heißt er selbst zu bleiben. Wie sie arbeitete er hart, von sechs Uhr morgens bis sechs Uhr abends, mit einer Mittagspause von zwei Stunden. Als Erstes machte er seinen Rundgang von Arbeitsplatz zu Arbeitsplatz und ließ sich über den Stand der Dinge unterrichten; anschließend zog er sich ins Büro zurück oder führte Verhandlungen. Er war jederzeit ansprechbar und »hatte für jeden ein freundliches Wort«, wie ein ehemaliger Volontär berichtete. Er pfiff und sang bei der Arbeit und wirkte selten verdrießlich oder sorgenvoll.

Dieses sichere Selbstgefühl sowie eine angeborene »Güte und Menschenfreundlichkeit« ließen ihm »die Herzen seiner Mitarbeiter zufliegen ... Seine Arbeiterschaft und er schienen eine große Familie zu sein. Politische Meinungsverschiedenheiten waren ... nicht vorhanden.« Otto war kein Patriarch, sondern er versuchte, sich mit seinen Arbeitern eher auf eine Stufe zu stellen. Das hatte er im Gegensatz zu den Großindustriellen mit vielen Kleinunternehmern gemein. Dennoch war er kein Sozialist wie sein Bruder Gustav. Sein politisches Interesse bezog sich auf die Bedingungen für Wissenschaft und Wirtschaft, auf die Frage, inwiefern die politischen Verhältnisse ihnen nützten oder schadeten. Sich dabei auch um das Wohl seiner Arbeiter zu kümmern, war für ihn selbstverständlich, und das nicht nur, weil er selbst aus einfachen Verhältnissen stammte. Der Gewerbefleiß war in seinen Augen die Grundlage des Reichtums einer Nation.

Unternehmer zu sein, das bedeutete für Otto vor allem aber auch, technisch kreativ zu sein. Seine zahlreichen Patente zeugen davon. Ob sie finanziell etwas einbringen würden, stand meist in den Sternen, doch Erfinderunternehmer wie Otto Lilienthal konnten gar nicht anders. Sie beflügelte das Bewusstsein, mit ihren technischen oder wissenschaftlichen Errungenschaften am kulturellen Fortschritt der Menschheit mitzuwirken. Sie sahen sich als Schöpfer einer neuen, besseren Welt. Werner Siemens glaubte anfangs fest daran, dass durch Technikfortschritt auch die sozialen Probleme in Deutschland zu lösen wären, dass »die praktischen Ziele der Sozialdemokratie ohne gewaltsamen Umsturz des Bestehenden allein durch die ungestörte Entwicklung des naturwissenschaftlichen Zeitalters erreicht« würden. Wissenschaftliche Technik war für die damaligen Erfinderunternehmer der »Culturhebel«, der »Culturförderer« schlechthin.

Ob bei der schnelleren Beförderung von Lasten zu Wasser und zu Lande, beim Durchbohren von Bergen oder beim Steigen in die Lüfte, ob bei der drahtlosen Nachrichtenübertragung, beim Bewegen gewaltigster Massen oder dem Beobachten kleinster Objekte – überall war die wissenschaftliche Technik eine »geschäftige Dienerin und Gefährtin« geworden, »deren man erst recht inne wird, wenn uns ihre Hilfe auf kurze Zeit versagt ist«, wie Franz Reuleaux in einer Analyse über den grundsätzlichen Zusammenhang von Kultur und Technik bemerkte. Der betreffende Vortrag war in der Zeitschrift *Prometheus* erschienen, für die Otto Lilienthal regelmäßig schrieb. Deutschland stand am Beginn der industriellen Moderne. Erfinder wie Lilienthal oder Siemens waren stolz darauf und glaubten an den humanen Fortschritt, der damit verbunden schien. Technischen Fortschritt, der nicht auf soziale Gerechtigkeit und humane Entfaltung aller Schichten ziele, verdiene diese Bezeichnung nicht, lautete ihr Credo. Wissenschafts- und Technikfeindlichkeit bedeutete in ihren Augen immer auch sozialer Rückschritt. Was uns heute als vollkommen normal erscheint, war damals ein gänzlich neues Phänomen, an das sich die Menschen erst gewöhnen mussten. Noch war die Technik im »humanistisch verbildeten Preußen«, wie Gustav einmal sarkastisch bemerkte, »das Stiefkind, das eigentlich nur so geduldet wird«.

Zwei Jahre nach ihrer Eröffnung war Otto Lilienthals kleine Fabrik schuldenfrei. Die Geschäfte liefen bestens. Das Interesse an seinem Schlangenrohrkessel war so groß, dass er bald Lizenzen nach Sachsen, Süddeutschland und Österreich verkaufte. 1884 wurde er auf der großen Handwerksausstellung in Dresden allgemein bewundert. Systematisch hatte er an der Weiterentwicklung des Kessels gearbeitet. Ein neuer Typ war nun noch kompakter, noch flacher und noch einfacher zu beheizen. Aufträge folgten. Aber auch der erste Typ wurde weiter produziert. Der Umsatz wuchs.

»Ich bin jetzt durch das Dickste hindurch«, berichtet er im Juni

1885 Marie in einem Brief. »Meine freundliche Fabrik habe ich Ostern verdoppelt und jetzt verdreifacht.« 15 Mitarbeiter hatte er inzwischen, weitere 21 wollte er demnächst einstellen. Er hatte größere Räume angemietet und weitere Werkzeugmaschinen gekauft. Sieben Drehbänke standen nun in der Halle, zwei Bohrmaschinen und eine Hobelmaschine und auch einer seiner eigenen Schlangenrohrkessel als Antriebsmaschine. Sein Büro hatte er sich in der Mitte des länglichen Raums abteilen lassen. Aus seinem Fenster zur Halle konnte er linker Hand das Entstehen der Einzelteile überwachen und rechter Hand das Zusammensetzen der Maschinen. In einem weiteren hellen Raum im Keller arbeiteten die Schmiede.

Bei der Standortwahl seines eigenen Betriebs und bald auch seiner neuen Wohnung hatte Otto sich gegen die bisherigen Zentren im Norden Berlins entschieden, wo auch Seidel und Hoppe ansässig waren. Der Boden jenseits des Oranienburger Tores, in Moabit und Wedding, war zu teuer geworden, und der Ausbau der Pferdeeisenbahn, die bald sämtliche größeren Straßen Berlins bis in die Vororte hinein durchzog, verlockte die Gewerbetreibenden, sich auch in preiswerteren Gegenden anzusiedeln.

Ein sich rasch entwickelnder Stadtteil war das an der Spree gelegene ehemalige »Köpenicker Feld«, die Luisenstadt, das Mitte des Jahrhunderts trockengelegt worden war. Besonders in der Köpenicker Straße wurden immer mehr Fabrikanten und Handwerker ansässig. Parallel zur Spree vom Stadtzentrum aus in Richtung Osten aus der Stadt herausführend, hatte sie sich in den letzten Jahren sehr verändert. Standen dort vor dem deutschfranzösischen Krieg noch in »unmittelbarer Nähe des Flusses nur Fabrikgebäude ..., in denen alljährlich ungezählte Zentner von Blutlaugensalz« hergestellt wurden, produzierte man später, als sich die Kattunbetriebe um die Produktion der preußischen Uniformen erweiterten, »kaum geringere Quantitäten von Berliner Blau«, wie der historisch stets genaue Gewährsmann Fontane in *Frau Jenny Treibel* schreibt.

»Ansicht von Köpenickerstr. 126 II«,
Zeichnung Otto Lilienthals, 1885

Fontanes Protagonisten, das Fabrikantenehepaar Treibel, war ähnlich wie die Lilienthals mit der Erweiterung seines Unternehmens in »die Köpnicker« gezogen, die mit ihren Militäranstalten, Fabriken, Villen und blühenden Gärten zur Spree hin mittlerweile als vornehme Adresse galt. Und schon bald konnten die Treibels sich nicht mehr vorstellen, es »so lange Zeit hindurch in der unvornehmen und aller frischen Luft entbehrenden Alten Jakobstraße«, wo sie zuvor wohnten, ausgehalten zu haben. Zwar wehte auch hier bei Nordwind der Qualm der Fabrik in die Villenfenster hinein, aber man brauchte Gesellschaften ja nicht gerade bei Nordwind zu geben.

Nur ein paar Häuser von der Fabrik nahe der Jannowitzer Brücke entfernt, in der Nummer 126, hatten die Lilienthals eine Wohnung gemietet: drei Zimmer und ein kleiner Salon, standesgemäß, wie es sich für einen angehenden Unternehmer gehörte, und dennoch »sehr einfach eingerichtet«. »Kleide dich unter deinem Stand, iss nach deinem Stand und wohne über deinem Stand!«, war Agnes' und Ottos Maxime.

Nicht weit von ihnen wohnte der äußerst rührige, schon recht betagte ehemalige Stadtrat und Kämmerer Berlins, Heinrich Runge. »Man sieht den Magistrat vor lauter Runge nicht«, hatte einst ein geflügeltes Wort über den Berliner gelautet, der seinerzeit an allen bedeutenden Entscheidungen der Stadt mitwirkte. Man war also in guter Gesellschaft. Die Lilienthals führten ein offenes Haus, ohne sich allzu sehr um formale Konventionen zu kümmern. Das war nicht Ottos Stil. Als Gustavs spätere Frau, Anna Rothe, eine Arzttochter, die Lilienthals in der Köpenicker Straße zum ersten Mal besuchte, war sie von »der ganz eigenen Liebenswürdigkeit …, soviel Frohsinn und Freimut«, die dort herrschten, tief beeindruckt: »Ich trete in das Wohnzimmer, ein Mann von schöner Figur und mit hellem Krauskopf spaziert da mit einem Wickelkind auf dem Arm trällernd und pfeifend herum; es ist der Fabrikbesitzer Lilienthal. Die freie Hand streckt er der Unbekannten entgegen, und ich muss sogleich das Wickelkind bewundern. Eine kleine Zweijährige mit großen braunen Augen und dito Schmutznäschen wird herzhaft geküsst, danach das Näschen geputzt und mir vorgestellt.« Das Mädchen war die 1884 geborene Tochter Anna, der ein Jahr später, bereits in der Köpenicker Straße, der zweite Sohn Fritz gefolgt war.

Wenn Otto nicht gerade an etwas baute, wurde gemeinsam musiziert, besonders wenn Gäste kamen. Otto sang – am liebsten Opernarien –, und Agnes begleitete ihn auf dem Klavier, was dem Paar so »manchen netten Abend« verschaffte. Er hatte einen schönen Bariton und wurde sogar Mitglied der Singakademie.

Im Bürgertum der Gründerzeit war es durchaus üblich, die Abende mit Musizieren, Karten-, Brett- und Stegreifspielen, Sticken und Geschichtenerzählen zu verbringen. Noch hatten Radio und

Fernseher die Wohnzimmer nicht erobert, war Abendunterhaltung eine aktive und keine passive Angelegenheit, Dilettantismus kein Schimpfwort. Singen und Musizieren sei sein »Fabrikgeheimnis«, lässt Otto den Möbelfabrikanten Wilhelm Krüger in *Moderne Raubritter* über den Grund seines wirtschaftlichen Erfolgs sagen. In einer leicht entschlüsselbaren Anspielung auf Agnes heißt es über Wilhelms Braut Louise: Sie sei nicht nur »die Triebfeder« an seinen »glücklichen Gedanken und Erfolgen«, sondern habe sogar direkten Anteil daran. »Es klingt zwar sonderbar und scherzhaft, aber es verhält sich wirklich so«, gesteht ihr Wilhelm. »Sieh mal, liebes Kind, schon damals, als ich noch bei Krause und Comp. in Stellung war und eifrig an meiner ersten Erfindung arbeitete« – wobei Otto Lilienthal wohl an die Schrämmaschine dachte –, »bat ich Dich fast jedes Mal, ... auf dem Klavier eine der Beethoven-Sonaten vorzuspielen, die Du schon damals mit so tiefem Verständnis vorzutragen wusstest. Du glaubst nicht, wie mich das stets begeisterte ... Es war mir, als wenn mein Gedankenkreis sich erweiterte, und Ideen fielen mir ein, auf die ich sonst wahrscheinlich nicht gekommen wäre.«

Diese ersten Jahre nach der Gründung seiner Fabrik empfand Otto trotz des immensen Arbeitspensums als außerordentlich glücklich. Die Geschäfte liefen einigermaßen, Nachwuchs stellte sich ein, und längst waren nicht alle Felder erschlossen, die er noch zu beackern gedachte. Immer hatte er etwas zum Basteln herumliegen, stets wurde an einer neuen Erfindung gebaut. Seine Vorstellungen von einem Familienleben hatten sich erfüllt. »Wir leben hier außerordentlich gemütlich mit unseren Kindern, die prächtig gedeihen ... Mein Junge kann nun schon schreiben, obwohl er erst nächstes Jahr in die Schule kommt«, berichtet er stolz im Frühjahr 1885 seiner Schwester.

Agnes tat alles dafür, ihrem Mann eine angemessene Gattin zu sein, und hatte es doch schwer, mit seinem »stürmischen Drängen nach Vervollkommnung Schritt zu halten«. »Die Frau eines Erfin-

Otto Lilienthal mit Frau und Kindern, um 1889

ders und Entdeckers zu sein ist gewiss ein ehrenvolles Los, aber so ganz leicht ist dieses Glück nicht«, meinte Anna einmal über Agnes' Zusammenleben mit Otto, »auch wenn der Erfinder ... der gütigste und liebenswürdigste Mann ist. Die Großzügigkeit des Familienoberhauptes, seine offene Hand, das Vertrauen in alle Maßnahmen seiner Frau, das alles verschafft ihr ein Glück, um welches viele sie mit Recht beneiden könnten.« Aber Agnes war dem nicht gewachsen. »Sie versucht bisweilen mitzurennen an seiner Seite, aber das Tempo macht sie müde, und diese Müdigkeit ist ein Etwas, das er bei seiner Frau am wenigsten begreift.«

Während Otto die Singakademie besuchte, durch aktive Vereinsmitgliedschaften, wie im »Verein zur Förderung der Luftschifffahrt«, am gesellschaftlichen Leben teilnahm, war Agnes mit der Erziehung der Kinder beschäftigt. Zwar hoffte ihr Mann, dass sie nach der Geburt des dritten Kindes mitsingen würde, aber die Pflichten als Hausfrau und Mutter ließen ihr gar keine Zeit dafür. Nicht dass Agnes darunter allzu sehr gelitten hätte. Etwas anderes hatte sie vom Leben nicht erwartet. Aber ihr fehlten Freundinnen, mit denen sie sich hin und wieder über ihre kleinen Nöte und Sorgen austauschen konnte. Otto war sich dessen durchaus bewusst. »Agnes ist insofern schlecht dran, als sie keine Damenbekanntschaft hat. Das kommt davon, dass die Herren der Bekanntschaft hier alle unverheiratet sind.«

So musste sie vieles mit sich selbst abmachen, und das war nicht eben leicht, denn die Anforderungen an eine moderne Ehefrau waren gestiegen. Die Pädagogen stellten neue Normen für die Säuglings- und Kleinkinderpflege auf, und die Ärzte formulierten schärfere Hygiene- und Reinlichkeitsideale. Die Säuglingssterblichkeit war in Deutschland nach wie vor hoch. Für Otto und Gustav muss es nach den Erfahrungen ihrer eigenen Kindheit ein großes Glück gewesen sein, dass ihre Kinder sämtlich überlebten. Doch sie taten auch einiges dafür – neben dem täglichen Waschen mit kaltem Wasser bevorzugten sie eine schlichte Ernährung und ausreichend Bewegung an frischer Luft. Im Winter wurde leidenschaftlich gern Schlittschuh gelaufen, was zu einer großen Mode geworden war. Im Sommer fuhr man am Sonntag ins Grüne, nach Halensee oder in den 1887 neu gestalteten Treptower Park. Dort, auf einem großen »Spielplatz, amphitheatralisch gebaut und wunderhübsch mit Weingirlanden dekoriert«, oder auf einem »weiten, grünen Rasenplatz saßen die Leute familienweise zusammen oder spielten, alle behaglich einmal frei unter freiem Himmel, keine Kneipe, nur ein guter Brunnen in der Nähe – ein Bild von Harmlosigkeit und anständiger Natürlichkeit, das einem in Berlin nur selten wird«.

Urlaub im heute gebräuchlichen Sinne war im Mittelstand allerdings unüblich. Nur einmal, unmittelbar vor ihrer Hochzeitsreise, die sogar noch vor der Hochzeit selbst stattfand, hatten sich Agnes und Otto gegönnt, ein paar Tage mit Verwandten und Freunden in der Sächsischen Schweiz bei Dresden zu wandern. Da alle Hotels überfüllt gewesen waren, hatten sie in »einem Privathause, das romantisch an einem Felsen gebaut war«, übernachtet. »Die Tour war ziemlich anstrengend« gewesen, erinnerte sich Agnes später, »denn Tante Therese hatte zuletzt Blasen an den Füßen«. Spät in der Nacht vor der Hochzeit waren sie damals angekommen und hatten in den Hochzeitstag hineingefeiert. Ein ziemlich ungewöhnliches Vorgehen für damalige Bürgerfamilien, aber sehr typisch für die Lilienthal'sche Unkonventionalität.

Wenn sie überhaupt so weit fuhren, besuchten die Lilienthals ihre Verwandten in der kleinen Garnisonsstadt Potsdam mit ihrer frischen grünen Umgebung.

Trotz des Wohlstands, der sich bei den Lilienthals in jenen Jahren langsam einstellte, war Sparsamkeit für Agnes eine tägliche Herausforderung, denn wenn es der Fabrik auch nicht an Aufträgen mangelte, so war doch »weniger Geld als Arbeit und Ausdauer« damit verbunden. Hinter dem scheinbar fröhlich gemütlichen Leben steckte viel Mühsal. Gustav machte sich aus der Ferne oft Sorgen um seinen Bruder, da er seiner Meinung nach viel zu selten schrieb, obwohl im Schnitt anfangs alle 14 Tage Post hin und her ging. »Schreibe mir doch«, bat er Anna, »wie Otto aussieht, ob er wohl ist und gute Farbe hat. Ich fürchte manchmal, er könnte sich etwas zuziehen durch Überanstrengung. Auch von Agnes hörte ich gern etwas von Dir, sie selber lässt doch nichts von sich hören.« – »Dein Bruder«, antwortete ihm Anna, »sieht allerdings etwas angegriffen aus, aber nicht mehr wie im vorigen Winter. Seine Farbe ist ja immer ein bisschen fahl. Über seine Stimmung kann ich Dir keine Auskunft geben, wenn ich ihn sehe, wird die wahre doch noch durch Rücksicht und Liebenswürdigkeit verdeckt. Agnes, als die Nächste dazu, scheint sich aber um ihren Mann gar nicht zu beunruhigen.«

Es ging bergauf, und das war Agnes Beruhigung genug, auch wenn ihr Mann mitunter zu viel Vertrauen gerade in befreundete

Geschäftspartner besaß und dann schlechte Erfahrungen machen musste. So bei jenem Freund, für dessen Schiff er Maschinenteile geliefert hatte, die aufgrund falscher Vorabsprachen nicht recht funktionierten. Der Partner hatte Otto nach der Rechnungstellung »einen ganz, gelinde gesagt, ordinären Brief« geschrieben: Mehr als 500 Mark bezahle er nicht (700 sollten es sein). Um das Übrige könne ihn »der sehr geehrte Herr L. verklagen«. Woraufhin Otto ihm verärgert, aber um der Freundschaft willen mit feiner Ironie geantwortet hatte, er wäre »durch seine guten Ratschläge« so mit dem Schiff hereingefallen, dass er ihm »nicht 500, sondern 400 Mark bezahlen« sollte. Vermutlich wird der Freund den Seitenhieb gern in Kauf genommen haben, weil er dadurch 100 Mark sparte. Doch in dieser Hinsicht überwog bei Otto Stolz nüchterne Kalkulation.

Risikobereitschaft, ständiges Tüfteln, Fleiß und Realitätssinn in der Einschätzung der Marktlage zahlten sich aus. 1887 liefen »die Geschäfte brillant«. Ein Jahr zuvor hatte Otto sogar den Vorstoß nach England gewagt – ein mutiges Unterfangen ins Mutterland der Dampfmaschine – und dort zwei Patente erworben. Seine Produktpalette umfasste bald alles, was zur Ausrüstung mit Maschinenkraft erforderlich war: neben Kesseln und einer breiten Auswahl von Dampfmaschinen waren das schmiedeeiserne Riemscheiben (1890 patentiert), Transmissionen sowie Dampfheizungen. Er brachte abermals verbesserte Varianten des Schlangenrohrkessels heraus, vermarktete spezielle Patente, und er plante zusammen mit Gustav erneut die Produktion von künstlichen Bausteinen. Wie riskant dieses Unterfangen war und in welche juristische Untiefen es sie führte, sollten die beiden bald zu spüren bekommen.

Der Erfolg des Richter'schen Imperiums hatte die Brüder zutiefst getroffen. Sie wussten inzwischen, dass sie einen entscheidenden Fehler gemacht hatten, als sie Richter das Verfahren für die Bausteine verkauften, denn diese waren mittlerweile deutschlandweit bekannt und lagen unter jedem Weihnachtsbaum des Mittelstands. Kein Kind wollte mehr darauf verzichten. Nun, sagte sich Otto, da er eine eigene Fabrik besaß und die Geschäfte liefen, könnte er die Produktion von Baukästen als weiteres Standbein seines Unternehmens beginnen. Vermutlich wäre er nun auch in der Lage, die Steine zu vermarkten. Er hatte sich als Unternehmer sehr entwickelt und fühlte sich nicht mehr so unerfahren und naiv wie Ende der 1870er Jahre. Gleichwohl gab es ein schier unüberwindliches Problem: Die Lilienthals hatten sich verpflichtet, auf jegliche Produktion von künstlichen Bausteinen künftig zu verzichten. Wollten sie diese Klausel umgehen, gab es nur einen Weg: Sie mussten eine andere Masse verwenden als jene, die sie Richter überlassen hatten, und Richter den Auslandsmarkt wegschnappen, den er gerade zu erobern begann.

Dass sie dabei eine juristische Grauzone betraten, war ihnen bewusst, doch das hinderte sie nicht, sich mit aller Kraft in die Erfindung einer neuen Zusammensetzung der Bausteinmasse zu stürzen. Während Gustav sich in Melbourne an die Arbeit machte, diese neue Masse zu kreieren, kümmerte sich Otto in Berlin um die später erforderlichen Steinpressen. 1884 hatte er auf eine verbesserte Maschine zum Formen künstlicher Steine ein Patent erworben, bezeichnenderweise über einen Strohmann in Paris.

Die Aussicht, in ein Riesengeschäft einzusteigen, war für die Brüder äußerst verlockend und ließ die zehntausend Kilometer, die zwischen ihnen lagen, unbedeutend werden. Sie würden einander nicht verlieren und hatten wieder ein gemeinsames Projekt. Und Otto hegte die Hoffnung, Gustav am Ende wieder nach Berlin zurückzuholen. Eine Produktionsstätte für ihn hatte er bereits in Aussicht.

»Wer in einem Lebensverhältnisse, welches es sey, still steht, der steht nur scheinbar still, die Wahrheit ist, er geht zurück; es giebt nur Vorschreiten und Rückschreiten im Leben. – Diese Wahrheit ist nirgends sichtbarer als beim Betriebe der Gewerbe«, sagte einmal

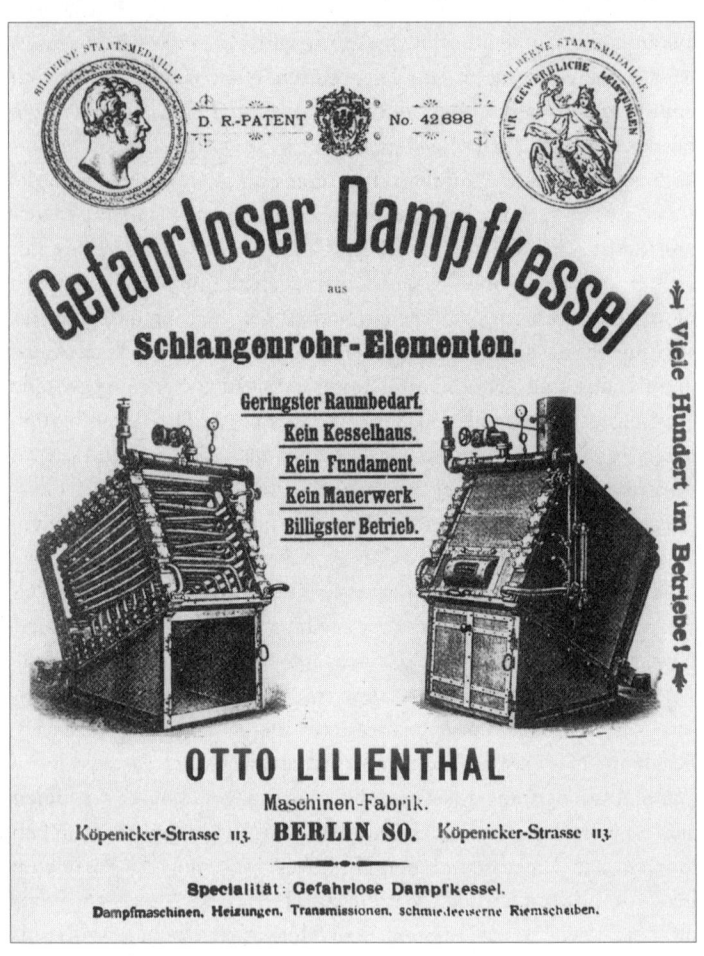

Firmendruckschrift der Maschinenfabrik Otto Lilienthal

Wilhelm Beuth. Vor dieser Gefahr war Otto Lilienthal dank seiner enormen Flexibilität und Kreativität gefeit. Dennoch musste er wachsam sein. Zwischen 1880 und 1895 unterlag die wirtschaftliche Entwicklung in Deutschland permanenten Schwankungen. Der kleine Aufschwung Anfang der achtziger Jahre hatte nicht lange gewährt. Zwar befand sich das deutsche Reich nach wie vor in einem Wachstumsprozess, doch dieser war im Vergleich zu den Jahren vor 1873 deutlich verlangsamt, und das wurde überwiegend als Stagnation oder gar als »große Depression« wahrgenommen.

Wenn sein Unternehmen weiterhin erfolgreich sein wollte, musste Otto also Maßnahmen ergreifen. Die Konkurrenz schlief nicht, und die Entwicklung von Antriebsmaschinen schritt rasant voran. Gottfried Daimler hatte 1883 das erste Patent auf einen Automotor genommen, zwei Jahre später Carl Benz das erste brauchbare Automobil vorgestellt. 1881 war in Lichterfelde-Ost die erste elektrische Straßenbahn gefahren. Acht Jahre später gab es bereits den robusten Drehstrommotor. Die Möglichkeiten der Elektrizität wurden immer offenbarer: Kraft und Licht aus der gleichen Energiequelle, mit einem Knopfdruck konnte man sie an- und abstellen, mit zwei Metallleitungen ließ sie sich übertragen, ohne Transmission und Brennstoffvorrat. Allerdings erforderte die Erzeugung der Elektroenergie letztlich wieder die Dampfmaschine nebst Kesselhaus.

Die Dampfmaschine hatte somit zwar ihren technischen Zenit überschritten, ihren wirtschaftlichen jedoch noch lange nicht. Zunächst stand ihr eine glänzende Zukunft bevor. Es war gerade die neue Elektrizität, die eine große Nachfrage nach Dampfmaschinen zum Antrieb der Generatoren auslöste. Und selbst Gasmotoren gab man ein den Dampfmaschinen ähnliches Aussehen, um von deren Image zu profitieren. Noch hatten Otto Lilienthals Maschinen demnach nicht viel zu befürchten. Sein Motor, bestehend aus Schlangenrohrkessel und Wanddampfmaschine, war durch mehrere Patente geschützt. Er hatte sich seinen Markt gesichert. Sein größtes Verkaufshindernis war bisher ein bürokratisches. Die allgemeinen polizeilichen Bestimmungen verlangten vor der Aufstellung von Dampfkesseln eine Konzession, obwohl sie für Ottos gefahrlose Kessel eigentlich überflüssig war. Um eine Aufhebung dieser Einschränkung zu erwirken, hatte er sich bereits 1883 an das »Kaiserliche Reichskanzleramt« gewandt, das in jener Zeit Otto von Bismarck innehatte. Erfolglos. Nach einem jahrelangen Behördenstreit, der einen schauerlichen Einblick in die Abgründe der Bürokratie vermittelt, erklärte das Handelsministerium endlich, die Verhandlungen über den Zwergkessel befänden sich noch in der Schwebe. Sie »schwebten« noch, als Otto Lilienthal längst tot war.

Für Otto war klar, dass sich sein Unternehmen langfristig nur mit patentierten Produkten erweitern ließ – und mit Qualitätsarbeit durch höchste Motivation seiner Arbeiter. Was Ersteres betraf, so hatte er neben den neuen Bausteinen, die ihn aufgrund der Prozesse mit Richter vorerst nur immense Summen kosteten, weitere Patente angemeldet – darunter das richtungsweisende Patent auf eine Dampfturbine, mit dem Lilienthal die spätere Entwicklung vorwegnahm. Ein Produkt erwies sich dabei von vornherein als durchschlagender Erfolg – das Nebelhorn. Otto Lilienthal hatte ihm einen Artikel im *Prometheus* gewidmet und es 1889 auf der »Allgemeinen Deutschen Ausstellung für Unfallverhütung«, die Kaiser Wilhelm persönlich eröffnet hatte, vorgestellt. Das Prinzip war einfach: ein kleiner Schlangenrohrkessel, verbunden mit einer Sirene. Es war bis auf drei deutsche Meilen zu hören und obendrein eine Kombination von Tönen, damit es sich von den Sirenen der Dampfer unterschied. Sein überzeugender Vorteil lag in der schnellen Betriebsbereitschaft. Andere Geräte brauchten eine längere Anlaufzeit, ein Mangel, der oft zu Schiffsunglücken geführt hatte, weil die Nebelwarnung zu spät kam.

Das Nebelhorn überzeugte die Besucher der Ausstellung auf Anhieb und brachte Otto nicht nur zahlreiche Bestellungen ein, sondern auch – genehmigt von Reichskanzler Bismarck – die »Silberne Staatsmedaille für gewerbliche Leistungen«. Otto nutzte sie umgehend zur Imagesteigerung: Fortan schmückten ein Abbild jeweils der Vorder- und Rückseite der Medaille links und rechts den Kopf seiner Briefbögen.

Jeder Aufstieg hat seinen Preis. Agnes hatte Magengeschwüre. Im März 1890 ließ sie sich operieren, spürte danach allerdings »denselben Druck« wie vor der Operation. Allein die riskante Geschichte mit den Bausteinen musste ihr mehr als schwer auf dem Magen gelegen haben. War es wirklich notwendig, dass sich die Brüder erneut in dieses Abenteuer stürzten, das – sollte Richter dagegen prozessieren – womöglich gefährdete, was Agnes und Otto in den letzten Jahren erreicht hatten? Auf ihre Umgebung wirkte sie nach zwölf Jahren Ehe weniger fröhlich, zunehmend sogar kleinlich und manchmal selbstsüchtig. Ihr Ziel, ein noch größerer sozialer Aufstieg, mehr Prestige nach außen, mehr Repräsentation, wurde von Otto vermutlich gar nicht geteilt. Ihm reichte die kleine Welt, wenn ihm darin nur genügend Raum für seine Kreativität blieb. Agnes hingegen hatte, wie Gustav fand, »schon immer etwas von ›Mine Fru de Ilse Bilse‹ gehabt«. Agnes standen zwar inzwischen mehr finanzielle Mittel zur Verfügung als zu Beginn ihrer Ehe, aber trotz der guten Auftragslage hatte Otto immer wieder große Probleme, die Haushaltskasse zu füllen. Die Kunden zahlten schlecht, und die Bausteine kosteten »Geld über Geld«. Das Experimentieren, ob mit Bausteinen oder für neue Erfindungen, war teuer. Jedes neue Produkt bedeutete auch ein Risiko für die Firma. Materialien mussten beschafft, Patentgebühren, die von Jahr zu Jahr stiegen, gezahlt werden; hinzu kamen die nicht eben billigen Patentanwälte. Gleichzeitig zeigte sich Otto anderen gegenüber menschlich stets großzügig. War einer seiner Arbeiter in Not, konnte er auf seine finanzielle Hilfe rechnen, nicht zuletzt sein Bruder Gustav, der inzwischen wieder nach Berlin zurückgekehrt war.

Aber nicht nur die Angst, die verrückten Ideen ihres Mannes oder seine Großzügigkeit könnten sie ruinieren, machten Agnes zu schaffen. Otto Lilienthal blieb immer weniger Zeit für die Familie. Er hatte »seinen Kopf voll«. Ein Küsschen zur Begrüßung, und schon verschwand er wieder in der Firma oder in seinen Experimentierräumen. Als hätte er gewusst, dass ihm nur noch wenige Jahre zum Leben blieben, erfuhr sein Leben ab Ende der 1880er Jahre eine atemberaubende Beschleunigung. Dabei konnte seiner Mitwelt nur schwindelig werden. Ob Maschinenbau, Flugtechnik, politische oder soziale Reformen, Bausteine oder sogar Theater – alles interessierte ihn, überall engagierte er sich und suchte er nach innovativen Lösungen. Seiner Kreativität schienen keine Grenzen gesetzt. Er bejahte das Leben mit einer Intensität, die auf andere mitunter befremdend wirkte. »Ein Bild blühenden Lebens, die Arme weit ausbreitend, das helle Haupt zurückwerfend«, rief er, wie Anna einmal miterlebte, bei der Überbringung einer Trauerbotschaft aus: »I c h lebe noch!«

Die Kerze seines Lebens brannte an beiden Enden. Idee folgte auf Idee, Projekt auf Projekt. Die Sache mit den Bausteinen beanspruchte ihn mental wie finanziell – Richter hatte die Brüder in einen Konventionalstreit verwickelt. Außerdem baute Otto in Lichterfelde ein neues Haus. Von 1888 an wiederholte er schließlich noch sämtliche Versuchsreihen seiner Flugexperimente aus den frühen siebziger Jahren, um ein Jahr später das Werk zu veröffentlichen, das den Menschenflug begründete: *Der Vogelflug als Grundlage der Fliegekunst*, der Titel in Gold geprägt. Otto Lilienthal hatte geschafft, was Vater Gustav mit seinem Mathematiklehrbuch nicht vergönnt gewesen war: gedruckt zu werden. Die Gebrüder Wright sollten das Werk mehr als zehn Jahre später ein »außerordentliches Buch« nennen, »das Beste, was gedruckt vorliegt«. Obwohl Otto es nicht für künftige Fachleute geschrieben, sondern bewusst populärwissenschaftlich verfasst hatte, war das Echo unter seinen Zeitgenossen eher bescheiden. Heute jedoch gilt das Buch als die wichtigste flugtechnische Veröffentlichung des 19. Jahrhunderts. Es wurde 1905 ins Russische und 1911 ins Englische übersetzt und ist in zahlreichen Nachdrucken erschienen. Die Erstausgabe stellt mittlerweile eine bibliophile Kostbarkeit dar.

Die Verwirklichung seines Lebenstraums rückte für Otto Lilienthal in greifbare Nähe – und das motivierte ihn mehr denn je, mit aller Intensität dort weiterzumachen, wo er vor der Gründung der Firma aufgehört hatte. Jetzt nahm er sich die Mittel dafür, auch wenn sich Agnes darüber nicht eben begeistert zeigte. Denn auch in seiner Fabrik ging er finanziell sonderbare Wege.

Im März 1890 setzte Otto Lilienthal ein radikales sozialreformerisches Programm um, das ebenso Geschäftskalkül zeigte – da seine Arbeiter »sämtlich höheren Lohn« wollten – wie Ausdruck seines sozialen Ethos war: der eigene Erfolg sollte auch der seiner Arbeiter sein. Seit den 1870er Jahren war die These von der »Konstitutionellen Fabrik« zu einem Schlüsselbegriff der sich formierenden bürgerlichen Sozialreform geworden. Freiwillige Selbstbeschränkung lautete das Motto der Vertreter der »Jüngeren Schule der deutschen Nationalökonomie«, und einige wenige aufgeklärte Unternehmer in Deutschland setzten diese Idee in die Tat um – neben Otto Lilienthal Ernst C. Abbe in den Jenaer Zeiß-Werken sowie der führende Berliner Jalousie- und Holzpflaster-Fabrikant Heinrich Freese. Das Unternehmen dieses nach Meinung der sozialdemokratischen Zeitung *Vorwärts* »aufgeklärten Großindustriellen« und »anständigsten« Arbeitgebers befand sich unweit der Lilienthals in der Wassergasse, der späteren Rungestraße. Vermutlich haben sich beide Unternehmer gekannt. Freeses Arbeiter sollten mitentscheiden dürfen, was ihre materiellen und rechtlichen Belange betraf.

Innenpolitisch standen die Zeichen in jenen Jahren auf Sturm. Es musste sich etwas bewegen in Deutschland. Darin waren sich viele Unternehmer mit den Arbeitern einig, wenn sie auch jeweils unterschiedliche Ziele verfolgten. Öffentliche Demonstrationen waren an der Tagesordnung. Streiks nahmen bisher ungekannte Ausmaße an. Immer mehr Unternehmer erklärten sich daraufhin bereit, die geforderten Löhne zu zahlen. 1889 hatte der bisher größte Bergarbeiterstreik in Deutschland stattgefunden, den das Militär brutal niederschlug. Die Sozialdemokraten hatten danach

Otto Lilienthal im Kreise seiner Angestellten, 1887

enormen Zulauf erhalten. Überall traten ihre Redner und Organisatoren in Erscheinung, leuchtete die rote Fahne, wurden rote Nelken, Schlipse oder rote Taschentuchzipfel am Jackett das Symbol für Gleichheit, Freiheit, Brüderlichkeit. Um das Versammlungsverbot zu umgehen, besuchten sie einfach die Veranstaltungen anderer Parteien und ergriffen dort das Wort. Bei den Wahlen am 20. Februar 1890 hatten sie erstmals die absolute Mehrheit im Reichstag erhalten. Die Ära Bismarck war damit zu Ende. Einen Monat später wurde der Reichskanzler vom neuen Kaiser Wilhelm II., der sich mit Reformen profilieren wollte, mit einem »gnädigen« Handschreiben entlassen; kurz darauf war das »Sozialistengesetz« Geschichte.

Die deutschen Arbeiter hatten nach ihren Kämpfen und Erfolgen enorm an Selbstbewusstsein gewonnen. Und der Einfluss der Sozialdemokratie hatte vermutlich auch nicht vor Lilienthals Fabrik

Halt gemacht. Wenn er als Unternehmer weiterhin erfolgreich sein wollte, musste er an das Interesse und die Umsicht seiner Arbeiter appellieren. Am 12. März 1890 richtete Otto folgendes Schreiben an sie:

> Um das Interesse meiner Arbeiter an dem Geschäftsbetriebe zu heben und ihnen Gelegenheit zu bieten, ihr Einkommen durch eigenes Zutun entsprechend ihren Leistungen zu vermehren, beabsichtige ich, unter Fortfall der Akkordarbeiten, Beibehaltung der jetzigen Lohnsätze und der bisherigen Fabrikordnung eine Beteiligung derselben am Reingewinn des Geschäftes und zwar in Höhe von 25 % desselben einzuführen ... Die ganze Einrichtung wird als ein Versuch betrachtet, und soll nach der nächsten Inventur dauernd eingeführt werden, wenn sich dieselbe als vorteilhaft für jeden Beteiligten bewährte.

Lilienthals 25-prozentige Gewinnbeteiligung für die Arbeiter war schlichtweg sensationell. Otto hatte damit noch sechs Jahre vor Ernst Abbe von den Zeiß-Werken auf sozialreformerischem Gebiet Geschichte geschrieben. Freese hatte eine Beteiligung zwar bereits 1889 eingeführt, aber zunächst nur für seine Beamten, erst 1891 auch für seine Arbeiter. Zudem bewegten sich diese Beteiligungen nur im Bereich von 2 bis 5 Prozent. Als Gegenleistung verlangte Lilienthal von seinen Arbeitern nichts anderes als stetigen Fleiß, »Schonung von Material und Werkzeug« und »tadellose und schnelle Lieferung« zur »äußersten Befriedigung unserer Abnehmer«. Gewinnvermehrung dank stärkerer Motivation der Arbeiter, höhere Produktivität bei weniger Kosten. Er zweifelte nicht daran, dass diese Maßnahmen helfen würden, »die Gesamtleistung der Fabrik zu heben«. Sein soziales Verantwortungsgefühl und sein unternehmerischer Instinkt trogen ihn nicht. Die Gewinnbeteiligung bewährte sich nach Aussage seines Bruders, »solange er lebte, vorzüglich«.

Ein Jahr später konnte Otto die Fabrik erweitern. Mit dem Umzug in die Köpenicker Straße 113 stand ihm nun eine »große, von einer Galerie umzogene Halle« zur Verfügung sowie ein geheimnisvoller, abgeschlossener Raum. Dort, inmitten von Weidenruten, Baumwollstoff, Seilen und Knochenleim, sollte Otto Lilienthal, bespöttelt von seinen Arbeitern, die erste Flugzeugfabrik der Welt eröffnen.

8. KAPITEL

In die Neue Welt
»Dieses abgehetzte Europa ..., mit ihm habe ich gebrochen«

Als Gustav im September 1880 in Adelaide an Land ging, erwartete ihn eine der glücklichsten Phasen seines Lebens. Fünf Jahre lang arbeitete er in Australien an spannenden Projekten, verdiente so viel wie nie, verkehrte mit interessanten jungen Männern und erlebte seine erste Liebe. Dennoch verließ er am Ende Melbourne und kehrte nach Deutschland zurück.

Dabei hatte Australien ihn auf Anhieb begeistert. »Nie werde ich die Freude vergessen«, schreibt er in einem Artikel für den *Prometheus*, »die ich empfand, als ich mit einem guten Krimstecher bewaffnet die mit villenartigen Bauten übersäten Hügelreihen musterte, die, wie bei dem Vorort St. Kilda, bis an den Strand herabreichen. Den Eindruck von Sidney aber zu schildern, halte ich mich nicht für gewachsen.« Bereits die Hafenstadt Adelaide, einst Ankunftsort für die Sträflinge aus dem britischen Empire, war für den Architekten reizvoll. Die quadratisch angelegte Innenstadt, umgeben vom Torrens River, hatte man von vornherein als Geschäftsbezirk geplant, die Infrastruktur vorbildlich entwickelt. Die Vorstädte von Adelaide waren mit dem Zentrum durch Pferdebahnen verbunden, und 1856 hatte die südaustralische Regierung zwischen der Stadt und dem Hafen die erste Eisenbahnverbindung des britischen Empire gebaut.

Gustav und Marie gehörten zu den Tausenden von deutschen Einwanderern, die ab 1880 in einer neuerlichen Auswanderungswelle ihre Heimat verließen. Viele Ankömmlinge blieben in Adelaide, angezogen von dem warmen Klima und der Urbanität des Städtchens. Die deutsche Gemeinde war bereits so angewachsen, dass es ein deutsches Clubhaus und eine deutsche Zeitung gab, beste Voraussetzungen für die Geschwister, um schnell Kontakt zu finden. Dennoch hielt es Gustav schon bald für sinnvoll, weiter nach Melbourne zu ziehen.

Melbourne war von einer Lebendigkeit, der sich die Geschwister Lilienthal nicht entziehen konnten. Dreißig Jahre zuvor hatte hier der größte Goldrausch der Welt geherrscht und in nur wenigen Jahren zu einer immensen Stadtentwicklung geführt, die auch dann nicht aufhörte, als der Rausch längst verflogen war. Der Queen Victoria Market war damals der größte Markt der Welt, auf dem die Händler mittwochnachts sogar unter Gasbeleuchtung ihre Waren verkauften. Die neogotische St. Patrick's Cathedral galt als die größte Kirche Australiens. Zahlreiche Parks und Gärten umgaben die Innenstadt – darunter ein ganzer Stadtteil im Tudorstil, flache Dächer mit Türmchen und Zinnen – und trennten die Vororte voneinander.

Anfangs schlugen sich die Geschwister mit Gelegenheitsarbeiten durch. Hin und wieder gaben sie Konzerte und sangen englische und deutsche Lieder, Gustav an der Pedalharfe, Marie am Klavier. Außerdem zeichnete Gustav für Juweliere Schmuckentwürfe. Es fiel ihm nicht leicht, sich in der australischen Gesellschaft »richtig zu bewegen ..., da man doch bloß rechts und links anstößt«. Ihm fehlte Ottos einnehmendes Wesen, er war spröder und radikaler in der Ablehnung von Konventionen. Das hatte ihm schon in London das Leben versauert, und in der Kronkolonie dürfte es nicht anders gewesen sein. Am einfachsten empfand er es, wenn er sich »über den ganzen Zauber« hinwegsetzte und sein unkonventionelles Verhalten »à Konto Ausländer buchen« ließ. Dabei fühlte er sich allerdings wie ein Seemann, »dessen Schiff eine Klippe leicht gestreift hat«.

Dank seiner Empfehlungsschreiben bekam Gustav dennoch bald eine Stellung als Ingenieur bei der Eisenbahnverwaltung des Staates Viktoria, die an der Zentralisierung des Schienennetzes arbeitete, angeboten. Es war der bestbezahlte Job, den er je haben sollte. Sein Jahresgehalt betrug umgerechnet 9000 Mark. Entlassen werden konnte er nur »wegen grober dienstlicher Vergehen mit der Berechtigung auf eine Minimalzulage von 420 Mark jährlich oder mehr und mit dem Anrecht auf eine Auszahlung von einem Monatsgehalt für jedes Dienstjahr bei Abgang wegen Alter oder Unfähigkeit«. Dagegen nahmen sich die deutschen Verhältnisse »kümmerlich« aus. In Preußen verdiente ein Regierungsbeamter, rechnet man mit 300 Arbeitstagen im Jahr, 2400 Mark, also ein Drittel, aber auch nur, solange man tatsächlich an einem Projekt beteiligt war. Als Zeichner, sogar in größeren Ateliers, hatte Gustav nur »80 bis 90 Mark« monatlich zur Verfügung gehabt, pro Jahr also um die 1000 Mark. Insofern war das Melbourner Gehalt bestechend und machte Gustav sogar die Abhängigkeit einer Beamtenstellung schmackhaft.

Auch Marie fand schließlich eine Stelle als Lehrerin, obwohl sie eigentlich andere Pläne hatte. Zu Gustavs größter Überraschung hatte sie sich auf der *John Elder* mit einem elf Jahre älteren neuseeländischen Farmer verlobt. George Squire war zwar gleich in seine Heimat weitergefahren, hatte Marie aber das Versprechen abgenommen, auf ihn zu warten. Gustav fand das Ganze reichlich überstürzt. Andererseits war es für seine inzwischen 24-jährige Schwester durchaus an der Zeit zu heiraten. Aber musste es ausgerechnet ein Landmann aus Neuseeland sein? Wäre es nicht sinnvoller, in Melbourne nach einem vielseitig interessierten Mann zu suchen, mit dem sie in seiner, Gustavs, Nähe wohnen konnte? Inständig hoffte er, dass Marie es sich noch einmal überlegte.

Erst einmal kauften sich die Geschwister ein kleines Haus in dem Vorort Elstermarik, rund acht Kilometer von Melbourne entfernt. Es hatte vier Zimmer und war schlicht, aber romantisch. Durch die kleinen Rautenscheiben der Fenster konnten sie im Frühjahr des Nachbars Mandelbaum blühen sehen. »Was kümmerten uns da die weiß getünchten Wände unseres Speisezimmers, das auch gleich

Küche war. Konnte man sich doch bequem auf den kräftigen Naturholzstühlen hintenüberwiegen und den Sonntagnachmittag Kaffee, für den ich am Sonnabend speziell etwas Schnuckliges aus der Stadt mitgebracht hatte, bis in die Dämmerstunde verplauschen.«

Das »kleine Häuschen« war bald Treffpunkt zahlreicher junger Männer und Frauen. Marie freundete sich besonders mit den Schwestern Mary und Selina Hooper an, die einen Club für die Beschäftigung mit deutscher Literatur gegründet hatten. Gustav hingegen diskutierte mit seinen neuen Freunden über Sozialismus und neueste naturwissenschaftliche Erkenntnisse, wie Charles Darwins Abstammungslehre.

Einige junge Männer ihres neuen Freundeskreises machten bald Karriere: William Irvine, der Premierminister des Staates Viktoria wurde, Alfred Deakin, der um 1900 entscheidend an der Gründung des Australischen Staatenbundes mitwirkte, oder der Ingenieur und Wissenschaftler John Monash, später Generaldirektor der Elektrizitäts-Kommission von Viktoria, in dessen jüdischer Familie Gustav und Marie besonders oft musizierten. Unter diesen Freunden und Gleichgesinnten fühlte sich Gustav ausgesprochen wohl. Hier konnte er sich losmachen von seiner »eingelebten Molltonart«, die ihn von Ottos Dur-Fröhlichkeit stets unterschieden hatte. Selina Hooper, die eng mit den Lilienthals befreundet war, erinnerte sich später, Gustav habe »immer Leben« in ihre Partys gebracht, »ob bei uns oder bei ihm zu Hause. Immer mussten wir irgendetwas tun, tanzen oder singen, trinken und essen, und einmal ließ er uns sogar Seilhüpfen! ... Gustav Lilienthal hatte ein Fahrrad mit einem riesigen Vorder- und einem etwas kleineren Hinterrad und noch eins, mit dem ich und seine Schwester oft fuhren. Als ich einmal stürzte, rieten mir meine besorgten Schwestern, nicht wieder aufzusteigen. Doch G. L. war dagegen. ›Andererseits würde sie nie wieder Lust haben, Fahrrad zu fahren.‹ Er war ein Mensch, der sich für alle Gebiete des Lebens und für jeden Menschen interessierte ... Unter uns allen war er der fröhlichste und energievollste.«

Entwurf für ein Rathaus in Brisbane, Queensland

Als Baumeister im britischen Staatsdienst lernte Gustav bald ganz Australien kennen. Er entwarf ein Rathaus für Brisbane, der Hauptstadt von Queensland, das zwar einen Preis gewann, jedoch nicht realisiert wurde. Und er konstruierte einige Eisenbahnbrücken, darunter eine in der Nähe des Zentrums von Melbourne. Später arbeitete er beim Bau der Bahnlinien von Viktoria mit, insbesondere bei der Fertigstellung der Strecke zwischen Melbourne und Sydney, die in etwa der Entfernung Berlin–Paris entspricht. Stolz schreibt er später, dass »unsere Bahnen in Viktoria mit Erfolg gegen deutsche und französische in Bezug auf Solidität und praktischer Berücksichtigung der Bedürfnisse des Publikums konkurrieren können. Es ist doch ein ganz ander Ding, wo Kultur von vorneherein in ein Land unter Benutzung moderner Erfindungen hineingetragen wird oder wo diese Erfindungen wie ein neues Reis auf eine alte Kultur aufgepfropft werden.« Für ein Land so groß wie Preußen und mit so vielen Einwohnern, wie Berlin habe, seien »600 Meilen Eisen-

Wohnhaus in Melbourne

bahnnetz« vorhanden. Alles dränge sich um diese »Lebensadern des Landes«. »Freundliche, saubere Orte entstehen an den Knotenpunkten, und an jeder Station erkennt man eine werdende Stadt.«

Wie rückständig waren für Gustav dagegen die Verkehrsverhältnisse in Preußen. »Viele Meilen weit ist nicht ein Haus sichtbar, man weiß gar nicht, von wem eigentlich das Land bestellt wird. Selbst an den Stationen verrät nur ein Omnibus, dass irgendwo im Hintergrund ein Absteigequartier ist. Krummlinig schlängeln sich die ›Wege‹ ... von einem Dorf zum andern ... Ich komme immer wieder darauf, dass die grade Linie wahrscheinlich auch erst eine Erfindung der Neuzeit ist.«

Als Gustav Assistent einer Kommission wurde, die die Aufgabe hatte, verwertbare Hölzer für den Eisenbahnschwellenbau zu untersuchen, lernte er auch die immensen Ausmaße der australischen Wälder kennen, mit Bäumen von bis zu sieben Metern Durchmesser an der Wurzel. Verheerende Brände und unsachgemäße Forstwirtschaft fügten dem Forst damals jedoch irreparablen Schaden zu. Als Gustav längere Zeit im Buschland lebte, bot sich ihm manchmal »bei Nacht ein schauerlich schönes Bild«: »Geisterhaft recken die knorrigen geschwärzten Bäume ihre glimmenden Äste in die dunkle Nacht hinaus.« So wie ihn auf der Überfahrt das »vom Sturm gepeitschte Meer« begeistert hatte, überwältigte ihn nun der »rauschende Urwald«; beide allein genügen seiner Ansicht nach, »den Menschen zum Menschen zu machen«.

Die Großstadt Melbourne hingegen trug für ihn den »Charakter der neuen Zeit«. Dort spiegelte »der Sinn für das Praktische« am ehesten den »Nationalcharakter des jugendlichen Landes«. Anders als Berlin, wo in fünfstöckigen Häusern eng gedrängt anderthalb Millionen Menschen wohnten, lebten dort auf demselben Raum nur 400 000, obwohl die Bodenpreise ähnlich hoch waren. Manch ein Matrose, dem in den 1850er Jahren einmal eine Besitzurkunde für ein Stück Melbourner Land auf einer Auktion zugeschlagen wurde, schreibt Gustav später in einem Artikel für den *Prometheus*, sah sich, als er sein Land schließlich in Augenschein nahm, plötzlich reich: »ein prächtiges Bankgebäude« war darauf gebaut worden, »und alles, was darin nicht niet- und nagelfest, sein Besitztum«.

Die Innenstadt gehörte vor allem den Warenhäusern, Banken und der Verwaltung. Dort wohnten die Reichen, Ärzte und Geschäftsleute, deren Läden von früh bis spät geöffnet waren. Ihre Häuser unterschieden sich dennoch sehr von den Berliner Mietskasernen. Jeder Mieter hatte gleichsam ein Haus für sich mit besonderem Eingang. Gustav verkehrte in solchen mit acht Zimmern, bei deren Inneneinrichtung man – ganz anders als in Deutschland – auf jeden Pomp und Kitsch verzichtete. Die meisten Menschen lebten in den inneren Vororten, die durch Seilbahnen mit unterirdischer Kabelleitung mit dem Zentrum verbunden und sogar schon an die städtische Wasserversorgung angeschlossen waren. Gustav interessierten besonders die Häuser in den Wohngebieten der Arbeiter: Reihenhäuser mit »unvergleichlich mehr Comfort und Behaglichkeit«, die er sich in Berlin statt der Mietskasernen gerade für junge Paare vorstellen könnte – »aus Stube und Küche bestehend, ... mit etwas Garten, Hofraum und einem kleinen Schuppen ... sowie Raum für Brennmaterial«. Selbst der Luxus einer Innentoilette und eines Bades – wenn auch nur von der Größe eines Quadratmeters, aber mit einer Dusche, Zementfußboden und Holzrost – fehlte nicht. Das Ganze für umgerechnet 200 Mark Miete im Jahr. Es war für die Arbeiter sogar durchaus möglich, diese Häuser zu kaufen, mit einer Anzahlung von 100 Mark und wöchentlichen oder monatlichen Teilzahlungen an die Baugesellschaft. All das müsste auch für Deutschland möglich sein, hoffte Gustav, indem er seine Erfahrungen im *Prometheus* wiedergab.

Je mehr sich Gustav in Melbourne einlebte, desto kritischer sah er auf »Old Europe«: »In dieser alten Welt sich selber eine neue Welt schaffen, das, glaube ich, ist die beste Lösung. Viele Vorurteile abstreifen: gesteigerte Ansprüche in mancher und verminderte Bedürfnisse in vieler Beziehung. Dieses abgehetzte Europa, das seine Bedürfnisse so vermehrt hat, dass ihm keine Zeit bleibt, sich wohl zu fühlen, mit ihm habe ich gebrochen.« Die Kolonien seien keineswegs eine Kopie des Mutterlandes. »Man hat sich schön gehütet, den altmodischen Kram der englischen Verfassung glattweg zu adoptieren und die Erfolge, welche man damit erzielte, sind nicht ohne Wirkung auf das Mutterland geblieben.«

Dieses »abgehetzte Europa« wollte er vorerst nicht wiedersehen. Das Leben auf dem fünften Kontinent entsprach mittlerweile weit eher seinem Lebensgefühl, seinem Verständnis von Freiheit und Unangepasstheit.

Als aber Ende 1884 Marie den Bruder schließlich doch in Richtung Neuseeland verließ, war er sich dessen nicht mehr so sicher. Die

Schwester hatte den Werbungen George Squires nachgegeben und sich nach vier Jahren endgültig zur Heirat entschlossen – ohne ihren Verlobten zuvor wiedergesehen zu haben. Gustav hegte schwere Bedenken, ob Marie damit die richtige Entscheidung getroffen hatte. Vor allem drängte er sie, sich wirtschaftlich nicht vollkommen von ihrem Mann und dessen gepachteter Farm abhängig zu machen – und er schickte ihr das Klavier hinterher.

Anfangs gab Marie tatsächlich einige Klavier- und Liederabende und sandte stolz Besprechungen nach Berlin. Die Fahrt im offenen Wagen von ihrer Farm in die Stadt war jedoch weit, mit einer Übernachtung verbunden und im Winter regelrecht gefährlich. Als ein Kind nach dem anderen kam, gab sie diesen Nebenverdienst auf und wurde ganz Farmersfrau und Mutter, »praktisch und arbeitsam«. Abgeschnitten von jeglichen kulturellen Aktivitäten, musste sie ihren Traum, »eine vollkommene Dame der Gesellschaft zu werden«, wie sie ihrem Mann ein Jahr vor der Ehe schrieb, unter der Last der täglichen Arbeit begraben.

Otto konnte sich die Schwester »in diesem schwach civilisierten Lande kaum vorstellen«. Im Juni 1885 versuchte er sie in einem Brief über ihrer beider Trennung hinwegzutrösten: »Es werden sich jedenfalls Mittel und Wege finden lassen, dieselbe sehr abzukürzen; was an mir liegt, werde ich nicht versäumen.« Er hoffte sehr, dass Marie mit ihrer Familie eines Tages nach Deutschland zurückkehren würde. Finanziell machbar schien es ihm jedenfalls, so dass »sie getrost der Zukunft ins Auge schauen« könnten. Bis dahin sollte sie mit George, was die Farm betraf, keine Risiken eingehen. »Ich möchte raten«, schreibt er im selben Brief, »fangt nicht zu groß an, sondern klein, aber sicher, damit Ihr nicht viel aufs Spiel setzt. Mir kommt die Landwirtschaft im Großen immer wie ein Hasardspiel vor, wovon unsere Familie das beste Beispiel gibt.« Otto war sich sogar sicher, dass sie bald einmal in Deutschland wohnen würden. Und für diesen Fall sollte Marie ihrem Mann schon jetzt Deutsch beibringen. »Du würdest mir einen großen

Gefallen tun; es kann ja spielend geschehen, besonders in der ersten Zeit der Ehe.«

Zufall und Willkür, Naturkatastrophen und Betrug machten den Squires in den ersten Jahren zu schaffen. Die Schafpreise sanken dramatisch wie nie zuvor. Nur unter größten Mühen, dank ökonomischer Kreativität und enormer Sparsamkeit, hielt sich die Familie über Wasser. Zwei Jahre später hatten sie die Krise überstanden und kauften ihr bisher gepachtetes Land. Marie opferte dafür ihre letzten Ersparnisse.

Doch das Glück stellte sich damit nicht ein, jedenfalls nicht für Marie, die ihre Ehe immer mehr »als Sklaverei« empfand. Acht Kinder, darunter Zwillinge, raubten ihr neben der Arbeit als Farmersfrau die letzte Kraft. George wiederum sah ihre Not nicht. Er »wünschte sich eine reiche Kinderschar, um sich im Alter das Leben zu erleichtern«. Was Marie zu leisten hatte, war ein »Mammutwerk«, schreibt eine der Squire-Töchter in ihren Lebenserinnerungen. »Neben dem Kochen, Waschen und Plätten das Buttern, Brotbacken, Kerzenziehen, Kleidernähen und Messerschleifen. Dazwischen zu Pferde das Eintreiben der Schafe und die Suche nach entlaufenen Kühen.« Die Kinder gingen kaum zur Schule, da diese 15 Kilometer entfernt lag, und so versuchte Marie ab und zu eine Stunde zu erübrigen, um ihnen auch noch Lesen, Schreiben und Rechnen beizubringen, vorzulesen oder gemeinsam mit ihnen englische und deutsche Lieder zu singen. Und sie war schon zufrieden, wenn sie dann und wann auf dem alten Klavier eine Beethoven-Sonate spielen konnte, obgleich sie keine vornehmen Zuhörer wie einst in Melbourne hatte.

Besuch kam so gut wie nie. »Die einzigen Menschen waren herumstreunende Pärchen, die sich verteufelt rächen können, wenn man sie nicht gut beköstigt«, und »ein paar rauhe Burschen, die reichlich Schnaps brauchen«. Das war Maries Leben nach den kulturell so anregenden Jahren in Berlin und Melbourne. Zu Briefen nach Deutschland reichte ihre Kraft kaum noch. »Entschuldige mein Gekritzel«, schreibt sie einmal an Otto, »denn mir fallen vor Müdigkeit die Augen zu. Ich bekomme selten genug Schlaf, da meine Zwillinge die ganze Nacht saugen.« Wenig später starb ein Zwilling durch ihr Verschulden an Verbrühungen. Hochschwanger musste sie hilflos, da kein Arzt zu erreichen war, dem qualvollen Todeskampf zusehen.

Gustav vermisste Marie sehr. Sie hatte ihm nicht nur den Haushalt geführt, sie hatten einander vertraut und verstanden, waren sich ein Stück Heimat gewesen. Nun war das kleine Haus zu groß für ihn allein geworden. Nachdem er es verkauft hatte und in eine Pension gezogen war, was ihm bald wenig behagte, wusste er plötzlich nicht mehr recht, wohin mit sich. Eine Frau – das Glück, »vor dem alle übrigen Bedingungen des Lebens in den Hintergrund treten« – hatte er noch nicht gefunden. Um »die Zeit zu töten« und den englischen Männern in Leibrock und Binde zu zeigen, wie man um Frauen wirbt, malte er Karten und verschickte sie an junge Damen, die er kannte. Er war 36, vielleicht fand er auf diese Weise die passende Frau? Immerhin war er eine aussichtsreiche Partie. Er hatte eine Stelle im Staatsdienst, einige Ersparnisse auf dem Konto, war lebenslustig und sah gut aus. Unter den in Frage kommenden Frauen war er durchaus begehrt. Doch Mary Hooper, »seine erste Liebe«, war zu alt für ihn. »Wäre sie zwanzig Jahre jünger« gewesen, schreibt Selina, hätte er sie genommen. Und »Lilie« Rita Adderley aus seinem »Club«, in die er sich so »heftig« wie »hoffnungslos« verliebt hatte und in deren Familie er gern verkehrte, heiratete schließlich einen anderen.

In jener Krisenstimmung überlegte Gustav, ob er für ein Jahr Urlaub nehmen und nach Deutschland zurückkehren sollte. Auch Otto fehlte ihm mehr denn je. Tausende Kilometer voneinander entfernt, erfuhren sie nur noch mit wochenlanger Verspätung voneinander. An intensiven Gedankenaustausch, immer einen Schritt schneller zu sein als der Bruder, das Spiel, die Lösung vor dem anderen zu finden, war da nicht zu denken.

Otto seinerseits vermisste den Bruder, sein »zweites Ich«. Seit ihrer Kindheit waren sie ein unzertrennliches Paar gewesen, hatte es kein Projekt gegeben, das sie nicht gemeinsam durchdacht hätten. Er konnte sich Gustav nicht wirklich als Beamten auf Lebenszeit vorstellen und hoffte darauf, sie könnten sich wieder gemeinsam mit »allerhand Erfindungen beschäftigen ..., so namentlich auch mit dem Fliegen«, oder mit einer abgewandelten Variante der mittlerweile in vielen Ländern berühmten Anker-Bausteine, mit der Gustav sich selbstständig machen könnte. Auch wenn es dem Bruder »eine Schlacht sein« sollte, »von alten Liebsten schweren Abschied zu nehmen«, er, Otto, wollte alles tun, um Gustav wieder zurückzuholen, und ihn »kräftig unterstützen«. Da sein Geschäft gut lief, war er sicher, dass es Gustav in Berlin »nicht schlecht gehen« würde. Abgesehen davon lag Otto daran, den Bruder in Deutschland »unter die Haube« zu bringen. Er hatte bereits seine Fühler ausgestreckt, ob sich nicht ein Mädchen in der entfernteren Verwandtschaft fände. Heiraten sei »nun einmal die Bestimmung des Menschen«. Und er legte auch Marie wiederholt ans Herz, mit ihrem Mann doch bald nach Europa zurückzukehren.

Gustav ließ sich nicht lange bitten. Im Mai 1885 beantragte er einen einjährigen Urlaub. Er wollte sich über seine Zukunft Klarheit verschaffen. »My dear boy«, sagte ihm ein Engländer auf dem Schiff, »if you would have met Miss ›Right‹ you would not have left Melbourne!« War das ein Omen?

Kaum dass Gustav in Berlin war, traf er auf die Frau seines Lebens. Gustavs Cousine Therese hatte ihn – wohl nicht ganz ohne Absicht – mit Anna Rothe, der Tochter eines Berliner Arztes, bekannt gemacht. Sie besaß genau die Eigenschaften, die er sich von einer Lebenspartnerin wünschte: Sie war unkonventionell, hatte einen äußerst wachen, kritischen Verstand und »ein wildes Herz«.

Anna, die von Therese schon viel über den Bruder des »sonderbaren« Otto Lilienthals gehört hatte, erkannte sofort, dass Gustav

Anna Rothe, um 1887

ebenfalls kein gewöhnlicher Mann war. Er gehöre zu den seltenen Männern, schreibt sie an eine Verwandte, »die nie die Wirkung ihrer Werte und ihres Tuns berechnen«. Die behütete Tochter aus gutem Hause beeindruckte, dass die Brüder sich mittellos hatten »redlich durchkämpfen müssen«, außerdem Gustavs Geschmack, sein »scharfes Auge für Unpraktisches und Unschönes«, und die Tatsache, dass er malte und musizierte, »fürchterlich fleißig und gesund durch und durch« war. Letzteres war ihr nicht unwichtig, denn sie war früher »bleichsüchtig gewesen« und hatte sich erst durch eine gesunde Lebensweise und viel Bewegung an der frischen Luft selbst geheilt.

Im Winter, beim Schlittschuhlaufen, sahen sich Gustav und Anna fast täglich, und an Neujahr 1886 gab er ihr »Veranlassung, in ihm etwas mehr als einen gewöhnlichen Bekannten zu sehen«. Sie hatten sich füreinander entschieden. Das Einverständnis von Vater Rothe, der ein »tollkühner Arzt« war, mit seinem Hund französisch sprach und der zu sagen pflegte: »Die Angst ist der beste Bazillenträger«, stand jedoch in den Sternen. Das hatte Gründe. Im Herbst 1885 hatte Friedrich Richter gegen Gustav geklagt. Anlass: die erneute, nach dessen Ansicht illegale Herstellung der Bausteine. Frühsommer 1886 wurde Gustav von einem Handelsgericht zu einer Konventionalstrafe über 10 000 Mark und weiteren 1000 Mark Gerichtskosten verurteilt.

Da in Deutschland Mitte der achtziger Jahre die Baubranche am Boden lag, hatte sich Gustav mit der Produktion einer neuen Variante ihrer Bausteine selbstständig gemacht. Über Ottos Werkstatt hatte er eine Halle angemietet und den Bruder im Juli 1885 beauftragt, Maschinen und Vorrichtungen nach speziellen Angaben anzufertigen. Er hatte Großes vor, denn Richters Erfolg zeigte, welches kommerzielle Potenzial in den Steinen steckte. Um die problematische Klausel in ihrem Vertrag mit Richter, die ihnen die Herstellung ähnlicher Steine verbot, zu umgehen, benutzte Gustav eine andere Masse. Er hatte sie in monatelanger Arbeit bereits in Melbourne kreiert und sofort nach seiner Rückkehr in Berlin für das In- und Ausland entsprechende Patente angemeldet.

Auf der Leipziger Frühjahrsmesse war er dann erstmals erfolgreich als Steinfabrikant aufgetreten, denn das Verfahren war »besser und billiger«. Schon nach kurzer Zeit entwickelte sich »ein blühendes Geschäft«, was Richter selbstverständlich nicht verborgen blieb und eine Konkurrenz für ihn darstellte, die er sich so schnell wie möglich vom Halse schaffen wollte. Er klagte auf Vertragsbruch und erhielt Recht, just zu dem Zeitpunkt, als Otto die Maschinen fertig gestellt hatte und die Großproduktion beginnen sollte.

Gustav dachte aber gar nicht daran, die Konventionalstrafe zu zahlen. Er konnte es auch gar nicht, da er mit den Maschinen bei Otto mit über 25 000 Mark verschuldet war. Ein »Abkommen« vom 9. Juni 1886 bezeichnet Gustav – notariell beglaubigt – als Schuldner seines Bruders. »Otto Lilienthal überlässt die genannten Gegenstände seinem Bruder Gustav zur Benutzung, während dieselben vorläufig Eigenthum des Ersteren bleiben, jedoch ist Gustav Lilienthal verpflichtet, bis zum Juli 1891 dieselben käuflich zu erwerben.«

Nun aber sollten die Maschinen gepfändet und auch das persönliche Vermögen Gustavs »mit Arrest« belegt werden. Was die Fabrik betraf, hatten die Brüder vorgesorgt und einen Großteil der Maschinen sowie alle Patente rechtzeitig zum Schein an den Freund Fritz Voss verkauft. Der führte als Strohmann daraufhin in der Alexanderstraße 26 die Fabrik weiter, mit einem anderen Freund der Lilienthals, Magnus Thorén, als Werkleiter.

Mehrere Kisten mit Maschinenteilen bewahrten sie vor der Pfändung, indem ihnen ein glücklicher Zufall zustatten kam. Otto hatte seine Fabrikmiete nicht rechtzeitig gezahlt, so dass der Vermieter einige wertvolle Maschinenteile mit Beschlag belegte. Doch auch das war Teil ihres Plans, denn bei der Zwangsversteigerung kauften Voss und Thorén sie auf. So blieben zur Versiegelung für das Gericht nur solche Maschinen stehen, die zwar »höchst originell« aussahen, die sie aber »selbst nicht für brauchbar« hielten. Richter würde vergeblich hoffen, »er habe die goldenen Eier der Gans gefunden«.

Es war eine perfekte Inszenierung, die Richter tatsächlich für einige Zeit ruhig stellte. Selbstbewusst ging Gustav nun gegen Richters Patent in Vorteilsrevision und drohte mit einer Nichtigkeitsklage. Er hoffte auf eine gütliche Einigung mit dem Thüringer Fabrikanten, indem sie sich den Markt teilten und die Konkurrenz potenzieller anderer Steinhersteller ausschalteten.

Doch in Wahrheit war Gustav ruiniert. Da halfen ihm auch seine nach einiger Zeit eintreffenden Melbourner Ersparnisse nicht. Und diese Tatsache wurde ihm nun bei seiner Werbung um Anna Rothe zum Verhängnis. Ihr Vater konnte seine Tochter unmöglich einem mittellosen, scheinbar windigen Weltenbummler zur Frau geben, der obendrein vorhatte, die zukünftige Familie mit Erfindungen zu ernähren. Diese Ehe sei »ein Lotteriespiel«. Außerdem wollte er schon aus praktischen Erwägungen ungern auf die Tochter verzichten, die ihm und seiner anderen, schwer depressiven Tochter seit dem Tod der Mutter den Haushalt führte.

Anna wiederum liebte Gustav. Ihr Leben hatte, seit sie Gustav kannte, eine unverhofft positive und spannende Perspektive erhalten. »Vergebens besinne ich mich auf die Zeit, in der ich Dich noch nicht kannte«, gesteht sie ihm. »Lebte ich denn früher schon?« Sie glaubte an seine Fähigkeiten und an ein unkonventionelles, interessantes Leben an seiner Seite. Mit 27 Jahren war sie im besten Heiratsalter. »Man hat in dieser Zeit nur eine Wahl: Entweder sie geht über uns fort und lässt uns einsam zurück, oder wir müssen uns ihrem Fluge anschließen, ... wohl ihnen, wenn sie das Glück haben, sich im Heim eine Welt des Schaffens zu gründen.«

Gustavs Erfindergeist faszinierte sie, sein enormer Schaffensdrang, von dem man »10 Menschen« hätte »speisen« können. Anna, deren »leicht vibrierendes Nervensystem« sie »für jeden Missklang, jeden unzarten Ton« empfindlich machte, fürchtete jedoch andererseits, Gustav womöglich nicht gewachsen zu sein. »Und ich bin zwar ... eine gesunde und zähe Natur, aber keine robuste, wie ich es körperlich von Marie und geistig von Agnes glaube.« Gustav würde oft Schonung anwenden müssen, wenn er auf die Energie seiner Frau zu hoffen glaubte.

Gustav kümmerte das wenig: »Ich weiß, es wird später doch manches anders kommen, als wir es uns jetzt vorstellen können. Die Ehe ist eine Festung, in der sich alle auf Gnade oder Ungnade ergeben müssen, die in ihr erobert werden ... Dass vom Recht der Gnade gegenseitig umfassende Anwendung gemacht wird, ist natürlich, denn die Ehe ist kein Strafgericht. Ist schon die Liebe blind, dann ist die Ehe stockblind, denn sie ist das Produkt aus Liebe mit Liebe multipliziert ›das Vielfache‹. Nur wo sie das nicht ist, da wird sie hell sehend für die kleinsten Fehler u. Schnitzer.« Das sah Anna allerdings ganz anders. Sie machte die Liebe »hellsehend«. »Wenn also Deine Liebe blind sein sollte, so wäre das für mich ja ein großer Vorteil, aber rechne nicht darauf, dass die meine auch so ein Invalide ist, der nicht sehen kann.«

Anna wusste, dass sie für Gustav keine »brave deutsche Hausfrau« sein musste, die nach dem Grundsatz lebte, »die beste Frau ist die, von der man nicht spricht«. Sie war klug, literarisch gebildet, mathematisch begabt und selbstbewusst, aber kein »Blaustrumpf«, wie Gustav schon befürchtet hatte. Anna, der das Wort bislang unbekannt war, hatte die Bedeutung daraufhin in *Meyers Konversationslexikon* nachgelesen: »Frauen, die Gelehrsamkeit pedantisch zur Schau tragen«. Nein, das war sie nicht, auch wenn sie Gustav oft mit ihrer Kritik an seiner miserablen Orthographie und Grammatik quälte. Dass »Frauen bei gleicher Schulung gleiche geistige Arbeit verrichten können wie die Männer«, war für Gustav selbstverständlich. Doch sollte die Konzentration auf den Beruf nicht auch bei ihr zu jener Einseitigkeit führen, zu der Männer gewöhnlich verurteilt seien, wenn sie sich dem Gelderwerb widmen müssten.

Gustav dankte der Vorsehung, dass er auf Anna erst »in reiferen Jahren« getroffen war. »Mit 25 Jahren hätte ich mich sicher in jemand anders verliebt, als wie Du jetzt bist.« Er liebte ihren Mut und ihre Willenskraft, ständig an sich zu arbeiten, und ihre Abneigung »vor unästhetischen Sachen, Tun, auch Klang«, die ihn mit ihr verband. »Du hast im Wesen so vieles, was an unsere Mutter erinnert.« Sie würden eine ganz besondere Beziehung haben, die auf Gleichberechtigung und absoluter Offenheit beruht, in der viel Raum füreinander bleibt.

Bereits im ersten Brief an sie, als er Anna noch siezt, heißt es: »Uns verbindet der Geist, nicht die Form.« Sie müssten sich nur »von dem ganzen Ballast, den das Repräsentieren nach außen mit sich bringt, frei halten«, dann würde ihnen die Zeit und Ruhe für geistige Genüsse bleiben. Es wäre »ein frisches frohes, ein natürliches Leben«, wie er »es im sonnigen Süden kennen gelernt« habe. »Frei von allem Zopf und Großtuerei, wie es so armen Leuten, wie wir sind, zukommt.«

Solange aber Gustav finanziell nicht auf sicheren Füßen stand, gab Vater Rothe seine Tochter sicher nicht frei. Würde ihre Liebe dem standhalten?

Als Gustavs einjähriger Europa-Urlaub ablief, kündigte er seine gut bezahlte Stellung in Melbourne. Hätte er mit Anna dort leben können? Manches wäre für sie vermutlich einfacher gewesen. »Die Forderung ist nicht an mich herangetreten«, schreibt Anna in ihren Erinnerungen, »... aber ich wusste es damals schon, dass mein Wille genügt hätte, Gustav zu lösen aus den unerquicklichen Verhältnissen, die schwer und schwerer auf ihm lasteten und selbst den starken Mut eines Lilienthal zu brechen drohten.« Doch für Anna war Australien so fern wie fremd. Mit ihrem Mann auszuwandern, war schon ihrem Vater zuliebe unvorstellbar, denn sie würde ihn und die schwermütige Lisa, »die beiden Skeptiker, die beiden Weltverächter«, zurücklassen müssen. Umso mehr hoffte sie auf einen glücklichen Ausgang des Prozesses gegen Richter.

Australien war für Gustav damit Geschichte. Bald erinnerten nur noch Muscheln, Fotografien, Bogen und Pfeile und ein ausgestopfter Albatros an jene bunte, aufregende Zeit, von der er sein Leben lang gern erzählte – »als eine Art von verlorenem Glück, eine träumerische Spekulation, die sein eigenes Land ihm nicht erfüllte«.

Während der Prozess mit Richter in die zweite Instanz ging, trat Gustav die Flucht nach vorn an. Anfang August 1886 ließ er sich in Paris nieder. Dank seines französischen Patents hatte er vor, die Steine nun zusammen mit seinem Freund Dittmar in Frankreich zu vertreiben. Den Gewinn wollten sie sich teilen. Dittmar hatte eine Werkstatt in Belleville am Quai de Jemmapes gemietet, »dem eigentlichen Revolutionsviertel« der Stadt, in dem Gustav gern einmal »so einen kleinen Krawall« mit angesehen hätte. Um Geld zu sparen, das Gustav ohnehin kaum hatte, wohnte er bei Dittmar in der Rue Faubourg St. Denis Nr. 39, ganz in der Nähe der großen Boulevards. Zur Werkstatt musste er nur zehn Minuten laufen. Bald suchte er sich ein anderes Quartier, da bei Dittmar der Haussegen wegen einiger Liebesaffären schief hing und Gustav außerdem die »vielen kleinen schwarzen Tierchen« störten. Da zog er denn doch lieber für 25 Francs in »ein ganz kleines Stübchen« in der Rue de Lancry, Ecke Rue de Chateau d'Eau – auch wenn dort gerade ein »grausiger Mord und Selbstmord stattgefunden« hatten, dessen Details er Anna allerdings erspart.

Anna und Gustav schrieben sich heimlich. Vater Rothe durfte nichts davon erfahren. Jede Woche ging ein mindestens fünf Seiten langer Brief an den anderen. Anna holte die Briefe postlagernd in einem kleinen Postbüro in der Köpenicker Straße ab, »wo nicht allzu viel Verkehr« herrschte und sie »nicht bekannt« war. »Du glaubst nicht, wie unangenehm das ... für uns Mädchen ist.« Nicht nur, dass dieser Gang etwas Kompromittierendes hatte – gewöhnlich traf man hier untreue Ehemänner und -frauen. Sie hatte auch Angst, dass Gustav sich von ihr abwenden könnte. »Es fehlt mir nicht an Vertrauen zu Dir. Aber das Selbstvertrauen, das ich in den meisten anderen Fällen zu mir habe, lässt mich in dem Verhältnis, in dem ich zu Dir stehe, leichter im Stich.« Anna war klar: Falls die Beziehung scheiterte, wäre sie in den Augen der Gesellschaft entehrt. Auch Gustav kränkte das »gegenseitige Versteckspielen«, das ihm wie eine Farce vorkam, doch vorerst blieb den beiden keine andere Wahl.

Otto, dem Anna in der Köpenicker Straße hin und wieder begegnete, erbarmte sich nach einer Weile der heimlich Liebenden und spielte schließlich selbst den Boten. Auf diese Weise verkehrte Anna häufig in der Fabrik. Dabei konnte sie sich auch aus Ottos Sicht, die nicht immer identisch war mit der Gustavs, ein Urteil über den Stand der Dinge in der Bausteingeschichte bilden. Annas nüchterner Verstand erwies sich dabei als gutes Korrektiv gegenüber Gustavs verbissenem Optimismus, der ihn oft leichtsinnig werden oder Fallstricke übersehen ließ. Vor allem warnt sie Gustav vor Dittmar, der vielleicht zwar als Freund taugte, aber unzuverlässig sei und wenig Geschäftssinn zu haben schien.

Die Angst, dass die Ehepläne scheitern könnten, trieb Gustav fast fieberhaft vorwärts. In den ersten Pariser Monaten gab es noch allen Grund zu Hoffnung. Die Steine gefielen den »phantasiereichen Franzosen«, und sie bestellten reichlich. Obwohl sich Gustav den Gewinn teilen musste, war es immer noch mehr, als er in Berlin verdient hätte. Das ermutigte ihn, die Steine nicht nur in Paris zu verkaufen, sondern dort auch zu produzieren. Bisher hatte er sich außer um den Vertrieb nur um die Entwicklung neuer Steinmassen gekümmert. Jetzt wollte er den großen Wurf wagen, und so ließ er sich Ottos Steinpresse aus Berlin kommen.

Doch das Unglück blieb Gustav auch in Frankreich auf den Fersen. Genau an dem Tag, als die neuen Arbeiter angelernt werden sollten, brannte die Fabrik ab. Gustav stand vor einem rauchenden Trümmerhaufen. »Niemand war versichert, selbst der Eigentümer nicht«, berichtete er am 21. September 1886 verzweifelt an Anna. »Wir hatten die Versicherung bei mehreren Gesellschaften beantragt, aber wegen der gefährlichen Nachbarschaft wollte uns niemand aufnehmen ... Es ist wie ein böser Dämon, der in diesem Geschäft sein Wesen treibt.« Gustavs Glück war, dass das Feuer nicht die Stempel, Vorlagen und Steine vernichtet hatte, die zufällig in Dittmars Büro lagerten. »Der Verlust wäre sonst 3000 Mark größer« gewesen.

Die Katastrophe bedeutete nicht nur einen großen finanziellen Einbruch. Gustav musste ganz von vorn anfangen. Die ursprünglich geplanten zwei Monate in Paris würden sich auf unbestimmte Zeit verlängern. Würde Anna das durchhalten? Würde sie weiterhin Vertrauen in einen Mann haben, der auf dem Feld der Selbstständigkeit augenscheinlich nichts zustande brachte? »Ich bin mein Leben lang nicht auf sehr glatten Pfaden gewandelt«, beruhigte Anna ihn nach der Hiobsbotschaft, »und wird mir der an Deiner Seite nie rauh erscheinen, wo er auch sei.« Sie störte sich nicht einmal daran, dass er ihr nichts zum Geburtstag schenken konnte, obwohl sie – anders als die Lilienthals – sehr wohl Wert auf diesen Festtag legte. »Mit dem schweren Eingeständnis: ›ich kann nicht‹ machst Du mir ein größeres Geschenk, als es ein Millionär hätte tun können.«

Gustav war ihr dankbar dafür und warf sich mit umso größerem Enthusiasmus in das anlaufende Weihnachtsgeschäft. Diesmal schien es zu klappen. Nachdem er Modelle mehrerer berühmter Pariser Bauwerke in seinem kleinen, schmalen Laden in der Avenue l'Opera 37 aufgestellt hatte, liefen Bestellungen über Bestellungen ein. Doch er wartete vergebens auf die Steine aus Berlin. Zuerst kam Thorén mit der Produktion nicht nach, und dann, als Otto endlich eine neue Presse aufgestellt hatte, gab es Probleme mit der Steinmasse, die wegen schlechter Zutaten zerbröselte. So fiel Gustavs Paris-Geschäft wieder in sich zusammen, noch ehe es richtig begonnen hatte.

Höchst verärgert bestand Gustav nun darauf, die Produktion wieder in Paris aufzunehmen und die neue Presse nach Paris zu holen. Er wollte damit nicht nur Transportkosten sparen, sondern auch die gestiegenen Zölle umgehen. Otto aber war strikt dagegen: Die Fabrik bleibt in Berlin.

Die Unstimmigkeiten zwischen den Brüdern, die sich bereits nach Gustavs Rückkehr aus Australien angedeutet hatten, verstärkten sich. Gustav, der in der Fremde Erfolg gehabt und dadurch an Selbstbewusstsein gewonnen hatte, störte an seinem großen Bruder plötzlich eine gewisse oberflächliche, austauschbare Herzlichkeit, »eine sehr unangenehme Art, Fragen nicht zu beantworten«. Otto bestimmte, was sein Bruder tun oder lassen sollte, denn er hatte das Geld und Gustav bisher keinen Erfolg. Und sicher spürte Otto in seiner gutmütig-patriarchalen Art nicht einmal, wie sein Verhalten den Bruder wurmte, auch wenn Anna Gustav versicherte: »Es ist nicht böse gemeint.« Doch es ging einfach um zu viel Geld, verlorenes wie zu gewinnendes. Und beide wollten um jeden Preis das Bausteingeschäft wieder in Gang bringen. Es war nicht nur der potenzielle Gewinn, es war auch eine Frage der Ehre. Jeder falsche Schritt konnte sie wieder zurückwerfen.

In dieser angespannten Situation versicherte Otto dem Bruder wiederholt, »dass er, da er die Steinsache mit angestiftet« habe, »dafür haften« wolle. Das beruhigte Gustav zwar, drängte ihn aber erneut in die Rolle des kleinen Bruders, aus der er sich gerade befreit hatte. Die Brüder kämpften verbissen, Otto noch euphorischer als Gustav. Er bestach sogar den Patent-Gutachter, damit er in zweiter Instanz die neue Steinmasse als grundlegend andere anerkannte und damit die Klausel ihres Vertrags mit Richter außer Kraft setzte. »Geraden Weges«, wie Anna Gustav berichtete, ging er »zu ihm und sagte ihm ungefähr so: ›Mein Bruder hat ja sein Todesurteil in der Tasche, wenn Sie bei Ihrer ersten Meinung beharren …‹ Der Mann hat sich gedreht und gewunden, bis Otto ihn richtig verstand und ihm für seine ›bisher gehabte Mühe‹ und dafür, dass O. ihn durch ›seinen Besuch gestört‹ hatte, 300 Mark auf den Tisch gelegt« hat. Otto triumphierte, aber Anna blieb skeptisch, da sie vermutete, der Sachverständige werde auch von Richter bestochen, so dass es am Ende davon »abhänge, wer das meiste bieten kann«.

Dann geschah das Wunder, just als Gustav glaubte, die Ebbe in seinem Leben habe »den niedrigsten Punct erreicht«. »Verfahren patentiert« las er Anfang Juni 1887 in einer Depesche Ottos. Wäre damit Richters Patent tatsächlich annulliert? Davon ging Otto jedenfalls aus. Und Gustav jubelte: »Sollte jetzt die Flutwelle einsetzen, die mein Schifflein wieder flott machen wird?« Sofort schmiedeten die Brüder Zukunftspläne. Otto wollte Gustav am liebsten in Thoréns Fabrik angestellt sehen, während Gustav vorhatte, nach der Heirat, der ja nun nichts mehr im Wege stünde, das Auslandsgeschäft auszubauen. Anders als Otto, der an ihren Sieg glaubte und auf das deutsche Geschäft setzte, hielt Gustav es »für das schlechteste«. Was die Steinpreise betraf, konnten sie auch nicht mit denen Richters konkurrieren. Außerdem vermutete Gustav

– zu Recht –, dass Richter noch lange nicht aufgeben würde. Letztlich sei die Entscheidung sogar völlig gleichgültig. In Deutschland würde das »Hangen und Bangen« nie ein Ende nehmen. Gustav setzte deshalb weiterhin auf den Verkauf der Patente ins Ausland. Das amerikanische Geschäft hielt er dabei für »das beste«, denn »es deuten viele Zeichen darauf hin, dass drüben in Amerika ein guter Tummelplatz für mich ist. Mit welcher Leichtigkeit diese Amerikaner sich von ihrem Geld trennen, ist wirklich rührend, es wäre nur die reinste Menschenliebe, wenn man ihnen die Ausübung dieser Angewohnheit etwas erleichterte.« Wollte er dem Bruder zeigen, dass er es auch ohne ihn zu etwas bringen konnte? »Nur wenn ich auf diese Weise aus meiner Kraft schaffe, was möglich ist, und etwas vor mir gebracht habe, dann kann ich mir den Luxus, mit Otto wieder zusammenzuleben, erlauben«, schreibt Gustav an Anna. Erst die eigene unabhängige Existenz aufbauen, dann Zeit für Erfindungen haben, hieß das. Gustav war vorsichtiger geworden. »Ich bin von Natur ein großer Sicherheitscommissarius.«

Otto hielt das alles für ein Hirngespinst und »sprach ziemlich unwillig über die Idee«, nach Amerika zu gehen, berichtete Anna nach Le Havre, wo Gustav an einer Messe teilnahm. Auch sie war wenig begeistert über diese Pläne, denn sie vermutete, es lenke Gustav dabei »hauptsächlich der Wunsch und die Sehnsucht nach einem regeren und freieren Leben« als reine Existenznot. Aus Rücksicht auf ihren Vater wollte sie sich mit ihrem zukünftigen Mann, so er es denn werden sollte, lieber in Lichterfelde niederlassen. Nach Amerika, »in dem die Hefe der Alten Welt sich sammelt, das zusammengesetzt ist aus einer Gesellschaft von Betrügern und Schwindlern«, wie ihr Vater zu sagen pflegte, würde sie Gustav nur aus reinem Pflichtgefühl folgen.

Im Juli entschloss sich Gustav deshalb, das Bausteingeschäft in England aufzubauen, da Anna die Insel als Lebensort immerhin nicht gänzlich für abwegig hielt. Noch war die Einfuhr von Waren dorthin zollfrei, während Deutschland selbst an Einfuhrzöllen festhielt. Zwei Monate gedachte Gustav in England zu bleiben. Er wollte alle größeren Städte besuchen und erhoffte sich vom kaufmännischen Standpunkt her, »später vielen Nutzen davon zu haben«. Sein Vorgehen plante er generalstabsmäßig, keinen noch so kleinen Laden ließ er aus. Mit der Karte in der Hand durchlief er die Städte und studierte deren Architektur und nebenbei auch die Gepflogenheiten des Landes, über die er Anna detailliert berichtete – zum Beispiel darüber, dass in Schottland die Väter über die Kosten jedes einzelnen Kindes Buch führten, »und wenn der älteste Sohn Sonnabend zu Besuch gekommen ist, so findet er am Frühstückstisch Montagmorgen vor seiner Abreise seine Rechnung für Kost u. Logis vor, doch nur zu Selbstkosten«. Anders als bei seinen ersten Reisen gefiel ihm nun die Lebensart der Engländer, selbst noch der alten. »Aufgelegt zu jedem Scherz, flink in den Bewegungen ...«

Gustavs Kalkül schien aufzugehen. Bei allen potenziellen Kunden pries er den Preisvorteil seiner Steine gegenüber den teureren von Richter. Außerdem habe sein Konkurrent laut Zeugnissen vom englischen Patentamt, die Gustav dabei werbewirksam vorlegte, ohnehin seit 1883 kein englisches Patent mehr. »Es ist ein Vergnügen, mit den Engländern geschäftlich zu tun zu haben«, schreibt er am 9. Juli von Southampton aus an Anna. »Ja oder nein ist entweder die Antwort, aber immer ist sie freundlich u. gemütlich.« Er habe »in allen Städten Erfolg«, verdiene an jedem Auftrag »etwa 20–30 Mrk mehr« als in Berlin, »Reisekosten schon abgerechnet«, und sei trotzdem 25 Prozent billiger als Richter. Fast jeden Tag jagte er diesem einen Kunden ab. Selbst die Tatsache, dass Richter »ein Rundschreiben umgehen« ließ, in dem er vor Gustavs »giftigen« Steinen warnte, störte dessen Geschäft nicht. Gustav war sich sicher, dem Feinde mit seiner Reise »großen Schaden« zuzufügen, und fühlte »fast Mitleid mit ihm«.

Selten war Gustav so enthusiastisch und optimistisch wie auf dieser Reise quer durch England – und das trotz Ottos Warnungen. Richter hatte inzwischen auch gegen den Bruder einen Zivilprozess angestrengt. Offensichtlich hatte er die scheinbar perfekte Inszenierung der beiden durchschaut. Otto, tief beunruhigt, rief Gustav daraufhin »angesichts der drohenden Gefahr« zurück. Gustav aber ließ sich dieses Mal nicht vorschreiben, was er zu tun hatte. Munter reiste er weiter, nahm Bestellungen auf und glaubte fest an seinen Erfolg.

Am 5. November, Gustav befand sich gerade in Berlin, brach alle Hoffnung zusammen. »Wieder ist gegen mich entschieden worden.« Richter hatte im Konventionalstreit in zweiter Instanz doch noch gesiegt. Der Sieg um das Patent einer neuen Steinmasse blieb dabei unberücksichtigt. Das Gericht berief sich dabei nur auf die Klausel, nach der sich die Brüder generell verpflichtet hatten, keine ähnlichen Steine mehr herzustellen. Die finanziellen Folgen des Urteils waren verheerend: 10 000 Mark Konventionalstrafe und 10 000 Mark Prozesskosten sowie das Geld, das Gustav Otto schuldete. Obendrein hatte Gustav seine letzten Ersparnisse von 20 000 Mark, die er in Melbourne noch hatte flüssig machen können, in Paris und London aufgebraucht. In England hatte er zwar 45 Kunden gewonnen, doch dafür lag das französische Geschäft am Boden.

Dittmar, der ihn während seiner Englandreise in Paris vertreten hatte, war unfähig gewesen, es erfolgreich zu organisieren. Kaum eine Bestellung hatte er ordnungsgemäß ausgeführt, und so war ein Kunde nach dem anderen davongelaufen. Gustav fühlte sich, als hätte er »eine enge Schlucht auf großem Umweg umgangen« und befände sich nun »ganz nahe dem Ausgangspunkt auf der anderen Seite«.

Noch am Tag der Urteilsverkündung schrieb er an Vater Rothe. Es war ein Gnadengesuch mit einer Drohung, die letzte Chance, die ihm blieb, um Anna doch noch zu gewinnen. Er bekannte ihm die Niederlage im Prozess, stellte aber gleichzeitig fest, dass sich »eine aufrichtige Zuneigung«, wie sie zwischen Anna und ihm bestünde, »nicht von solchen Schicksalsschlägen ... vernichten« ließe. Angesichts der »Vorzüglichkeit« seiner Erfindung und der Möglichkeit, dass ein erfolgreiches Bausteingeschäft im Ausland nicht unmöglich sei, bat er den »Herrn Doktor«, ihm mitzuteilen, ob er ihn jetzt schon für würdig halte, der Verlobte seiner Tochter zu werden, oder ob Gustav es sich zur Pflicht machen müsse, den Umgang mit ihr »zu vermeiden«. Letzteres nahm er noch im selben Atemzug geschickt zurück. »Ich bin gewöhnt, nach Grundsätzen zu leben, ich werde Ihre Gebote innehalten, aber ich werde nie die Hoffnung auf eine endliche Erreichung meines Lebenszieles aufgeben.«

Noch im selben Monat stimmte Vater Rothe der Verlobung zu. Vermutlich unter der Bedingung, das Steingeschäft endgültig Richter zu überlassen. Damit fiel der Vorhang nach einer Tragödie, die wenigstens in persönlicher Hinsicht noch ein »Happy End« gefunden hatte. »Das Leben«, schrieb Gustav einmal an Anna über Otto und sich, »hat uns ein Epos geschrieben, ein Drama und eine Tragödie (nur kein Lustspiel), aus denen wir haben lernen können.« Am 11. Mai 1889, kurz nachdem sich Gustav einer nicht ungefährlichen Operation hatte unterziehen müssen, fand die Hochzeit statt.

Annas Liebe und Geduld waren bis zuletzt auf eine harte Probe gestellt worden, und es war »kein großer Ozeandampfer«, auf dem sie sich nun einschifften: »Stube, Kammer, Küche ..., kein nutzloser Ballast ward mitgenommen.« Sie waren eines Sinnes in ihrer Anspruchslosigkeit und brauchten »wenigstens armen Leuten gegenüber kein schlechtes Gewissen zu haben«. Um ihre Zukunft machten sie sich keine Sorgen. Gustav hatte sich bereits mit einer neuen Erfindung selbstständig gemacht: mit dem so genannten Modellbaukasten, später bekannt unter der Bezeichnung »Meccano« oder »Stabilbaukasten«. Die Produktion in der Wallstraße 68 war erfolgreich angelaufen.

9. KAPITEL

Pfennigtheater
»Geld, Gut und Blut für die Volksbühne«

Seit Anfang der neunziger Jahre lebte Otto Lilienthal drei Leben gleichzeitig. Tagsüber war er Unternehmer, abends Theaterdirektor, Dramatiker und Schauspieler. Und am Wochenende sah man ihn vor den Augen eines staunenden Publikums seinen Fliegerberg hinabschweben. Obendrein hatte er sich verliebt.

Zur Bühne hatte ihn sein Freund Max Samst gebracht. Er war damals Direktor des Ostend-Theaters in der Großen Frankfurter Straße, Ecke Koppenstraße, und »hatte eine angeborene Spürnase … für Leute, die ihr Geld am Theater loswerden wollten«. Das »Massengrab des fernen Ostens«, wie der Volksmund das Theater nannte, war seit seiner Gründung 1877 nicht aus den roten Zahlen gekommen und hatte schon neun Direktoren erlebt. Als Samst eine Heizungsanlage, die Otto Lilienthal geliefert hatte, nicht zahlen konnte, warf der, statt sich aufzuregen, die Rechnung kurzerhand in den Papierkorb und wurde Teilhaber des Ostend-Theaters. Angesichts einer Kunst, »die nicht leben und nicht sterben konnte«, hatten ihn Mitleid und Lust gleichermaßen erfasst, »diesen Thespiskarren auf bessere Geleise zu schieben«.

Eine Idee hatte Otto bereits: Das Volk, das sich den Theaterbesuch bis dahin kaum leisten konnte, sollte mit Klassikern gebildet werden. Samst schien nicht abgeneigt. In einer Stadt wie Berlin, in der »für Narren aller Art Bewegungsraum genug« war, fiel es nicht weiter auf, dass ein »flugsüchtiger Maschinenfabrikant« und sein Theaterfreund die Bühne in ein »Volksbildungs-Institut« zu verwandeln gedachten. War doch das anspruchsvolle Klassiker-Programm großer Theater Arbeiterfamilien bisher weitgehend ver-

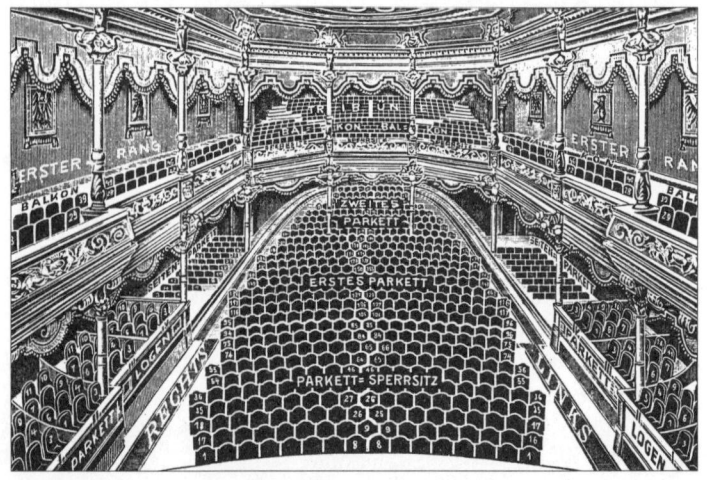

Das Ostend-Theater, Große Frankfurter Straße 132

schlossen. Dafür sorgten schon hohe Eintrittspreise und die Kleiderordnung, die für einfache Mädchen unerschwinglich war und ihnen höchstens oben auf dem »Heuboden« oder in der »Trampelloge«, wie der vierte Rang allgemein hieß, einen billigen Stehplatz erlaubte. Bei den Galavorstellungen kontrollierten die Logenschließerinnen bis zum dritten Rang hinauf, ob die Roben der Damen auch das vorschriftsmäßige Dekolleté von 16 Zentimetern aufwiesen.

Bis zur Mitte der 1830er Jahre hatte es außer dem Königstädtischen Theater am Alexanderplatz nur die königlichen Hofbühnen gegeben, denen allein das höhere Drama vorbehalten war. Selbst ein Lustspiel durfte erst, nachdem es ein Jahr an der Hofbühne gespielt worden war, im Königstädtischen Theater gegeben werden. Mit der Einführung der Gewerbefreiheit im Jahr 1869 änderte sich das schlagartig. Private Theater schossen wie Pilze aus der Erde, und sie konnten endlich spielen, was sie wollten. So mancher, der ein bisschen Geld übrig hatte, verwirklichte nun seine mehr oder weniger profunden Ideen auf den Brettern, die die Welt bedeuten. Zumeist war dies jedoch recht seichte Unterhaltung. Hatten einige der Theater anfangs versucht, ein anspruchsvolleres Programm zu bieten, war ihnen bald das Publikum weggelaufen. So endeten die Bemühungen vorerst entweder bei Possen, Operetten oder Pariser Sittenstücken.

Auch dem Ostend-Theater am damaligen Rand des Berliner Ostens, von Gärten und freier Landschaft umgeben, war es so ergangen. Kühn und viel versprechend hatte es nach seiner Eröffnung im Jahr 1877 mit *König Lear* und *Maria Stuart* begonnen. »Das Ostend-Theater übertrifft in seinen Dimensionen sämtliche Privatbühnen Berlins«, schrieb damals die *Nationalzeitung*. Es wandte sich vor allem an den »mittleren Stand«, war ästhetisch anspruchsvoll und hatte ein bequemes Sitzmobiliar. Logen säumten links und rechts das Parkett, die Plätze waren nummeriert und boten einen freien Blick auf die Bühne und in den Zuschauerraum. Sehen und gesehen werden. Reich und effektvoll prangte inmitten der Kopie eines Gemäldes aus dem Palazzo Rospigliosi in Rom ein von 200 Gasflammen beleuchteter Kronleuchter von der Decke des Zuschauerraums, der annähernd 1800 Besuchern Platz bot. Vor und nach der Vorstellung konnten die Besucher im oberen Stockwerk in einem eleganten Foyer flanieren, im Garten bei Musik ein Feuerwerk bewundern oder sich im Souterrain für wenig Geld am Buffet verköstigen und sich dabei durch Inschriften an den Wänden bilden lassen.

Doch schon bald überwogen auch im Ostend-Theater die Rühr- und Gruselstücke, meist Dramatisierungen von damals sehr populären Romanen, die die Zuschauer aus der *Gartenlaube* kannten. Das Stammpublikum, vor allem Arbeiter, war abends nicht für schwere Kost zu haben. Und wie sich später das Kino keine Verfilmung eines Bestsellers entgehen ließ, so wurden schon damals die Zuschauer mit dem Versprechen an die Kasse gelockt, sie könnten ihre Romanhelden nun leibhaftig vor sich sehen. Doch das Ostend-

Theater kriselte weiter, ein Direktor wechselte den anderen ab, und jeder von ihnen hoffte mit dem unverwüstlichen Optimismus der Gründerzeit, sein Geld dort gewinnbringend anzulegen.

1890 schließlich übernahm Max Samst das Theater, und er verstand es, das Haus in kürzester Zeit mit einigen spektakulären Aktionen zu füllen. So engagierte er für das Stück *Der Scharfrichter von Berlin*, die Dramatisierung eines Hintertreppenromans und laut Berliner *Börsen-Courir* »die kläglichste und widerwärtigste Missgeburt, die sich jemals aus dem so genannten Hirn eines Komödienschreibers losgerungen«, einen echten, ehemaligen Scharfrichter. In Frack mit schwarzem Binder, seinem »Originalhabit«, in dem er »früher während seiner blutigen Laufbahn die Mörderzelle zu betreten pflegte«, näherte er sich »seinem Opfer, hob das Original-Handbeil und – der Vorhang fiel!«.

Die nächste Sensation, allerdings eine gänzlich andere, war das Engagement von Josef Kainz. Der österreichische Schauspieler war mit seiner psychologisch-realistischen Spielweise am Deutschen Theater als Don Carlos, Franz Moor, Hamlet oder Richard III. zum Leitbild der jungen Generation aufgestiegen und sorgte von Mai 1890 an für ein volles Haus. Nachdem er am neuen *Berliner Theater* vertragsbrüchig geworden war, durfte ihn keine Bühne, die dem Deutschen Bühnenverein angehörte, mehr beschäftigen. Max Samst, dessen Haus unabhängig war, ließ sich diese einmalige Chance, Kainz zu engagieren und so ganz Berlin in sein Theater zu locken, nicht entgehen. Sein Kalkül ging auf. Eine Spielzeit lang war das Haus so brechend voll, dass selbst im Orchestergraben Stühle aufgestellt werden mussten.

Es war eine vornehme literarische Gesellschaft, die sich plötzlich mit dem eher starknervigen proletarischen Publikum mischte. Fragwürdige, herausgeputzte Damen saßen neben bürgerlichen Schönen aus dem Westen, die ihren Liebling Kainz mit Blumen überschütteten.

Auf der Bühne irritierte derselbe Gegensatz: Kainz war umgeben »von ungeschlachten Burschen«, die wohl nur »der Mangel an

Körperkraft genötigt hat, den Beruf des Mimen vor dem einträglicheren des Packträgers« zu wählen, wie die *Vossische Zeitung* anlässlich einer *Räuber*-Aufführung lästerte. Nicht selten wurden die Komödianten auf offener Szene erbarmungslos verhöhnt – bis Kainz die Bühne betrat und die fieberhaft nervöse Stimmung unvermittelt in stürmischen Beifall überging. Diese Sternstunden der Theaterwelt haben sich die Lilienthals ganz sicher nicht entgehen lassen.

Als Kainz das Ostend-Theater verließ, herrschte jedoch wieder gähnende Leere im Zuschauerraum. Bis es dem umtriebigen Direktor Max Samst gelang, die »Vereinsveranstaltungen« der Ende Juni gegründeten »Freien Volksbühne« in sein Theater zu holen. Samst war sich mit dem Initiator der Bewegung, Bruno Wille, Publizist, Sozialdemokrat und Freidenker, der wegen seiner atheistischen Propaganda gegenüber der Jugend 1882 schon im Friedrichshagener Gefängnis gesessen hatte, schnell einig geworden. Anders als die 1889 gegründete »Freie Bühne«, die sich eher an den Mittelstand wandte, beabsichtigte Wille mit seinem Verein, der sozialdemokratischen Arbeiterbewegung ein Forum für Bildung und Unterhaltung zu bieten. Das passte zu den Ideen von Samst und Lilienthal.

»Die Kunst soll dem Volke gehören, nicht aber das Privilegium eines Teiles der Bevölkerung, einer Gesellschaftsklasse sein«, hieß es in der Rede der Gründungsveranstaltung. »Die ›Freie Volksbühne‹ soll auch das Proletariat auf den Geschmack an wirklich edler Kunst bringen«, Berufsschauspieler sollten für ein angemessenes Niveau sorgen. Die Eintrittspreise, im Grunde Mitgliedsbeiträge, die bei jeder Vorstellung zu entrichten seien, sollten »der Ehrlichkeit und dem Können der Mitglieder« überlassen werden und im Winter 50 Pfennig betragen, im Sommer 25. Wer mehr zahlte, ermöglichte Minderbemittelten den Eintritt.

Samst, der hier die einmalige Chance witterte, sein Haus zuverlässig zu füllen, bot dem Verein finanziell günstige Bedingungen: Für 330 Mark je Vorstellung, gewöhnlich sonntags, stellte er der

Volksbühne sein Theater zur Verfügung. Das brachte Samst immerhin über 6000 Mark im ersten Jahr ein. Ein Vertrag sicherte dem Verein zu, die Stücke unabhängig vom Repertoire des Theaters auswählen zu können.

Mit dem sozialkritischen Stück *Stützen der Gesellschaft* von Henrik Ibsen, das so genannte Ehrenmänner in ihrer Profitgier und als Betrüger entlarvt, setzte die »Freie Volksbühne« am 19. Oktober 1890 vor tausend Zuschauern ein politisches wie künstlerisches Zeichen, denn die Bewegung des Naturalismus war der kaiserlichen Obrigkeit ein Dorn im Auge. Es ging um »die Wahrheit des unabhängigen Geistes, der nichts zu beschönigen und nichts zu vertuschen hat«, wie programmatisch in der frisch gegründeten Zeitschrift *Freie Bühne* zu lesen war: »Eine freie Bühne für das moderne Leben schlagen wir auf.« Gerhart Hauptmann, Heinrich Hart, Max Stirner, Arno Holz oder der charismatische ehemalige Offizier Moritz von Egidy, für den sich auch die Lilienthals begeisterten, schrieben Beiträge für diese in jenen Jahren wichtigste kulturpolitische Zeitschrift. In krassen lebensechten Bildern sezierten Dramatiker wie Gerhart Hauptmann und Henrik Ibsen ohne falschen Schein die Gesellschaft und warfen dabei die bisherigen Kunstformen über Bord. Sie trafen den Nerv der Zeit. Jeder Theaterdirektor hatte fortan mit der Aufführung eines ihrer Werke ein volles Haus.

Die sagenhaften Sonntagserfolge des Ostend-Theaters mit den Aufführungen der »Freien Volksbühne« währten allerdings wiederum nur eine Spielzeit lang. Dann zog die »Freie Volksbühne« das Belle-Alliance-Theater vor, das ihr »bessere künstlerische und materielle Möglichkeiten« bot. Das war zu jener Zeit, als Otto Lilienthal die Geschicke des Hauses mitzubestimmen begann.

Max Samst hoffte, dass mit dem »fliegenden Unternehmer« nicht nur Geld ins Haus kommen, sondern auch ein frischer Wind über seine Bühne fegen würde. Und er sollte sich darin nicht täuschen, denn Lilienthal wollte mit aller Macht ans Theater.

Otto hatte die Theaterluft, die er des Öfteren auch schon hinter der Bühne geschnuppert hatte, längst süchtig gemacht. Das Theater lag nur zehn Minuten von seiner Fabrik entfernt, am anderen Ufer der Spree. Und es war ihm, als würde er dort nach dem Ölgeruch und dem Maschinenlärm eine ihm nicht weniger wichtige Seite des Lebens entdecken. Viel zu lange habe Ottos »Denken und Handeln nur dem realen Geschäftlichen« gedient und keine Zeit »für die Vertiefung im Schönen u. Edlen« übrig gelassen, bedauerte Gustav einmal seinen Bruder. »Wollte jemand schließen, dass er darum den Sinn dafür verloren hätte, er würde einen groben Fehlschluss machen.« Auch wenn sie »nicht viel gelesen« hatten, den Idealismus ihrer Jugendzeit hatten beide nicht verloren.

Otto Lilienthal gefiel das bunte, unkonventionelle Schauspielerleben. Man sang, lachte, feierte und legte eine gewisse Verachtung für alles Materielle an den Tag, obwohl man selbstredend auf Mäzene angewiesen war. Diese Rolle spielte Otto ohne jede Eitelkeit. Er wollte anderen nur das gewähren, was ihm in der Jugend versagt geblieben war. Außerdem hatte er sich in ein Mädchen verliebt, das unbedingt zur Bühne wollte. Samst nennt sie in seinen Erinnerungen »ein nettes, liebes Ding«, allerdings »schwach talentiert«. Er gab ihr Lilienthal zuliebe dennoch »kleine Rollen«.

Ottos Engagement für das Theater war ein Abenteuer, auf das er sich mit großem Ernst einließ und bei dem ihm seine beruflichen Erfahrungen zugute kamen. Bei aller Lust am Experimentieren blieb er immer auch nüchterner Geschäftsmann. Er kümmerte sich fortan nicht nur um die technischen Anlagen. Detailliert berechnete er auch als Erstes die Kosten und Einnahmen des Theaters. Die Bilanz war ernüchternd. Das Theater brachte so wenig ein, dass nicht einmal »die bescheidensten Spesen« gedeckt werden konnten. An den Wochentagen war es »hundeleer«, und selbst wenn man einen Platz, der eigentlich »eine Mark kosten« müsste, »für vierzig Pfennig« anböte, würde das nichts ändern.

Angesichts der Probleme wollte Otto nun Nägel mit Köpfen machen. In einer schmalen Broschüre mit dem Titel »Das Zehnpfennig-Theater« von Wilhelm Meyer-Förster war er auf ein Theatermodell gestoßen, dem er zutraute, »unter allen Umständen allabendlich ausverkaufte Häuser zu bringen«. Jeder Platz sollte einen Groschen kosten. »Fünfzehnhundert Plätze geben hundertundfünfzig Mark bar«, hatte er sich sofort in seinem schwarzen Notizbüchlein ausgerechnet, das er stets bei sich trug, um keine Idee zu vergessen. Sein Unternehmerverstand sagte ihm, dass ein solcher Beitrag keinesfalls reichte, um aus den roten Zahlen zu kommen. Doch sein idealistisches Theaterherz wollte davon nichts wissen. »Wenn man damit auch auf die Dauer kein Theater halten kann, so bringt es uns doch wenigstens Menschen in Haus und Garten. Auch die Ärmsten könnten dann in den Genuss anspruchsvoller Stücke kommen.« Er war folglich fest entschlossen, das Modell im Ostend-Theater einzuführen. Er besuchte sogar den Autor der Broschüre, um die Idee des »Zehnpfennig-Theaters« mit ihm zu diskutieren. Immerhin war so etwas bereits am Wiener Burgtheater erfolgreich praktiziert worden.

Wilhelm Meyer-Förster war ein damals in Deutschland noch wenig bekannter Dramatiker. Erst knapp zehn Jahre später sollte er mit dem Stück *Alt-Heidelberg* – laut Tucholsky ein »alter Schmachtfetzen« – weltweit Karriere machen und zur internationalen Popularität Heidelbergs beitragen. Meyer-Förster kannte Otto Lilienthal nicht, ließ sich aber gern auf ein Gespräch mit ihm ein. Der Herr, der vor ihm saß, versetzte ihn in Erstaunen. Er »hatte nicht die geringste Ähnlichkeit mit irgendjemand aus dem Dunstkreis der Bühne«, schrieb er 1909 in einem Erlebnisbericht über jene für ihn denkwürdige Begegnung. »Er war … gut bürgerlich gekleidet, die Gesichtszüge holzschnittartig derb, und nichts weniger als schön«, das Auge jedoch sei »klug« und »nervös« gewesen.

Meyer-Förster überraschte der naive Enthusiasmus, mit dem Otto

Lilienthal seine Idee umsetzen wollte, insbesondere, dass dieser dabei ohne staatliche Subventionen auszukommen gedachte. Das Ostend-Theater war ihm von einigen Besuchen in etwas merkwürdiger Erinnerung. »Man sah dort ›Maria Stuart‹, ging in der lang währenden Pause in den Garten, wo man Karussell fuhr, sah wieder einen Akt ›Maria Stuart‹, ging wieder in den Garten, um nach der Scheibe zu schießen, sah endlich Mortimer sterben und aß dann im Garten sein Abendbrot.« An dieser Bühne war es ihm »sehr gleichgültig«, ob »diese schäbigen Aufführungen für fünfzig oder für zehn Pfennige verzapft wurden«. Und als Otto ihm sogar vorschlug, ob er nicht ebenfalls Teilhaber am Ostend-Theater werden wollte, lehnte er dankend ab.

Trotz der Vorbehalte Meyer-Försters glaubte Otto fest daran, dass ein »Pfennig-Theater« in »seinem« Haus Erfolg haben würde. Einen Versuch war es allemal wert. »Geld, Gut und Blut für die Volksbühne einzusetzen«, besiegelten Lilienthal, Samst und der Schauspieler Richard Oeser mit einem symbolischen Handschlag. Die rechte Hand zum Schwur erhoben, die linke übereinander gelegt – Samst fröhlich, Otto Lilienthal ernst und entschlossen, Oeser eher wie ein italienischer Heiratsschwindler blickend –, ließen die drei sich auf der Bühne ablichten. Von Oktober 1892 an gab es Klassiker für einen Groschen, wobei man dann doch für die besseren Plätze 20 und 30 Pfennige nahm.

Schon nach den ersten Vorstellungen war der »Erfolg ein derartiger, dass die Direktion sich veranlasst sah ..., allwöchentlich mehrere Veranstaltungen klassischer Werke zu ... billigen Preisen zu veranstalten«, schreibt Lilienthal über die Ergebnisse des Experiments ein Dreivierteljahr später, am 17. Juli 1893, in einem Brief an das Königliche Unterrichts-Ministerium. Er habe, wie ein Augenzeuge im *Berliner Tageblatt* berichtet, »vor Freude geweint, als er beim ersten Mal das Parkett gefüllt sah mit andächtig lauschenden Arbeitern, die seinen erheblichen Opfern an Geld und Mühe einen ›Wilhelm Tell‹ für 10 Pfennige verdankten«.

Theaterschwur zur Gründung einer Volksbühne:
Max Samst, Otto Lilienthal und Richard Oeser, 1892

Auch Wilhelm Meyer-Förster konnte sich persönlich vom Erfolg überzeugen. Lilienthal hatte ihm einige Wochen nach seinem Besuch vier Freikarten für jene *Tell*-Aufführung – selbstverständlich zu 10 Pfennig – zugeschickt. Und Meyer-Förster war doch recht verblüfft, was er dann im inzwischen in »Nationaltheater« umbenannten Haus von Lilienthal und Samst zu sehen bekam: »das Theater brechend voll, die Darsteller vor diesem gewaltigen Auditorium in Feuer und Flamme und der Applaus unvergleichlich«. Allerdings fügte er einschränkend hinzu: »Schiller hätte als Zeuge dieser ›Tell‹-Aufführung sich vielleicht geärgert, vielleicht aber auch nicht.«

Und als wären sie jetzt wirklich auf Erfolgskurs, füllten auch die Mitglieder der »Freien Volksbühne« ab November 1892 wieder das

Theater. Nach sozialpolitischen und persönlichen Auseinandersetzungen war mittlerweile der bekannte sozialdemokratische Publizist Franz Mehring zum Vorsitzenden des Vereins gewählt worden. Der Freidenker Bruno Wille hatte sich geweigert, das Repertoire vor allem nach politisch-erzieherischen Aspekten auszusuchen. Nachdem er abgewählt worden war, hatte er sofort einen neuen Verein gegründet, die »Neue freie Volksbühne«. Beide Organisationen wirkten nun jede auf ihre Art nebeneinander. Im Nationaltheater zeigte sich die »Freie Volksbühne« mit Stücken wie *Das Fest auf der Bastille* über die Französische Revolution, Hauptmanns *Biberpelz* und den *Webern*, Schillers *Kabale und Liebe* oder Goethes *Egmont* stärker politisch engagiert. Daneben versuchte man das Haus mit Konzerten, Ringkämpfen und Kinderfesten oder der Vorführung von Jahrmarkts-Attraktionen zu füllen. Spielte man vor vollem Hause, deckten sich die 450 Mark Einnahmen mit den Ausgaben. In neun Monaten waren »110 Volksvorstellungen« – Goethe, Schiller, Lessing, Kleist, Shakespeare, Körner – von »100000 Personen aus der ärmeren Bevölkerungsschicht besucht worden«, die zu jeder Eintrittskarte einen Prospekt erhalten hatten, der sie über »die Tendenzen der Volksvorstellungen« aufklärte, resümierte Lilienthal in jenem Brief an das Unterrichts-Ministerium.

Doch nicht immer war das Nationaltheater ausverkauft, und um nicht dem »schlechteren Geschmacke des Publikums« nachgeben zu müssen, vor allem aber um noch »bessere dramatische Kräfte« an das Theater holen und trotzdem die täglichen Ausgaben wieder einspielen zu können, hatten Lilienthal und Samst das Ministerium um staatliche Unterstützung gebeten. Vergeblich, nicht einmal das erbetene Gespräch kam zustande.

Dennoch versuchte das Nationaltheater weiterhin an seinem aufklärerischen Konzept festzuhalten. Als am 3. Dezember 1893 Samst in eigener Regie Hauptmanns *Weber* auf die Bühne brachte, war das eine eindeutige Protestveranstaltung. Im Februar des gleichen Jahres hatte die spektakuläre Uraufführung des Revolutionsstücks über die

Not der Weber um 1844 die Presse zu einer Flut von Artikeln über das Elend der zeitgenössischen Arbeiter angeregt. Kurz darauf wurde die öffentliche Aufführung verboten, da »die ganze Staats- und Gesellschaftsordnung der Zeit ... als des Bestehens unwert geschildert« würden, wie der Polizeipräsident die Maßnahme rechtfertigte. Zu Recht befürchtete die Staatsmacht, dass »die kraftvolle Schilderung des Dramas ... einen Anziehungspunkt für den zu Demonstrationen geneigten sozialdemokratischen Teil der Bevölkerung Berlins bieten würde«.

Die Theatervereine kümmerte das nicht, im Gegenteil, waren sie doch gegründet worden, um solche Verbote zu umgehen. Sie zeigten das Stück nun erst recht in ihren »geschlossenen Veranstaltungen«. Allein sieben Mal wurde es am Nationaltheater aufgeführt. Franz Mehring konnte über die Angst der Staatsmacht nur lächeln und bemerkte bissig, dass »die Bourgeoisie, die durch dies Verbot gegen unliebsame Erfahrungen geschützt werden« solle, »sich das Stück eines schönen Sonntags zwischen Lunch und Dinner als heimlichen Leckerbissen servieren« lasse; »die Massen aber, denen dies Massenschauspiel gehört, können aus ökonomischen Gründen gar nicht daran denken, es anders als höchstens einmal in sehr unvollkommener Aufführung zu sehen«.

Das Theater zog Otto immer mehr in seinen Bann, und bald stand er sogar selbst auf der Bühne. Bereits im Winter 1889/90 hatte er einen Sing- und Sprechgymnastikkurs bei dem etwas schrulligen Gottfried Weiß, einem ehemaligen Lehrer der Brüder, besucht. Der Mann hatte es einst verstanden, selbst Gustav, der weit weniger musikalisch war als Otto, »die Musik liebgewinnen« und »ein größeres Interesse dafür« aufbringen zu lassen.

In der Rolle eines Zigeunerhauptmanns in dem beliebten Volksstück *Preciosa* von Pius Alexander Wolff gefiel er sich besonders, vermutlich wegen eines Loblieds, das er in einem seiner zwei langen Monologe auf das Leben der Zigeuner zu halten hatte: »Seht, wir

Otto Lilienthal in dem Stück *Preciosa*, 1893

sind ein fröhlich Volk, / Sorglos wandern durch die Welt; / Was wir brauchen, haben wir, / Weil wir uns sehr leicht begnügen. / Mäßigkeit ist das Panier ...« Die beliebte Zigeunerromanze sorgte gewöhnlich für ein ausverkauftes Haus. Ein Foto zeigt Otto mit angeklebtem Bart, Perücke und Hut – wie immer ernst und überzeugt von der Wichtigkeit seines Tuns.

Nur war Otto wohl leider recht wenig talentiert – zumindest wenn man Berichten seiner Schwägerin Anna glauben will. »Der Mann der unbegrenzten Möglichkeiten«, wie sie etwas spitz bemerkt, debütierte auch als englischer Herold in der *Jungfrau von Orleans* und verhaspelte sich dabei so hoffnungslos, dass das Publikum ihn auslachte. Die Familie saß dabei »wie auf Kohlen«. Der Einzige, den das Fiasko nicht störte, war Otto selbst. Nach der Vorstellung trat er fröhlich vor seine Angehörigen und beruhigte sie mit den Worten: »Ich werde von nun an öfters spielen, um mich zu üben!« Anna und der Rest der Familie dagegen schämten sich für Ottos Dilettantismus. Allein schon die Tatsache, dass er sein Geld in das Theater steckte, fanden sie suspekt, war ein solches Unternehmen doch bekanntermaßen ein Fass ohne Boden. Aber dass er sich nun auch als Schauspieler versuchte, das war zu viel.

Doch da war noch eine andere Sache, die sie an Otto beunruhigte: seine Schwäche für Schauspielerinnen, vor allem für die extravagante Mathilde van Hüngen. Die Holländerin »hatte es nicht gerade leicht, mit der deutschen Sprache zurecht- und bei den Leuten in der Großen Frankfurter Straße anzukommen«. Aber Lilienthal fand sie »herrlich«, erinnerte sich der spätere Besitzer des Nationaltheaters, Paul Rose. Viel mehr, als dass Otto ihr offensichtlich zugetan war und dass Samst sie bis Anfang der neunziger Jahre engagiert hatte, ist allerdings nicht bekannt. Immerhin interessierte sie sich wohl für das Fliegen, wie ein Foto beweist: Otto in stolzer Pose zwischen der in eine riesige weiße Federboa gehüllten Schauspielerin und der schüchtern lächelnden Agnes.

Mit diesem Wochenendausflug, fotografisch mit damals noch großem Aufwand festgehalten, lagen die Lilienthals gewissermaßen im Trend. Der Beruf des Schauspielers war in bürgerlichen Kreisen »als Lehrmeister des Volkes« gesellschaftsfähig geworden. Schauspielerinnen hielt man neuerdings sogar für tugendhaft. Die meisten bürgerlichen Familien fühlten sich geehrt, wenn sie mit Künstlern verkehren konnten, und luden sie gern zu sich ein – was so manchen Ausländer, der eine andere Qualität darstellerischer Leistung gewöhnt war, verwunderte. So spöttelt der französische Schriftsteller Luc Gersal in seinem 1892 auf Deutsch erschienenen Buch *Spree-Athen*: »Die Deutschen sind manchmal naiv wie die Kinder: Sehen sie einen Künstler in einer Heldenrolle auf der Bühne, so halten sie ihn gleich für den Helden selbst.« Was dem Franzosen entging, war der gegenseitige »erzieherische Einfluss

Lilienthal und der Derwitzer Müller Schwach mit ihren Familien, Eulitz und Gäste vom Ostend-Theater, links neben Otto Lilienthal Mathilde van Hüngen, 1891

dieser Dilettantentheater«. Der Bürger lernte, wie man sich mit »tanzmeisterlicher Sicherheit« überall bewegt, und der Komödiant revanchierte sich »durch tadellose Lebensführung, wenigstens nach außen hin«.

Was Otto wirklich mit Mathilde verband, lässt sich nur mutmaßen. Vielleicht hat er sie geliebt, ohne Agnes untreu zu werden. Einiges spricht dafür. Vermutlich war er einfach zu ehrlich, um seine Frau hintergehen zu können. Andererseits war sich Gustav »sicher«, dass sein Bruder »heute, wenn er nie verheiratet gewesen wäre, eine ganz andere Wahl treffen« würde. Dass Otto schon im Oktober 1886 eine Korrespondenz führte, die er vor Agnes geheim halten musste, ist einem Brief Annas an Gustav zu entnehmen: »Denke nur, unser Otto holte sich während seines Aufenthaltes hier ebenfalls postlagernde Briefe von demselben Postamt. Ich traf ihn einmal dort, ich holte mir aber nur Briefmarken, so hat er nichts gemerkt.

Leider haben wir triftige Gründe anzunehmen, seine Sorge, die Sache geheim zu halten, hat weniger reine Motive, als die meine – ...« Otto schrieb auch noch ein Jahr später »fast alle Abende« Briefe, von denen Agnes meinte, sie gingen an Gustav in Paris. Aber dem war nicht so, wie Anna irritiert bemerkte, die über vieles, was Ottos und Agnes' Leben und den Prozess mit Richter betraf, damals weitaus besser informiert war als Gustav.

Wer auch immer der Empfänger der Briefe war, Otto führte jedenfalls noch ein Leben jenseits seiner Pflichten als Ehemann und Ernährer der Familie. Sein Heim mit Agnes war neben der Fabrik ein Refugium, genügt hat ihm diese kleine Welt aber nicht. Er liebte das Leben mit allen Sinnen und war viel zu neugierig, um nicht Grenzen zu überschreiten. Das war Teil seiner Erfindernatur. Wie hätte er sonst an die Möglichkeit des Menschenflugs glauben sollen? Das Theater bot ihm nun die Gelegenheit, mehrere Rollen gleichzeitig auszuprobieren: die des reformerisch wirkenden Direktors, die des naturalistischen Dramatikers und die des Schauspielers.

Die Welt des »schönen Scheins« war schillernd und verführerisch, und der Wechsel in den Familienalltag scheint Otto zunehmend schwerer gefallen zu sein. Etwas »Hastiges, Krampfhaftes« kam über ihn, sobald er zu Hause war. »Die fröhliche, sorglose Unbefangenheit brach bei ihm nur noch selten durch.« Frei fühlte Otto sich nur in seiner Fabrik, wo er erfolgreich seine Erfindungen und Ideen umsetzte, oder im Theater. Agnes, der ein gewisser »Feinsinn« fehlte, verstand nicht, dass »jeder erwachsene Mensch ... seine Welt für sich« braucht. Sie selbst beanspruchte keine eigene. Ihre Welt bestand aus Haushalt, Sparen und Kindererziehen. Allerdings legte sie Otto bei all seinen Aktivitäten auch keine Steine in den Weg. Jeder lebte sein Leben und ließ den anderen gewähren. Auf ihre Weise waren sie dabei vermutlich sogar zufrieden, auch wenn Agnes' Blick auf Fotos jener Jahre streng, ja fast bitter wirkt.

Die schweren Jahre der Existenzgründung und die Mühen als Hausfrau und Mutter waren an ihr nicht spurlos vorübergegangen.

Vier Kinder hatte sie inzwischen – zwei Mädchen, Anna und Helene, und zwei Jungen: der »furchtbar rüplige« Fritz, der seiner Mutter äußerlich ähnelte, und der »eigentümliche«, »nicht sehr liebenswürdige« Otto, von dem Anna sagte: »Der Junge ist gar nicht wie andere Kinder, hat Hang zur Einsamkeit, ist lebhaft nur bei seinen Büchern und Studien. Er sitzt in der Schule als der Erste, worauf Agnes nicht wenig stolz ist.« Die Erziehung der Kinder war frei und ungezwungen, Bewegung wichtiger als Bildung. Geistig ließ man die Kinder »ganz in Ruhe«. Anna glaubte sogar, dass ihnen die Poesie der Märchen vorenthalten würde.

1885 waren Otto und Agnes mit den Kindern nach Groß-Lichterfelde gezogen, in einen Vorort Berlins, umgeben von Erlen und Weiden auf sumpfigen Wiesen und Wassertümpeln, auf denen man sich in kalten Wintern zum Schlittschuhlaufen traf. Nach Plänen Gustavs hatten die Lilienthals in der Boothstraße 17, nahe dem kleinen Flüsschen Bäke, für nicht eben billige vier Mark pro Quadratmeter ein Grundstück von 2500 Quadratmetern erworben.

Das Dorf Lichterfelde entwickelte sich zu der Zeit dank des Hamburger Bauunternehmers I. W. Carstenn zu einem beliebten Villenvorort. Immerhin fuhr hier die erste, für dauernden Verkehr bestimmte elektrische Straßenbahn Berlins. Carstenn, der Begründer von Lichterfelde-West, Lichterfelde-Ost, Friedenau, Halensee und Wilmersdorf, gilt als »der größte Städtebauer, den Berlin im 19. Jahrhundert gehabt hat«. Mit den über zwei Millionen Talern, die er mit dem Bau der Hamburger Villenkolonie Wandsbek verdiente, hatte er einige große Güter, die außerhalb Berlins lagen, gekauft und darauf Villenstädte geschaffen. Zuerst wurden die Straßen und Verkehrsverbindungen geplant, dann die Häuser gebaut. Nicht mehr als zwei Stockwerke durften sie hoch sein, bestimmte Carstenn. In jede neu angelegte Straße mussten zugleich Bäume gepflanzt werden. Dieses Konzept gefiel den neuen Reichen Berlins, und wer etwas auf sich hielt, zog nun in diese Vororte.

Wohnhaus von Otto Lilienthal in der Boothstraße 17

So auch die Lilienthals. Allerdings passte ihr Haus nicht so ganz zu denen ihrer Nachbarn. Gustav hatte es nach der englischen Cottage-Bauweise als Flachbau entworfen. Im Vergleich zu den Villen der Nachbarschaft wirkte es »wie ein kleines, unscheinbares Singvögelchen unter Papageien«. Dieses schlichte einstöckige Landhaus mit Walmdach fand nur wenig oder gar kein Verständnis bei dem damals noch wohlhabenden Mittelstand. Fünf Zimmer hatte die sechsköpfige Familie einschließlich Personal zur Verfügung: Wohnstube, Arbeitszimmer, zwei kleine Schlafräume, Kinderzimmer. Dazu kamen Küche, Giebelkammer und Veranda sowie zum Garten hin eine geräumige Werkstatt. Der Garten mit seiner großen Rasenfläche fiel den Nachbarn und Passanten besonders auf. Turngerüste standen darin, die häufig wechselten, und allerlei seltsame Gerätschaften für Ottos Flugexperimente.

Agnes pflanzte statt Zierhölzern Kohl und Gemüse an, hielt Hühner, schaffte einen Igel für die Kinder an und ließ Otto gewähren, der für seine Flugexperimente Tauben züchtete. Und eines Tages stolzierten sogar zwei junge Störche mitten zwischen den Kindern »mit spitzem Schnabel pickend und hackend im Garten« umher. Nachdem das flügge Paar jedoch davongeflogen war – sehr zur Erleichterung von Agnes, der diese Tiere nicht ganz geheuer waren –, sorgte Otto schnell für Ersatz und kaufte zwei neue.

Agnes hatte sich auf das neue Haus gefreut, doch das erste Jahr in Lichterfelde verlief alles andere als angenehm. Die moderne Fußbodenheizung brachte unerwartet Probleme mit sich. Da es keinen Keller gab, drang Feuchtigkeit in die Räume und ließ alles »verstocken und verfallen«. Trotz intensiven Lüftens waren einige Räume im Winter anfangs unbenutzbar, vor allem die Küche, worunter Agnes besonders litt. Otto sah das Ganze entspannter. Er freute sich, wie Gustav an Anna schrieb, »in jedem Brief über das Haus«. Dass es zunächst auch mit der Wasserversorgung nicht klappte, belastete ihn schon mehr. Ein ganzes Jahr lang mussten sie ohne eigenen Brunnen, das heißt ohne eigenes Trinkwasser, wirtschaften und noch einmal 500 Mark investieren, bis sie nach fünfmonatigem Bohren – »gründlich wie Lilienthals überhaupt« – endlich auf Wasser stießen.

Von da an fühlte Agnes sich deutlich wohler in Lichterfelde, hatte sie dort draußen doch ein Stück ihrer dörflichen Heimat wiedergefunden. Ihren Mann sah sie freilich seltener denn je. Er war unterwegs zum Fliegen oder im Theater, oder er vergrub sich hinter seinem Schreibtisch, wo er sich neuerdings sogar als Dramatiker versuchte.

Tief beeindruckt von Hauptmanns Drama *Die Weber* hatte er 1893/94 ein Stück geschrieben, das Samst zwei Jahre später am Nationaltheater immerhin neun Mal aufführte: *Moderne Raubritter. Bilder aus dem Berliner Leben*. Unter dem ursprünglichen Titel *Gewerbeschwindel* hatte sich Otto anfangs noch hinter dem Pseudonym Carl Pohle versteckt, das sicher eine Reminiszenz an seine Mutter Caroline, geborene Pohle, war. Vielleicht auch wegen der Zensur, die das Stück dann aber genehmigte. Später bekannte er sich zu seinem Werk, und die im Verlag von Kühling und Güttner gedruckte Version lief unter seinem Namen. Nach Ottos Tod wurde das Stück allerdings erneut umbenannt. Samst ließ es, angekündigt als »Pikante Novität!«, am Alexanderplatz-Theater unter dem reißerischen Titel *Sein Verhältnis!* aufführen.

Wie schon der Titel »Gewerbeschwindel« vermuten lässt, liegen Dichtung und Wahrheit in diesem autobiographisch gefärbten Stück nah beieinander. Der junge Tischlereibesitzer Wilhelm Krüger, ein ursprünglich »armer Waisenjunge«, der sein Unternehmen auf einem Patent gründete, gerät an gerissene Geschäftspartner, die ihn mit einer Intrige in den Ruin und – jedenfalls in der ersten Fassung – in den Selbstmord treiben. Zurück bleibt seine Verlobte Louise, die deutlich die Züge von Agnes trägt. In einer nach den ersten Aufführungen überarbeiteten Version überlebt der Held den Fenstersturz dank eines Freundes, der ihn auffängt und in die Arme seiner Braut legt – »Sehr zum Schaden des Ganzen«, wie Anna anmerkt.

Unschwer erkennt man in dem Stück Otto Lilienthals eigene Erfahrungswelt wieder: Halsabschneider und Spekulanten à la Richter, Raubritter der Moderne, »die nur auf eine Gelegenheit warten, ihren Geschäftsfreunden ungestraft die Gurgel abzuschneiden«; kleinbürgerliche Aufsteiger aus dem Proletariat, die, »wenn se mal Gesellschaft geben«, in Verlegenheit sind, »womit sie ihre Gäste unterhalten sollen«; ein verantwortungsvoller Unternehmer wie er selbst, dem es »das Schlimmste« ist, »vor meine Leute hintreten und ihnen sagen« zu müssen, »dass ich ihre Arbeit nicht bezahlen kann«, und schließlich die reine, bedingungslose Liebe eines mittellosen, fleißigen Mädchens, das den Helden mit dem Vorspielen von Beethoven-Sonaten zu neuen Ideen inspiriert. Arbeitslose treten ebenso auf wie die ganz Elenden, die nicht einmal mehr ein Dach über dem Kopf haben, Schankwirte und Bierkutscher mit ihrem erfrischenden Mutterwitz oder arme, kokette Mädchen, die sich von reichen Fabrikantensöhnen aushalten lassen, in dem Glauben, sie würden eines Tages von ihnen geheiratet, wenn sie nicht mehr berlinerten.

Naturalismus pur, kein Meisterwerk, aber »eine ausgezeichnete Beobachtung des Berliner Volkslebens«, wie das *Berliner Tageblatt* 1896 posthum lobte, ein Sittengemälde im schönsten Berliner Jargon über Gewinner und Verlierer, Fortschritt und soziales Elend der Gründerzeit. »Die ganze Welt looft nach Arbeit rum.« Dabei müsste man nur »einfache, vernünftige Ideen« haben. »Sechsmalhunderttausend Mann«, so viele Soldaten hat des Kaisers Heer, würde Ottos Alter Ego Wilhelm mit dem Bau eines Nord-Ostsee-Kanals beschäftigen. »Solche und ähnliche kleine Scherze könnten wir uns alle zwei Jahre leisten, und die Kultur möchte wohl nicht zu kurz dabei kommen.« Würden die Völker nur endlich »ewigen Frieden« schließen, wie es wohl schon auf dem Mars sei, dann könnten sie ihr »zahlreiches Militär« dazu verwenden, »um die breiten Kanäle durch alle Festländer durchzuführen«.

Gesellschaftskritik und Visionen, die Otto damals beschäftigten, flossen in das Stück ein, das er schrieb, weil es ihm zu wenige Dramen wie *Die Weber* gab. »Es wird großartig, jeden Akt lasse ich mit einem Knalleffekt schließen«, hatte er beim Schreiben seiner Schwägerin verraten. »Etwaige Hemmungen«, meinte Anna, »die eigentlich bei der äußeren Gestaltung dieser ihm ganz neuen Materie kommen mussten«, habe Otto jedenfalls nicht gehabt. Sein Wahlspruch »Technische Unmöglichkeiten gibt es nicht und Schwierigkeiten müssen überwunden werden« galt auch hier.

Vielleicht hat sich Otto Lilienthal mit dem Stück auch all seine Sorgen von der Seele geschrieben. 1893/94 war er gezwungen, sein Lichterfelder Haus wiederholt mit einer Hypothek über den nicht geringen Betrag von 15 000 Mark zu belasten. Die Geschäfte liefen miserabel, da vor allem das Kleingewerbe, für das er produzierte, am Boden lag. »An ein Verdienen ist nicht zu denken, schon seit einem

Flugversuch in Derwitz mit den Helfern Hugo Eulitz
und Hermann Schwach, 1891, fotografiert
von dem Meteorologen Carl Kassner

Jahr«, klagte er Marie nach Neuseeland. »Wahrscheinlich sind die unsicheren politischen Verhältnisse daran schuld. Auf allen Gebieten stockt der Handel.«

Intensiver denn je betrieb Otto deshalb seine Flugversuche, die er fast wie eine Theatervorstellung inszenierte. Hier sah er seine Zukunft. »Wenn ich einen solchen Fliegesport ins Leben rufen könnte und meine patentierten Flugapparate zur Anwendung kämen, würde sich mir eine gute Einnahmequelle eröffnen.« Sein Optimismus war unverwüstlich.

Flugstunde 5

Ein Sonntag im Jahr 1891. Ein Milan kreist über der Mühle von Derwitz. Heftiger Wind fegt die Dünengräser des Windmühlenbergs glatt. Dort steht Lilienthal, der Mann, der fliegen will wie ein Vogel. Der Wind zerrt an seinen Armen, die riesige Flügel verlängern. Nur mit Mühe kann er die Griffe festhalten. Sein Blick wandert den Berg hinab über die Gleise zum Dorf. Der Schwanz des Wetterhahns an der Kirche zeigt nach Südosten. Er hatte Pate gestanden, als Lilienthal im vergangenen Jahr für seinen Apparat eine riesige Schweifflosse konstruierte. Es ist wohl doch zu böig, denkt Otto.

Schon beim Hochschleppen hatte der Sturm das Gerät über den Acker geschleudert und eine Flügelspitze abgebrochen. Otto hatte das für einen Wink Gottes gehalten und die andere Spitze daraufhin auf die gleiche Länge gestutzt. Dann war er erneut hochgeklettert. »Sie riskieren Ihr Leben!« Das Schreien des Müllers hinter ihm, der den Apparat kaum halten konnte, hatte der Wind fortgetragen.

Wenn der Zug kommt, springe ich, denkt Lilienthal. Er liebt es, die Fahrgäste zu verblüffen. Als das laute Pfeifen der Lokomotive am Fuß des Berges ertönt, stößt er sich ab. Die Beine angewinkelt, schwebt er, fast stehend, wenige Meter in der Luft. Einen Moment lang durchströmt ihn ein tiefes Glücksgefühl. Dann reißt eine Bö den Apparat nach oben. Geistesgegenwärtig lässt er die Griffe los und stürzt nach unten. Beim Aufstehen humpelt er. Er bittet den Müller um ein Tuch mit essigsaurer Tonerde und umwickelt den verstauchten Fuß. »Genug für heute, was?« Der Müller hofft, dass er bald nach Hause kommt. Ihm ist die Sache nicht geheuer. Einer mit Familie sollte sich nicht mutwillig solcher Gefahr aussetzen, denkt er. Sagt es dann auch. Doch Lilienthal schüttelt den Kopf: »Ich muss nur den Körper weiter nach vorn neigen, die Beine mehr anwinkeln.« Und lässt sich den Apparat wieder nach oben schleppen. »Vergessen Sie nicht zu messen, wie weit ich gekommen bin«, ruft er ihm nach. Jetzt bin ich so weit, denkt er. Bei mindestens zwanzig Metern muss ein Fotograf dazukommen ... Kassner, der hat im Verein doch gerade seine Wolkenfotos gezeigt ... Der erste fliegende Mensch ... Die ganze Welt muss davon erfahren ..., die Skeptiker Langley – und Helmholtz!

10. KAPITEL

Freiland
»Wir leben in Deutschland meistens auf zu großem Fuß«

»In einem Villenvorort der großen Stadt Berlin, in einer stillen, von Lindenbäumen belaubten Straße, dort steht das Haus, von meinem Vater als kleine Burg erbaut«, beginnen die Memoiren von Otti Binswanger, der jüngsten Tochter Gustavs und Annas. »Eine kleine Zugbrücke schwingt über den Graben vor der Hausfront. Eisenketten halten sie. Das flache Dach ist von Zinnen umgeben, zu denen Efeu und Waldrebe hinaufwuchsen. Die weiße Kletterrose bedeckt die andere Seite des Hauses und der Wein rankt bis zu den kleinen, spitzbogigen Bodenfenstern. Im Vordergarten stehen Lauben mit Rohrdächern, ... hinter dem Haus Kirschbäume in großer Zahl, erlesene Sorten und vulgäre, von denen man essen und verschenken durfte, so viel man nur wollte.«

Fünf Mädchen wuchsen in der Marthastraße 5 auf: Emmy, Marie, Olga, Elfriede und Otti, alle geboren zwischen 1890 und 1896. Danach beendete Anna den Kinderreigen. Gustav, dieser »unruhige, heftige, zärtliche Vater«, und die unerschrockene, aber zartnervige, musische Anna waren mit großem Idealismus an die Erziehung und Bildung ihrer Töchter gegangen. All ihre Vorstellungen von Ehe, Emanzipation und Elternschaft, die sie in den jahrelangen Brautbriefen ausführlich diskutiert hatten, versuchten sie nun in die Tat umzusetzen. »In der gemeinsamen Ablehnung des herkömmlichen Geschmacks und der Sterilität der bürgerlichen Gesellschaft hatten sie sich gefunden.« Und sie fielen damit genauso auf wie Otto, nur dass Agnes darunter litt, während Anna ihrem Mann eine ebenbürtige Mitkämpferin war.

Gustav leistete sich den »Luxus«, »mit Otto wieder zusammenzuleben« – nicht mehr so nah wie vor zehn Jahren, lagen ihre Häuser doch einige Straßenzüge voneinander entfernt, aber immerhin ebenfalls in Lichterfelde. Doch konnten die Brüder tatsächlich wieder dort anknüpfen, wo sie vor Australien gestanden hatten? Ihre Lebenssituationen um 1890 waren denkbar verschieden. Beide hatten sich verändert. Gustav war selbstbewusster und weltgewandt aus Australien zurückgekehrt. Doch das als aussichtsreiche Unternehmensgründung groß aufgezogene Bausteingeschäft hatte ihn ruiniert und zu Ottos Schuldner gemacht. Zu optimistisch und gutgläubig war er gewesen, Richter dagegen gerissener und geschäftstüchtiger. Zwar war der Prozess auch an Otto nicht spurlos vorübergegangen, aber dieser hatte, wie immer, die Niederlage besser verkraftet. Sein Leben und seine Firma waren davon nicht wesentlich in Mitleidenschaft gezogen worden, und er hatte nach wie vor genug Zeit und Geld, um sie in die Kunst und in die Fliegerei zu stecken. Gustav hingegen resümierte zu Beginn seiner Ehe nicht ganz neidlos: »Wenn man bedenkt, was manche Menschen schon vor ihrem dreißigsten Lebensjahr geschaffen haben. Ich fühle mich dann höchst miserabel.« Otto war »der Helle, der Sieger«, dem alles irgendwie gelang, während sein jüngerer Bruder immer wieder von vorn anfangen musste.

Gustav war es nicht anders gewohnt, und daraus resultierte letztlich ein Großteil seiner »Erfinderwut«. »Ich bin wie ein Fisch, der nicht in stehenden Gewässern leben kann. Gib mir eine anstrengende Tätigkeit, dann fühle ich überschüssige Kraft in mir«, schrieb er einst an Anna, als die Bausteingeschichte ihn zu lähmen drohte. »Je größer der Kampf, umso schöner der Sieg ... Im großen Weltall geht kein Tropfen verloren und kein Menschenleben verfehlt seinen Zweck.« Dass Anna in jenem Kampf auf den gewohnten Lebensstandard würde verzichten müssen, störte weder ihn noch sie. »Du weißt«, beteuert Anna gegenüber Gustav, »ich ... bin sogar der Ansicht, dass der Mensch mit jedem Luxus, den die Gewohnheit ihm zum Bedürfnis macht, moralisch eine Stufe sinkt.« Für ihn war

»Stand« ohnehin »ein angemaßter Wahn eigener Größe, jedenfalls ein höchst unzuverlässiges Maßsystem. Wir beide kleiden uns, wie's bequem ist, speisen, was uns genehm ist, und wohnen auf dem Grund, wo's gesund ist.«

Während die anderen Lilienthals in einem doppelt so großen Haus und Garten wohnten, hatte Gustav nur ein winziges 2-Zimmer-Häuschen mieten können. Anna trug ihren sozialen Abstieg mit Fassung und machte aus der Not eine Tugend. »Wie froh bin ich, dass wir uns so bescheiden einrichten und wir darin eines Sinnes sind. Wir brauchen wenigstens armen Leuten gegenüber kein schlechtes Gewissen zu haben. Ich gebe meine Chaiselongue auf, bin vielmehr auf einen ganz bequemen Stuhl aus. Für die Wäsche ist nichts nötig! Du ziehst ja auch wohl immer 1 Stück übers andere, das ist der beste und zugleich der sicherste Aufbewahrungsort!« Selbst auf ein Dienstmädchen, das »monatlich 2 Mark kosten« würde, wollte sie verzichten und sich nur hin und wieder eine Aufwartefrau, »die 15 Pfennig die Stunde nimmt«, leisten.

Agnes kannte solche Probleme nicht – jedenfalls nicht mehr. Sie hatte mittlerweile andere Sorgen. Viel zu sagen hatten sich die so unterschiedlichen Frauen nicht, auch wenn sie um der Brüder willen freundlich-respektvoll miteinander umgingen. Anna schätzte an Agnes deren »Frische und Natürlichkeit«, »ihr unverdorbenes ehrliches Herz«. Die gebildete Arzttochter schaute allerdings auch ein wenig auf die Bergmannstochter herab: »A. fehlt manchmal doch die gute Erziehung.« Agnes' Unsicherheit im Umgang mit ihrer Schwägerin zeigte sich hingegen »in kleinen Härten«. Beide Familien versuchten jedoch, das Beste daraus zu machen. Man besuchte einander und fühlte sich als Teil einer großen Verwandtschaft, die mit Annas Familie stark angewachsen war. Da saß man dann »an üppigen Kaffeetafeln und aß gewaltige Kuchenberge, selbst gebacken nach erlesenen Rezepten«, spielte Klavier, sang oder trug »mit dem Pathos verhinderter Schauspielerkarrieren Gedichte« vor. Die Kinder merkten trotzdem, »dass hier etwas nicht stimmte. Diese Menschen hatte man zu achten, weil sie Verwandte waren, das war der einzige Grund – das eigentliche Leben versteckte man vor ihnen, solange man mit ihnen zusammen war.«

Nachdem die Geschäfte mit den Steinbaukästen gescheitert waren, lagen die wirtschaftlichen Hoffnungen Gustavs auf dem so genannten Modellbaukasten. Die Idee dazu hatte er bereits Jahre zuvor in Paris entwickelt, wenngleich das Material damals noch aus Pappe und für das Spielen im Freien gedacht war. Anna, die regen Anteil an seinen Erfindungen nahm, sah das Ganze eher skeptisch und warnte ihn, dafür allzu viel Geld und Zeit zu investieren, denn das Spielzeug sei für kleine Kinderzimmer zu groß, die Pappe würde im Freien feucht und die Verbindungen seien noch nicht fest genug. Sie fürchtete, Gustav könnte ähnlich wie bei den Bausteinen wieder »Luftschlösser für die Zukunft« bauen, und wollte deshalb ihre Kritik rechtzeitig anbringen, »denn wenn das Luftschloss unter Dach und fertig ist, kannst Du nichts mehr daran ändern«. Auf Annas Vorschläge hin fertigte Gustav die Leisten schließlich aus Holz, die sich mit Ösen und kleinen Holzkeilen verbinden ließen.

Die Fabrikation in der Wallstraße nahm Gustav diesmal persönlich in die Hand, mit dem Startkapital seines Bruders, da er selbst »vermögenslos war und deshalb keinen Kredit genoss«. Das neue Spielzeug, ein System aus gelochten Holzleisten, wurde 1890 in der Zeitschrift *Prometheus* als »reizende Erfindung« und »die schönste Anregung für die reifere Jugend« gelobt. Tische, Stühle, Betten, Ställe, Häuser und Kirchen ließen sich damit bauen. Den Eiffelturm montierte Gustav als repräsentatives Messe-Ausstellungsstück und war damit auf der Höhe der Zeit, denn das Prunkstück der Pariser Weltausstellung von 1889 war damals heiß umstritten.

Aber auch an der ursprünglichen Idee, die Anna kritisiert hatte, hielt Gustav fest. »Riesenbaukasten« nannte er eine Variante. Mit ihr ließen sich Häuser bauen, so groß wie die Kinder selbst. Durch Einschieben gefärbter Pappstücke in dazu vorgesehene Nuten konn-

Gustav Lilienthals »Riesenspielzeug«, eine
Variante des Modellbaukastens

te das Gerüst ausgefüllt werden, »gerade so, wie das Gebälk eines Fachwerkhauses mit Gemäuer gefüllt wird«. Diese Technik wird Gustav später auch für den eigentlichen Hausbau patentieren und als Architekt in seinen transportablen Häusern verwirklichen.

Trotz der großen Hoffnungen, die Gustav in den Modellbaukasten gesetzt hatte – das ganz große Geschäft wurde daraus nicht. Zwar hatte er auf der Leipziger Messe im Frühjahr 1888 sofort an die »100 Kästen verkaufen können«, und auch als er bereits als Architekt und Bauherr an den Lichterfelder Villen arbeitete, wurden die Baukästen noch hergestellt. Der Siegeszug des Systems aber setzte erst nach der Jahrhundertwende ein und ist – wiederum – nicht mit dem Namen seines wahren Erfinders verbunden. 1901 patentierte der Engländer Hornby »genormte Streifen aus Metall mit einer Reihe von Bohrungen in gleichen Abständen in der Mitte«, so dass schließlich *er* als der Vater des Meccano-Baukastens gelten wird, der als Stabil-, Trix-, Märklin- oder LEGO-Technikbaukasten unzählige Nachfahren bis in die heutige Zeit hat.

Dabei hatte es in Lilienthals Patenttext (der wegen der Gläubiger auf Ottos Namen lief) von 1888 fast wortgleich geheißen: »Herstellung von Modellbauten aus Leisten verschiedener Länge, welche in einer gleichmäßigen Längeneintheilung vielfach gelocht sind.« Der einzige Unterschied zwischen den Leisten Gustav Lilienthals und Hornbys war das Material. Dabei konnte man Gustavs Holzleisten sogar noch variationsreicher verwenden. Da sie sich aber am Hausbau orientierten, fehlte seinem Prinzip ein wesentliches Element des Konstruktionsbaukastens: die drehende Achse – die Welle und das Rad. Nur sie ermöglichten den Nachbau von Kränen, Maschinen und Autos, die bei Kindern später so beliebt sein sollten. Gustav hatte die Welle zwar in der »Windmühle«, die er auf der Messe noch angeboten hatte, angelegt, entwickelte das Prinzip jedoch nicht weiter. Sein Vorbild war schließlich die Statik der Architektur.

Somit wurde der Modellbaukasten nicht der große Durchbruch. Wieder war es Gustav nicht gelungen, ein erfolgreiches Unternehmen aufzuziehen. Das Ziel der Selbstständigkeit aufzugeben und eine feste Anstellung anzunehmen, kam ihm dennoch nicht in den Sinn. Das Erfinden war sein Lebenselixier, eine unerschöpfliche Quelle der Lust, wobei der Weg ihm oft wichtiger war als das Ziel. Längst beschäftigten ihn neue Ideen, auch wenn man seiner Meinung nach »im schönen Deutschland« alles Mögliche tue, »um den Leuten das Erfinden zu verleiden«. Darin sah Gustav den großen Unterschied zu Amerika und England. Dort legte man Erfindern keine Steine in den Weg, mit der Folge, »dass eine Unzahl Artikel in jenen Ländern in einer Vollkommenheit hergestellt werden, dass sie unsere Fabrikate auf dem eigenen Markt verdrängen können«.

Anna unterstützte Gustav zwar in dessen »rastlosem Vorwärtsstreben«, aber sie hatte auch Angst, dass damit zu wenig Raum für andere Aktivitäten bliebe. »Mehr wie satt essen können wir uns doch nicht und so viel haben wir auch so. Wann willst Du Zeit finden für die Welt der Wissenschaft, der Kunst, das Studium der Klassiker, der Poesie. Das sind alles schlummernde Gaben in Dir, die ich wecken will ...« Andererseits kannte sie ihren Gustav. »Du wirst nicht aufhören, Geld verdienen zu wollen.« Dass es ihm weniger um »Wollen« als um »Müssen« ging, übersah sie in ihrem neuen Genügsamkeitsstreben.

Das Erfinden zum Lebensunterhalt zu machen war, wie Anna befürchtet hatte, tatsächlich ein mühsames Unterfangen. Zu Gustavs neuen Ideen zählten beispielsweise ein Krawattenschloss oder das »Hüpfrad«. Bei Letzterem handelte es sich um ein Fahrrad aus Vollgummi, mit dem man sich »hüpfend über die Schwerpunktverlagerung des Körpers vorwärts bewegt«. »So ein Känguruh«, versicherte er Anna, »wäre ein großer Vorsprung in der Fortbewegungsart, da alle Reibung von Rädern wegfällt, welche Kraft erfordert.« Eine Variante dieser Idee, als »künstliches Reittier« patentiert, war ein Esel, auf dem sich Gustav einmal recht vergnügt ablichten ließ. Auch diese Erfindung setzte sich nicht durch, ebenso wenig wie eine patentierte Rechenmaschine oder ein »Lampenputzer«. Hier argumentierten die Händler, dass das Gerät »die Lampen zu lange konserviert«, was nicht in ihrem Verkaufsinteresse läge.

Auf ein Lesespiel setzte Gustav 1887 besonders große Hoffnungen, denn der Vertrieb durch den Buchhandel sei »leicht u. schnell«. Auf diese patentierte Erfindung war er deshalb besonders stolz, weil Otto zur gleichen Zeit »in aller Stille« an einem ähnlichen Spiel arbeitete, das allerdings doppelt so teuer war. »Das Lesespiel ist sehr einfach, ich begreife gar nicht, wie Otto nicht hat darauf kommen können.« Dass er den großen Bruder einmal übertrumpft hatte, freute und irritierte ihn gleichermaßen. Rivalität wollte er eigentlich nicht, denn es würde ihnen dann »die beste Kritik fehlen während des Entstehens der Ideen«.

Das Problem erübrigte sich zum Glück – oder leider – von selbst. Das Lesespiel fand auf der Messe zwar wohlwollende Beachtung, und einige Exemplare wurden auch bestellt; von einer Markteinführung konnte jedoch keine Rede sein. Ein weiterer Versuch Gustavs waren verschiedene Varianten der seit dem frühen 19. Jahrhundert beliebten Legespiele: Aus sechs bis zehn einfach geformten Steinen ließen sich Hunderte von Figuren zusammensetzen, eine pädagogische Gedulds- und Geschicklichkeitsübung. Zwar begann Gustav mit der entsprechenden Produktion und dem Verkauf, doch wiederum gelang es erst seinem Erzfeind Richter, die Idee erfolgreich zu vermarkten. Wie bereits von Gustav vorgeschlagen, gab es verschiedene Kästen mit den Bezeichnungen »Pythagoras«, »Kopfzerbrecher«, »Kreisrätsel« oder »Ei des Kolumbus«, die einzeln oder als Serie erhältlich waren und als kleine und preiswerte Variante des Steinbaukastens große Verbreitung fanden.

Erfolg und die Befriedigung, als Erfinder bleibende Spuren hinterlassen zu haben, waren Gustav erst in seinem eigentlichen Beruf beschieden – als Architekt. Architektur und Bautechnik wurden die Felder, auf denen er nicht nur »erfinden«, sondern von denen die Familie auch leben konnte. Sein Ansatz war dabei denkbar einfach: Er wollte solide bauen, jenseits von Luxus, der ihm als »Ingenieur und Sozialist« ohnehin zuwider war. »Es war kein Fenster noch Tür, kein Dach, welche er nicht in Hinsicht auf eine bestimmte Verantwortung für die Bewohner konstruierte.« Bedürfnisse erkennen und ihnen mit gutem Material entsprechen, das »gab ihm die größte Befriedigung«. Könne ein Haus doch »gut 350 Jahre« aushalten, »wenn es gehörig in Stand gehalten wird«.

Begonnen hatte Gustavs Erfolgssträhne in Lichterfelde im Süden Berlins. Dort hatte er 1892 mit dem Bau seines ersten eigenen Hauses in der Dahlemer Straße 22 (heute Tietzenweg 51) als höchst origineller Bauherr von sich reden gemacht. Es war mit einer Gesamtfläche von 200 Quadratmetern wiederum im Vergleich zu den Villen der Nachbarschaft so bescheiden, dass es von Passanten belächelt wurde und »den Ruhm genoss, das kleinste Besitztum in ganz Groß-Lichterfelde zu sein«. Von ihrem kleinen Erkerfenster aus musste sich Anna »spöttische, gehässige, beleidigende Worte« anhören, manchmal sogar: »Jude Lilienthal raus!« Antisemitismus hatte seit der Gründerkrise Konjunktur und erschwerte Gustav nicht selten die Arbeit, auch wenn er kein Jude war.

»Wir leben in Deutschland meistens auf zu großem Fuß«, hatte er 1890 im *Prometheus* moniert. Seine Sparsamkeit war Programm. Als die zweite Hälfte des Doppelhauses, das auch als Baubüro diente, fertig war, verkündete eine Tafel – gut sichtbar außen an der Fassade – mit dem etwas holprigen Spruch sein Firmenmotto: »Wer nicht kann halten Maß / Das Bauen lieber lass. / Schon dieser kleine Zwickel / kost' hunderttausend Nickel.« Das Doppelhaus hatte Gustav als Prototypen konzipiert. Es entsprach ganz dem in besagtem Artikel beschriebenen Konzept des »Vororthauses für eine Familie« und wurde schließlich in zahlreichen Varianten in Lichterfelde verwirklicht. Mit den Auswüchsen der modernen Großstadt vor Augen, den Berliner Mietskasernen, dem ganzen Elend, das er als Schlafbursche einst am eigenen Leibe erfahren hatte, zielte Gustav auf eine alternative Wohnkultur nach englischem Vorbild: den Bau »kleiner, gesunder Häuser für eine Familie« vor der Stadt. Darin sah er nicht nur eine Erwerbsquelle für sich, »sondern auch eine zeitgemäße Abänderung vieler Missstände, welche sehr viel mitzählen bei der allgemein herrschenden Unzufriedenheit aller arbeitenden Klassen«.

Die termitenhafte Anhäufung enormer Menschenmassen auf einem Fleck empfand Gustav Lilienthal bereits 1887 als eine gesellschaftliche wie architektonische Fehlentwicklung. »Werden vielleicht einst andere Elemente sich geltend machen, die jenen Trieben entgegenwirken können und es möglich machen werden, dass die

Entwurf für ein Familienwohnhaus von Gustav Lilienthal

Menschen in harmonischen Abständen die Erde bevölkern ...?« Falls das gelänge, hätte das seiner Meinung nach weitreichende politische Folgen. Dann würden »alle Grenzen« fallen, und die Menschen bräuchten »keine ehernen Kriegsgesetze, diese Grenze aufrechtzuerhalten«. Mit dem sicheren Gespür dafür, dass »die Strömung, außerhalb der Stadt zu leben«, in Berlin bereits begonnen hatte und »ebensolche Dimensionen annehmen« würde »wie in England«, setzte Gustav Lilienthal ab Anfang der neunziger Jahre seine Vision als Architekt systematisch um. Vorerst hatte er dabei den »unteren Mittelstand« im Blick.

Gustavs Architektur war vom ersten Haus an unverkennbar: Zinnen und Türmchen wurden zu seinem Markenzeichen, Vorbild der neogotische, englische Tudorstil. Die Häuser – über 30 werden es am Ende sein – erinnern an Burgen oder Landhäuser, wirken verspielt und sind doch äußerst zweckmäßig. Jedes Detail hat eine wohldefinierte Funktion, innen wie außen. In den Türmchen enden die Schornsteine und Lüftungsschächte, und selbst die an einigen Häusern befindliche Zugbrücke zum Eingang überbrückt einen Graben, der erforderlich ist, um Tageslicht in das als Schlafzimmer genutzte Kellergeschoss gelangen zu lassen. »Weit auskragende Gesimse oder ein überstehendes Dach sind ein Luxus, den sich das Zinshaus wohl erlauben kann, das mit äußerster Sparsamkeit hergestellte Landhaus aber nicht; man muss daher zu anderen Schönheitsmitteln seine Zuflucht nehmen«, beschreibt er sein Anliegen.

Bescheidenheit ist auch in der Grundstücksgröße Programm. Großbürgerliche Villen mit parkähnlichem Garten seien als Vorbild untauglich. »Es ist ja eine schöne Sache, ein Häuschen ringsumgeben von saftigem Grün mit einem Tummelplatz für die Kinder. Ich bin selber ein großer Gartenfreund, muss mir aber sagen, wenn ich die Zahlen betrachte, welche die Grund- und Bodenwerte ergeben: ›Der Mittelstand kann's nicht!‹« Und so konzipierte er kleine Vorgärten, wie er sie in England vorgefunden hatte.

Seine »allerrationellste Bauweise« zeigt sich ebenso in der Innengestaltung. Die Zimmer sind Orte der Geselligkeit. »Tote Winkel« gibt es nicht. Jede Nische wird als Kammer oder Wandschrank genutzt. Um Heizkosten zu sparen, sind die Mauern doppelwandig, die Innenwände mit Binsen verkleidet. Sie saugen die Feuchtigkeit auf und verhindern Schimmel. Die Türen haben schmiedeeiserne Beschläge, Klinken aus Horn und ein von Gustav erfundenes äußerst wirksames Sicherheitsschloss. Es sollte viele Bewohner, die ihre Schlüssel verlegt hatten, zur Verzweiflung bringen. Die Treppe, in der jede Stufe, jede Biegung des braunen, polierten Handlaufs sehr genau gearbeitet ist, ähnelt einer Kletterstange, an der die Räume sich bis zur Bodenkammer emporhangeln. Der Architekt der Ritterburgen war ein Meister. Das Haus in der Lichterfelder Marthastraße 5, in das Gustav und Anna im Frühjahr 1894 mit ihren Töchtern zogen, zeugt noch heute davon.

Normal ging es bei den Lilienthals nie zu. Mit »leidenschaftlicher Zähigkeit«, erinnert sich die jüngste Tochter Otti, schufen sich Gustav und Anna ihre eigene Welt, »ohne jede Kompromissbereitschaft«. Sie hatten nicht nur »eine gewisse Lust am Anderssein«, »Vorurteile und Barrieren, die sie zwischen sich und die Umwelt bauten«, isolierten sie auch unfreiwillig. Dennoch oder gerade deswegen schenkten Anna und Gustav ihren Kindern damit »eine ungewöhnlich reiche Kindheit«. Im Garten stand ein Turngerät, an dem sie beim »alljährlichen Schauturnen ... misstrauischen Freunden und Verwandten den Triumph ihrer Ungewöhnlichkeit« zeigten. Die Mädchen trugen zum Erschrecken der Tanten und Nachbarn selbst genähte blaue Pumphosen, was ihnen im Übrigen gar nicht immer recht war. Sie hätten lieber Matrosenkleider und weiße Unterröcke angehabt. Und der Astronom Professor Knorre, Gustavs Schwager, für den Gustav die andere Hälfte des Hauses in der Marthastraße 5 gebaut hatte, zeigte ihnen den nächtlichen Sternenhimmel.

Kein Geschenk durfte das Haus verlassen, das nicht von den Kindern selbst gebastelt war. Es wurde »am laufenden Band« gezeichnet, gedichtet und musiziert, beschreibt Otti die kreative Atmosphäre ihrer Kinderzeit. Die Laubsägen »rasselten ..., die Hämmer schlugen, dicke Nadeln stachen durch die Kanevas. Die Stimmung war prächtig. Sie hielt, bis mein Vater daranging, seine allweihnachtliche Erfindung zu machen ..., meist war es irgendein pseudopraktischer Apparat, mit dem er seine Schwäger beeindrucken und glücklich machen wollte.« Die Beschenkten wussten das nicht immer zu würdigen. Und auch Anna und seine Töchter, die Gustav »im Tyrannenton« in die Umsetzung seiner Ideen einbezog, was jedes Mal zu heftigen familiären Auseinandersetzungen führte, hätten lieber darauf verzichtet. Gustavs »despotisch auftretende Erfinderwut« schreckte sie eher ab. Aber der Vater erzählte auch wunderbare Geschichten vom australischen Urwald und liebte es, seine Familie vor Probleme zu stellen, die einer »sofortigen Lösung« bedurften. »Angenommen«, fragte er einmal während einer der üblichen ausgedehnten Mahlzeiten die am Tisch Sitzenden, »ihr würdet allein im Urwald zurückgelassen, was würdet ihr tun?«.

In dieser Familie gab es keine Tabus. Am großen ovalen Tisch in der Diele, vor der im Eingang der Albatros seine schmalen Flügel breitete, wurden sämtliche Tagesereignisse besprochen, wurde heiß und heftig gestritten: über Kunst, Moral, Religion und Glauben. Besonders gern debattierten Gustav und Anna darüber, ob es einen freien Willen gebe. Einigen konnten sie sich nie. »Sie fochten, als ob die Ehescheidung drohe.« Anna »konnte ihre Stimmungen durch Wände und verschlossene Türen schwelen lassen.« Dann ging für die Kinder »die Welt unter«.

Auch »die Sorgen und geschäftlichen Desaster« des Vaters machten vor dem Familientisch nicht Halt. Sie vergrämten Anna und ängstigten die Kinder, während Gustavs »vitaler Optimismus« sie »schnell verscheuchte«. Vielleicht wäre es der Familie finanziell besser gegangen, wenn Gustav die innere Freiheit und Unabhängigkeit etwas weniger wichtig gewesen wäre und er »in der Jugend und in den Mannesjahren ... Frieden mit der Konvention« geschlossen hätte, schreibt seine jüngste Tochter. Dann hätte ihr Vater es wirtschaftlich viel weiter bringen können. Aber er sei immer seinen eigenen Weg gegangen und »opferte eigentlich unbewusst alles seinem spielenden Einzelgängertum auf. Mit seiner ungewöhnlichen Lebenskraft und seinem Lebensglauben konnte er sich das leisten.« Für Gustav Lilienthal gab es »keine Dauer-Miséren, jeder Misserfolg erweckte eine neue Idee, die alles Vorhergegangene in den Schatten stellte«.

Das Projekt, das Gustav seit den frühen neunziger Jahren am meisten bewegte, war sein Engagement für die »Freiland«-Bewegung«. Anhänger dieser Organisation hatte er durch den Astronomen und Direktor der Berliner Sternwarte Wilhelm Julius Foerster kennen gelernt. In der von Foerster 1892 gegründeten »Deutschen Gesellschaft für ethische Kultur« trafen sich »viele Träger der neu entstehenden sozialen Gedanken und Ideen«, darunter auch die spätere Friedensnobelpreisträgerin Bertha von Suttner. Den Mitgliedern ging es um soziale Verantwortung, um die Frage, welche Alternativen es zum Elend der Arbeiter gäbe und wie diesen zu menschenwürdigen Lebensverhältnissen verholfen werden könnte. Was die damaligen Parteiprogramme anboten, befriedigte jene kritischen Zeitgenossen nicht. Am ehesten fanden sie ihre Vorstellungen bei den Sozialdemokraten repräsentiert, doch auch dort herrschte zunehmend parteipolitischer Klüngel. In jener »Gesellschaft für ethische Kultur« sammelten sich Individualisten, die sich dennoch dem Wohle der Gemeinschaft verpflichtet fühlten. Denn die »Eigentümlichkeit des Menschen«, so Gustav, bestehe darin, »dass nur durch innige Gemeinschaft aller und das gleiche Streben ein Gedeihen und Wohlbefinden jedes Einzelnen möglich« sei. In der »Gesellschaft« fanden Gustav und Anna Gleichgesinnte und »ihren Wirkungskreis in einem ihnen gemäßen Klima«.

Daneben bestimmte ein Mann das Denken der Lilienthals, der wie eine religiöse Erweckergestalt an das soziale Gewissen der Nation appellierte und acht Jahre lang Tausende Deutsche aller sozialen Schichten, Frauen wie Männer, in seinen Bann zog: Moritz von Egidy. Seine Schrift *Ernste Gedanken*, mit einer Auflage von 1000 Exemplaren geplant, war mit 60 000 verkauften Exemplaren in kürzester Zeit zum Bestseller avanciert und wurde in zehn Sprachen übersetzt. Der ehemalige Husarenoffizier war nach einer steilen Laufbahn aufgrund des erwähnten Buches in Ungnaden aus dem militärischen Dienst entlassen worden. Ein Anarchist wider Willen, hatte er es darin gewagt, jegliche äußeren Machtverhältnisse, also auch den Staat, als Wurzel allen Übels anzugreifen. »Nicht mehr der regierende Wille einer Gewalt, sondern das Gesetz einer vollkommeneren Ordnung, das Gesetz der Gerechtigkeit, der Geist der Liebe« sollten künftig das »Volksleben« leiten. Für ihn war Anarchie nicht Abwesenheit von Ordnung, sondern das Streben nach einer inneren Ordnung und Selbstbeherrschung, die auf freiem Willen und geistiger Unabhängigkeit gründete.

Was Egidy vorschwebte, war ein neues Christentum der Tat. Protestanten und Katholiken sollten sich nicht mehr in fruchtlosen Kämpfen aufreiben, sondern grenzüberschreitend für ein besseres Leben aller eintreten. Nur ein undogmatisches, vereintes Christentum könne die Basis der Welt von morgen sein. »Willst du den Frieden, so rüste nicht für den Krieg«, heißt es auf einem Flugblatt von Carstenn, dem Gründer von Groß-Lichterfelde, der eine eigene Kampagne zur Unterstützung von Egidy initiierte. Nur dann, so Egidy in *Ernste Gedanken*, »werden keine Kriege zwischen den großen Kulturstaaten, keine Revolution und keine geistige Knechtung mehr möglich sein; vielmehr werden die Menschen in Erkennung ihrer wahren sittlichen Pflichten durch opferfreudige Hingabe an die Gemeinsamkeit zu einem glücklichen und für die Zukunft hoffnungsfreudigeren Dasein auf Erden gelangen«.

Für viele Menschen waren diese *Ernsten Gedanken* wie ein erlösendes Wort. Freiheit statt äußerer Herrschaft, »Geistige Selbständigkeit und ein gegen jede materielle Vergewaltigung gesichertes Dasein«, für das die allgemeine Abrüstung eine wesentliche Voraussetzung ist – mit diesen Forderungen für ein einiges Christentum konnten sich sowohl Gustav als auch Otto Lilienthal identifizieren. Ihre religiösen Vorstellungen waren nie allzu eng mit der Kirche als Institution verbunden gewesen. Als Jugendliche hatten beide erst nach dem Tod des Vaters sonntags regelmäßig den Gottesdienst besucht. Dennoch waren sie auf ihre Weise religiös. Laut Gustavs Tochter Otti sei ihr Vater »ein tief frommer Mensch« gewesen. »Er lebte sein geistiges Leben ganz einsam mit der Natur ...« Für ihn, dessen Zweifeln an Althergebrachtem – die Grundlage jedes Erfinders – in der Kindheit »mit dem Zweifel an der Notwendigkeit des Händefaltens« begonnen hatte, waren allein Forscher »auf den einsamen Pfaden der Wissenschaft« die »wahren Hohenpriester« und »Pioniere der Menschheit«. Dieser Gedanke einte die Brüder. Otto sah in Moritz von Egidy einen jener Männer, »die ihrer Zeit die Augen zu öffnen« versuchten und »dem großen Gedanken der reinen Lehre Christi ..., der durch Dogmen und Formeln zur Unkenntlichkeit entstellt wurde«, wieder Geltung verschafften.

Am 19. und 20. Mai 1891 hatten die Lilienthals Moritz von Egidy erstmals bei einer öffentlichen Diskussion über dessen Buch *Ernste Gedanken* persönlich erlebt. Etwa 200 Männer und Frauen waren seiner Pfingsteinladung gefolgt, Adlige und Fabrikbesitzer ebenso wie Studenten und Arbeiter. Egidy, dieser kleine untersetzte Mann mit den funkelnden blauen Augen, beeindruckte seine Zuhörer zutiefst. Rhetorisch hoch begabt, trat er stolz ohne falsche Rücksicht auf Konventionen und die öffentliche Meinung für seine Überzeugungen ein.

Jener denkwürdige Auftritt hatte die Lilienthals vollends für die Ideen des Reformers eingenommen. Sie abonnierten daraufhin seine Zeitschrift *Versöhnung*, versäumten keinen seiner Vorträge und standen in Briefverkehr. Egidy schätzte in Otto Lilienthal einen »Pionier« der Menschheit, der genau in seinem Sinne handelte. Und Otto setzte sich vehement dafür ein, dass der in Ungnade gefallene Offizier in der Presse nicht länger totgeschwiegen wurde. »Gerade Sie«, schreibt er an die Redaktion einer Zeitschrift, »werden unmöglich auf die Dauer die Würdigung einer Bewegung unterlassen können, die nicht mehr aufzuhalten sein wird.« Der Bewegung – neben der »Gesellschaft für ethische Kultur« war bald auch eine »Egidy-Gesellschaft« entstanden – gehörten die größten Geister ihrer Zeit an: Archenhold und Landauer ebenso wie Foerster, Damaschke, Wilhelm Liebknecht oder Bertha von Suttner. Sie alle einte das Bewusstsein, dass es so wie bisher nicht weitergehen konnte in Deutschland.

»Und nun muss es etwas werden«, hatte Egidy Gustav als Widmung in dessen Exemplar von *Ernste Gedanken* geschrieben, ein Satz, der an das Gewissen appellierte. Und da es nicht die Art der Lilienthals war, so Anna, »ein geistiges Erlebnis aufzunehmen, wie etwa ein schwerverdauliches Diner, von dem man bei einem guten Schoppen am Stammtisch Erholung sucht, so reagierten sie ... ihrer Natur entsprechend mit der Tat«. Otto sah im Menschenflug ein friedliches, völkerverbindendes Element und in der Gewinnbeteiligung seiner Arbeiter sowie im Volkstheater Bausteine einer neuen Gesellschaft, während Gustav in der »Freiland«-Bewegung, für die er seine Häuser entwarf, ein alternatives Lebensmodell entdeckte.

Freiland. Ein sociales Zukunftsbild hieß damals eine viel diskutierte, in Kenia spielende Auswanderergeschichte des Wiener Nationalökonomen Theodor Hertzka. Das Buch, laut Autor »Ergebnis ernsten, nüchternen Nachdenkens, gründlicher wissenschaftlicher Forschung«, beschreibt ein fiktives soziales Experiment. Angesprochen sind Leser, die gleich dem Autor »von der Unhaltbarkeit der bestehenden Zustände« erfüllt sind und sich deshalb »aufrafften, zu handeln, statt zu klagen«.

Fernab von Deutschland, in Kenia, östlich des Ukerewesees, vereinigen sich eine »Anzahl von Männern aus allen Teilen der civilisierten Welt«, mit dem Ziel, »einen praktischen Versuch zur Lösung des socialen Problems ins Werk zu setzen«, wie es im Vorwort des Buches heißt. »Diese Lösung suchen und finden dieselben in der Schaffung eines Gemeinwesens auf Grundlage vollkommener Freiheit und wirtschaftlicher Gerechtigkeit zugleich, d. i. eines solchen, welches, bei unbedingter Wahrung des individuellen Selbstbestimmungsrechtes, jedem Arbeitenden den ganzen und ungeschmälerten Genuss der Früchte seiner eigenen Arbeit gewährleistet ... Auf diesem ihrem Gebiete wird die freie Gesellschaft keinerlei Eigentum an Grund und Boden anerkennen, ebenso wenig dasjenige eines Einzelnen, als ein solches der Gesamtheit.

Behufs Bearbeitung des Bodens, wie überhaupt zum Zwecke jeglicher Produktion, werden sich Associationen bilden, deren jede sich nach eigenem Gutdünken selber verwalten und den Ertrag ihrer Produktion unter ihre eigenen Mitglieder je nach deren Leistung verteilen wird. Jedermann hat das Recht, sich einer beliebigen Association anzuschließen und dieselbe nach freier Willkür zu verlassen.« »Eden« nennen die Auswanderer ihr Projekt – eine ganze Stadt »mit Straßen und Plätzen, öffentlichen Gebäuden und Belustigungsorten ... Raum für 25000 Familienhäuser, deren jedem auch ein ansehnliches Gärtchen zugedacht« ist.

Hertzkas Sozialutopie ist »das Gedankenbild eines neuartigen Sozialismus«, schreibt Franz Oppenheimer, ein später bekannter Soziologe, Ökonom und Doktorvater Ludwig Erhards, »der dem autoritären Sozialismus der Marxisten die Spitze bot; eine Gesellschaft, in der die rationelle Gleichheit ohne Verzicht auf die wirtschaftliche und bürgerliche Freiheit als erreicht geschildert wurde«. Gleichzeitig zeigt dieses lebensreformerische Experiment nahezu prophetisch den Kern kolonialistischer wie das Potenzial nationalsozialistischer Ideologie: Die überlegenen »Freiländer« mit der »stärkeren Civilisationsform« erziehen die barbarischen Eingeborenen »zu höherer und freier Kultur«. Und als diese sie angreifen, führen die »Edener«, die inzwischen mehr als eine Million zählen, einen Verteidigungskrieg, der ihren »Standpunkt allenthalben im Auslande zur Geltung« bringt.

Der Roman war eine Initialzündung. Überall in Deutschland und Österreich fanden sich daraufhin Gruppen junger Leute zusammen, die sich »Freiländer« nannten »und entschlossen waren, dieses Ideal zu verwirklichen«. Einige Enthusiasten machten sich sogar zu einer Expedition nach Ostafrika auf, wo man »am schönen Kilimandscharo nach Herztka'schem Muster jenes Freilandglück« in die Tat umsetzen wollte, wie Anna Lilienthal in ihren Erinnerungen schreibt. Das »aussichtsreiche Unternehmen« sei jedoch am englischen Einreiseverbot und »Allzuviel des Menschlichen« gescheitert.

Gustav Lilienthal wurde bald einer der begeistertsten Anhänger der »Freiland«-Bewegung. Nur eine konsequent durchgeführte Bodenreform könne die Bodenspekulation und die damit einhergehende soziale Verelendung verhindern. Weshalb sollten nicht auch in Deutschland bessere soziale Verhältnisse möglich sein, wie er sie in Australien und England kennen gelernt hatte. »Die Arbeit vieler Tausender muss auf andere Gebiete gelenkt werden«, hatte Gustav schon 1887 gefordert, »um das zu schaffen, was wirkliche Bedürfnisse des Lebens sind.« Dafür müssten »die alten Baracken« abgerissen werden. »Bäume gepflanzt, die Städte ausgebreitet, damit es sich lohnt, die Entfernungen durch Dampfkraft zu verkürzen.« Mitte der neunziger Jahre beteiligte sich Gustav an der Umsetzung der gesellschaftsverändernden Vision.

»Eden« hieß dann auch das vielleicht erfolgreichste »Freiland«-Projekt, das am 28. Mai 1893 in dem vegetarischen Restaurant »Ceres« in der Moabiter Paulstraße aus der Taufe gehoben wurde. Geplant war der Aufbau einer Arbeits- und Lebensgemeinschaft als gemeinnützige vegetarische Obstbaukolonie. Drei stilisierte Bäume, seit 1914 das Wappen der Siedlung, symbolisieren Boden-, Wirtschafts- und Lebensreform. Genossenschaftlicher Boden, eigene Vermarktung des Obstes, eigene Schul- und Kultureinrichtungen und der Aufbau eigener »Heimstätten« waren die Grundlagen des Projekts.

Die Begründer der Genossenschaft waren »Lebensreformer«, Anhänger des Vegetarismus und der Antialkohol- und Antinikotinbewegung, die sich wie Hertzkas »Freiländer« »aus dem kapitalistischen Ozean auf eine selbstgeschaffene Insel zu retten« versuchten. Der Fabrikantensohn, Lebensreformer und Vegetarier Bruno Wilhelmi war der eigentliche Initiator, Franz Oppenheimer hatte am Statut mitgearbeitet. Es sollte das politisch brisanteste lebensreformerische Experiment werden: in einer individual-anarchistischen Oppositionshaltung zu Staat, Parteien und Gesamtgesellschaft suchten die Edener die Erlösung von allen zivilisatorischen Übeln.

Die Voraussetzungen waren denkbar schlecht gewesen. Eine Stunde Bahnfahrt von Berlin und eine Dreiviertelstunde Fußmarsch vom Bahnhof Oranienburg entfernt, in einem frostgefährdeten Gebiet des Urstromtals der Havel, hatte Bruno Wilhelmi ein Terrain von 160 Morgen ausfindig gemacht, das zwar bezahlbar, aber für eine Obstbaukolonie an sich völlig ungeeignet war. Es herrschten extreme Winter und späte Nachtfröste, es fiel zu wenig Regen für den Anbau von Edelobst, und die Gegend hatte den »schlechtesten Boden, der denkbar ist«. Immerhin – das Land war billig. Außerdem verstanden die Gründer noch nicht allzu viel vom Gartenbau, und so wurde es gekauft.

Umso erstaunlicher ist der Erfolg dieses Projekts, das nicht zuletzt Silvio Gesell, der Visionär einer Marktwirtschaft ohne Kapitalismus, zu Beginn des 20. Jahrhunderts entscheidend mitprägte. Obst und Gemüse aus »Eden« gibt es noch heute. Franz Oppenheimer nannte die Kolonie die »erste voll gereifte Frucht des liberalen Sozialismus«, die »in jedem Lehrbuch der Ökonomik und Psychologie mindestens ein ganzes Kapitel füllen« müsste.

Gustav Lilienthal war von der Idee »Eden« begeistert und ließ sich von dem Enthusiasmus der Siedler anstecken. Solide Häuser für die Edener im Grünen zu bauen, wesentlich preiswerter als herkömmliche Ziegelhäuser und dank neuer Bautechniken überwiegend durch die Siedler selbst zu errichten – das war eine Herausforderung nach seinem Sinn. Als er der Genossenschaft ein Verfahren anbot, Gemeinschaftsbauten und die ersten Häuser aus selbst gegossenen Zementsteinen zu errichten, waren die Edener angetan. Gustav sah darin auch für sich ein Experiment, das er schließlich ab 1895 in die Tat umsetzte. Da er seine neuen Bautechniken aber gerade erst entwickelt hatte, stellten sich zum Ärger der neuen Siedler bald Mängel ein, die sich nicht so leicht beheben ließen. So fehlte »ein erprobter Anstrich, der die Wasserdurchlässigkeit der Zementsteine genügend verhinderte«. Das war insofern keine Bagatelle, weil die frei stehenden Siedlerhäuser stärker Schlagregen aus-

Siedlung »Eden«. Gemeinschaftsunterkunft

gesetzt waren als Reihenhäuser. Außerdem boten die freien Wände nicht genügend Wärmeschutz. Die Räume wurden im Winter kaum warm, bei anhaltendem Regen weichten die Tapeten ab und Schimmel bildete sich. Ein Desaster, wodurch »die in Aussicht gestellte Verbilligung des Bauens« nicht eingelöst wurde. Letztlich waren diese Probleme Kinderkrankheiten einer innovativen Architektur. Das Verfahren, vom herkömmlichen »Stein auf Stein« zu einer Vorfertigung von Decken- und Wandplatten zu kommen, war Neuland. Dank zahlreicher Patente, die Gustav auf Techniken dieser Leichtbauweise in den nächsten Jahren nahm, gründete er eine eigene Firma: die »Terrast«-Baugesellschaft.

Die Fertigteilhäuser, die Gustav produzierte, waren billig und boten »den großen Vorteil, dass sie ohne an Wohnlichkeit einzubüßen und ohne Zerstörung der Teile zerlegt und anderweitig wieder aufgebaut werden« konnten. Zum Programm seiner »Terrast«-Gesellschaft, die in der Folgezeit eine Reihe von Preisen und Ausstellungsmedaillen erhielt, gehörten Lauben, Sommerhäuser und opulente Landhäuser ebenso wie Restaurants, Labors oder Ausstellungshallen, darunter das von ihm realisierte legendäre Baubüro von Siemens & Halske.

Besonders interessant aber war diese Bauweise für eine andere, bis heute bekannte sozialreformerische Kolonie: In der Nähe von Berlin, in Rüdnitz bei Bernau, hatte sich der Theologe und preußische Landtagsabgeordnete Friedrich von Bodelschwingh der »Brüder der Landstraße« – verarmten obdachlosen Handwerkern, Trinkern, Vagabunden und entlassenen Sträflingen – angenommen. Mittellosen Wanderern sollte gegen Arbeitsleistung Unterkunft gewährt werden. »Arbeit statt Almosen«, mit dieser Devise versuchte von Bodelschwingh den Opfern der Industrialisierung und Großstadtentwicklung ein menschenwürdiges Zuhause zu bieten – zumindest ein durch Blenden getrenntes Bett, das so genannte Einzelstübchen, und Verpflegung. Als Gegenleistung hatten die Zufluchtsuchenden auf den Feldern der Kolonie zu arbeiten.

Die Unterstützung eines solchen Projekts entsprach Gustavs Bedürfnis, soziale Verantwortung zu übernehmen. Seiner Meinung nach war »jeder wirklich Arbeitsunfähige zur Staatshilfe berechtigt, ebenso wie der Arbeitslose vom Staat beschäftigt werden muss«. Wer allerdings nicht in diese beiden Gruppen hineinpasse, müsse sich selber helfen. Die transportablen Häuser seiner »Terrast«-Gesellschaft waren für einen zügigen Anfang des Projekts genau das Richtige. Auf Empfehlung eines Abgeordnetenkollegen von Friedrich von Bodelschwingh erhielt er den Auftrag. »Herr Lilienthal, der mir seit Jahren als ein für gemeinnützige Unternehmen lebhaft interessierter Herr bekannt ist, stellt für seine Person und leider auch für seine Familie die denkbar geringsten Ansprüche. Ich glaube kaum, dass ein anderer bei gleicher Güte der Lieferung eine feuer- und wetterfeste Baracke, die für 42 Personen reichlich Platz bietet, für den Preis von 9500 M herstellt.«

Einige seiner Baracken stehen noch heute, ebenso der »Saal Alt-Lobetal«, das heutige Wahrzeichen der »Hoffnungstaler Anstalten

Lobetal im Verbund der v. Bodelschwinghschen Anstalten Bethel«. Ursprünglich war dies eine Fachwerkkirche, die in der Gubener Straße am Berliner Ostbahnhof stand und die von Bodelschwingh für 1000 Mark erworben hatte. Gustav ließ sie abbauen und in veränderter Form in der Kolonie als »Bet- und Speisesaal« neu errichten, ein spektakuläres Projekt, das ihm einige Aufmerksamkeit bescherte.

Endlich blühte das Geschäft des sozial engagierten Architekten Lilienthal, was nicht heißt, dass die Einnahmen sprudelten, denn dafür hatte er sich die falschen Kunden gesucht. Aber schließlich stellte er ja »die denkbar geringsten Ansprüche«. »Unsere Verhältnisse sind besser geworden als früher«, berichtete Anna ihrer Schwägerin Marie nach Neuseeland. »Gustav muss sich zwar recht quälen, aber er wird doch wenigstens anerkannt.« Nicht nur in Lichterfelde war er inzwischen zu einem gefragten Baumeister geworden. Auch in Neuruppin, Woltersdorf und Brandenburg ließ man sich von ihm Häuser bauen. In der von ihm entworfenen Villa in Neu-Babelsberg in der heutigen Karl-Marx-Straße 66 wohnten während des Zweiten Weltkriegs die Gäste der Ufa, und danach zog dort die DEFA-Filmfabrik ein.

Anna war stolz auf ihren Mann und doch auch ein kritischer Gegenpol bei der Umsetzung seiner zahlreichen Ideen. Wenn Gustav ihrer Meinung nach wieder »viel zu optimistisch« war, dann kämpfte sie manchmal »bis an die Grenze des Zerbrechens ... um besinnendes Einhalten, um kritisches Zögern«. Ein Projekt unterstützte sie jedoch bedingungslos: Gustavs Gründung der Arbeitersiedlungs-Baugenossenschaft »Freie Scholle«. Darin sah sie »die Pionierarbeit eines Kämpfers für Menschenrechte«.

»Ein eigenes Häuschen auf eigener Scholle« nicht nur für den »unteren Mittelstand«, sondern auch für Arbeiter schwebte Gustav spätestens seit der Gründung von »Eden« vor. 1895 hatte er nach langen, stürmischen und oft auch unfruchtbaren Sitzungen, die der Unerfahrenheit der Arbeiter geschuldet waren, die Genossenschaft »Freie Scholle« gegründet. Man erwarb bei Klein-Glienicke 30 Morgen Land, konnte aber aus Geldmangel vorerst nicht bauen. Zwei Jahre später kam den Genossenschaftlern ein Umstand zustatten, der für Gustav aus moralischen Gründen nicht ganz unproblematisch war. Mitten durch das erworbene Land sollte der Teltowkanal gebaut werden. Grund und Boden stiegen damit drastisch in ihrem Wert, »so dass die ›Freie Scholle‹ es für praktisch hielt, ihr Land zu verkaufen und mit dem so gewonnenen Kapital an anderer Stelle zu siedeln«. Ein schwerer Entschluss für »einen so überzeugten Bodenreformer« wie Lilienthal, denn nun bewegte er sich »im Fahrwasser der Bodenspekulation, die er sein Leben lang bekämpfte«. Um aber endlich bauen zu können, hatte er keine andere Wahl.

In Waidmannslust, im heutigen Berliner Bezirk Reinickendorf, fand man ein passendes neues Gelände. Der kiefernreiche Sandboden war bester Bausand. Er eignete sich hervorragend für das Gießen der Zementsteine vor Ort, so dass auch erwerbslose Arbeiter gleich zu beschäftigen waren. Zweck der Baugenossenschaft, so Lilienthal, sei es, »dem kapitallosen Arbeiter ein freundliches, unkündbares Heim und eine wohlfeile Hauswirtschaft zu sichern sowie ihm einen zuverlässigen Broterwerb zu ermöglichen«.

Am 17. September 1899 wurde unter Gustavs Leitung der erste Spatenstich gemacht. Wenige Monate später bezogen die Bewohner die ersten vier »Gartenheimstätten«, schlichte Häuser am Waldrand mit einem kleinen Vorgarten. Trinkwasser hatten sie vorerst nicht im Haus, das mussten sie aus dem nahe gelegenen Fließ holen. Die erste Straße benannten die Genossenschaftler nach Moritz von Egidy, dessen plötzlicher Tod ein Jahr zuvor für Gustav und Anna wie für alle seine Anhänger »ein schmerzlicher, unersetzlicher Verlust« war.

Acht Häuser waren gebaut, und die Genossenschaft hatte eine solide Basis, als Gustav Lilienthal 1903 den Vorsitz niederlegte. Die

Grundsteinlegung zu den ersten Häusern der »Freien Scholle«,
Egidystraße 24–26, 17. September 1899. Gustav Lilienthal rechts stehend

»Freie Scholle« aber wuchs weiter und besteht noch heute als Baugenossenschaft mit über 1400 Wohnungen, Sozialeinrichtungen und Gärten. Eine Lebens- und Produktionsgemeinschaft wie in »Eden«, mit eigenen Handwerks-, Konsum- und Sozialeinrichtungen, ließ sich – obwohl geplant – nicht verwirklichen. Trotzdem war die »Freie Scholle« Gustavs »wahres Kind«, ein soziales Experiment, das selbst der kritische Freiländer Franz Oppenheimer noch 1930 als »erfreulich geglückt« bezeichnete.

11. KAPITEL

Die Kunst zu fliegen
»Eine interessante Belustigung und angenehme Körperübung ...
zur Bekämpfung moderner Culturkrankheiten«

Die Angst war vorbei. Es war Otto gleichgültig, ob er nun zwei Meter oder zwanzig über dem Boden schwebte. Die Luft trug ihn wie einen Schwimmer das Wasser. Ruhig glitt er über den sonnigen Hang in den Rhinower Bergen, wobei er den Wind in jedem Augenblick mit einer Körperbewegung parierte. Die Stärke des Windes auf seiner Haut, die Richtung, aus der er wehte, der Ton, den er wie leise Harfenmusik auf den Spanndrähten seines Flugzeugs spielte, waren Ottos Navigationshilfen.

Eine Hand voll Zuschauer blickte staunend zu ihm hinauf. Dieser Mensch, dessen Beine weit über ihren Köpfen aus seinem Apparat baumelten, hatte Mut. Bereits über hundert Meter weit strich er über die Wiesen. Zwei Mal gelang ihm sogar eine Kehrtwende. Plötzlich aber stand er still, hing regungslos in der Luft. Die Zuschauer hielten den Atem an. Manche lächelten, als ob sich nun erfüllte, wovon sie schon oft gehört hatten: von verstauchten Armen und Beinen, heftigen Schürfwunden. Ob dieser sympathische Sonderling jetzt wieder abstürzt? Doch Otto gab nur dem Fotografen ein Zeichen: »Jetzt!« Ein »Klick«, dann war jener magische Moment vorüber. Lilienthal rief Beylich, seinem Gehilfen, noch ein paar Worte zu und schwebte weiter. Wenige Sekunden später landete er sanft. Ein Raunen ging durch die Zuschauer, das der Flieger mit einem glücklichen Lächeln quittierte.

Auf den Fotografien, die kurz darauf erstmals im Septemberheft des *Prometheus* von 1893 und in der *Zeitschrift für Luftschiffahrt* gedruckt wurden, hängt Otto Lilienthal mit schwarzer Hose und Strohhut zwischen den sieben Meter breiten Fledermausflügeln seines Flugapparats. Der Rhinower Kirchturm und die Bäume scheinen tief unter ihm auf Spielzeuggröße geschrumpft. Aber das beweist nur das Geschick des Fotografen, nicht, dass das Fliegeproblem schon gelöst sei, wie Otto Lilienthal zugab. Weitere Aufnahmen zeigen ihn, wie er bei Steglitz von einem turmartigen Schuppen abspringt. Dort hat er schon seine typische Fliegerkluft an: knielange helle Baumwollhosen, Strumpfhosen darunter und ein kurzärmeliger Pulli, dazu ein Sommerhut. Später variiert er sein Fliegerkostüm: Den Hut ersetzt ein rotes »Piratentuch« auf dem Kopf, das sein lockiges Haar windschnittig zurückbindet. Die Folgen der nicht selten unsanften Landungen und Absprünge mildert er durch eine Bundhose mit eingenähten Kniepolstern.

Die Fotos von Alex Krajewski und Ottomar Anschütz waren eine Sensation. Man hatte viel gehört, einiges gelesen, wenig geglaubt. Doch nun ließen die Fotografien die Zweifler verstummen. Sie zeigen Otto Lilienthal beim Absprung und bei der Landung, von vorn und von der Seite, ungewöhnliche Körperhaltungen und kritische Flugsituationen. Die Bilder an der Maihöhe bei Steglitz stammen von Anschütz, einem Mann, der Fotografiegeschichte schrieb. 1893 wurde auf der Weltausstellung in Chicago sein »Schnellseher« gezeigt: Momentfotografien von Menschen und Tieren, die bewegte Bilder ergaben.

Aber konnte man Otto Lilienthals Schweben wirklich Fliegen nennen? Der französische Flugpionier Ferdinand Ferber war davon überzeugt: »Den Tag, an welchem Lilienthal im Jahre 1891 seine ersten fünfzehn Meter in der Luft durchmessen hat, fasse ich auf als den Augenblick, seit welchem die Menschen fliegen können. Sie wussten's zunächst nicht, das ist alles.« Doch der Mehrheit der Fachwelt wie auch den Schaulustigen an den Flugplätzen war jenes Schweben entlang des Hanges bisher nicht genug gewesen, selbst wenn es 1893 bereits bis zu 250 Metern weit ging.

Lilienthal war sich dessen bewusst. Mit prägnanten Worten be-

Die Fliegestation Maihöhe, 1893

schreibt er die drei Probleme des Fliegens: Starten, Stabilität und Landen. Das Problem bestehe darin, erklärte er bei einem Vortrag vor dem Architektenverein, »dass man das Fliegen nur lernen kann, wenn man es übt, dass man aber das Fliegen ohne den Hals zu brechen nur üben kann, wenn man das Fliegen schon versteht«. Darum sei eben bis heute die Flugfrage noch nicht gelöst. Aus dieser Tatsache folgert er auch sein eigenes Flugprogramm. »Fliegen heißt: ›Sich mit einer Flugmaschine vom Boden in die Luft erheben.‹ Das können wir nicht! Fliegen heißt ferner: ›Von einer Bergspitze zu einer anderen gleich hoch gelegenen Bergspitze durch die Luft sich hinüberzubewegen.‹ Das können wir auch noch nicht! Fliegen heißt aber auch: ›Sich von der Spitze eines Hügels ins Tal durch die Luft herablassen.‹ Das aber können wir, und hierbei haben wir Gelegenheit zu lernen und zu üben und schließlich auch die anderen Arten des Fliegens, das horizontale und ansteigende Fliegen nach und nach auszubilden und somit wirklich zu erfinden. Sie sehen, wer in der Lösung der Flugfrage vorwärtskommen will, der muss bescheiden sein.«

Und Lilienthal empfiehlt, zunächst mit einfachen Apparaten den schräg abwärts gerichteten Segelflug zu versuchen, denn das sei »diejenige Bewegung in der Luft, mit der wir unsere praktischen Flugübungen beginnen müssen«. Keine noch so ausgeklügelte Theorie könne sie ersetzen. Weder das Schwimmen noch das Zweiradfahren hätte man über die Theorie erlernt – erst der praktische Versuch habe gezeigt, dass der Mensch in der Lage ist, das Gleichgewicht zu halten. Ebenso verhalte es sich mit der Fliegepraxis. Die Theorie sei zwar in Grundzügen vorhanden, und daraufhin habe man Apparate konstruiert. Nun aber könne nur »das auf richtiger Grundlage angestellte Experiment ... Wahrheiten liefern und zur wirklichen Erweiterung richtiger Anschauungen und Einsichten beitragen, selbst wenn die Resultate negative oder nicht gewünschte« seien und der »Erfolg in so ungünstigem Verhältnisse zur aufgewandten Mühe« stehe, hatte Lilienthal schon 1891 in seinem Aufsatz »Über Theorie und Praxis des freien Fluges« geschrieben.

Dieser von Lilienthal so selbstbewusst vorgetragene Standpunkt war nicht ohne Eitelkeit, wusste Otto doch, dass ihm bei der sportlichen Bestätigung seiner Theorie keiner das Wasser reichen konnte. Die akademischen Diskussionen im Verein und die Einwürfe der selbst ernannten Flugtechniker – »Gefühlsmechaniker«, wie sie Lilienthal nannte – erschienen vor dem Hintergrund seiner Flüge als das, was sie waren: graue Theorie. Er aber war der Begründer des »Experimentierens vor der Tür«, wie Wilbur Wright später bewundernd feststellte. Zwar hatte es bereits Hunderte von Jahren vor ihm Gleitversuche gegeben, im 19. Jahrhundert dann von George Cayley, François Wenham oder Louis Pierre Mouillard, aber nur die Flüge Lilienthals waren erfolgreich gewesen. Für ihn selbst waren sie im Hinblick auf den freien Flug des Menschen dabei nichts weiter,

»als was die ersten unsicheren Kinderschritte für den Gang des Menschen bedeuten«.

Es war ein langer Weg der kleinen Schritte gewesen seit der Veröffentlichung des Buches *Der Vogelflug als Grundlage der Fliegekunst* im Jahr 1889. Dabei hatten sich Schwierigkeiten aufgetürmt, »von denen der nur theoretisch arbeitende Flugtechniker kaum eine Ahnung bekommt«. Ständiges mühsames Probieren, Scheitern, wieder Probieren, vielleicht besser Scheitern. Euphorisierende Höhenflüge wie deprimierende Abstürze. Noch 1895 rechnete es sich Otto dabei als sein »größtes flugtechnisches Verdienst an«, dass er sich bei allen seinen Versuchen »keine Knochen gebrochen« hatte. Nur ein allmählicher Übergang von der Theorie zur praktischen Vervollkommnung der Apparate und der Flugtechnik verhindere tödliche Unglücksfälle. Dass auch er »immer mit einer Katastrophe gerechnet« hatte, »wenn er aufgestiegen war«, verhehlte er jedoch nicht. Schon die ersten Stehversuche von 1889 mit einem Flügelpaar von zehn Quadratmetern im Garten der Boothstraße hatten den Brüdern gehörigen Respekt vor der Kraft des Windes eingeflößt. Die Hebewirkung war so stark, dass Gustav, der in der ausgesparten Öffnung der Flügelfläche steckte, »mit dem Kopf nach unten in den Sand geschleudert wurde«.

Im Jahr darauf wurden die Stehübungen auf einem kleinen Hügel hinter der Kadettenanstalt von Lichterfelde wiederholt. Bei Windgeschwindigkeiten von drei bis sieben Metern pro Sekunde machte Otto Gleichgewichtsversuche, indem er den Flügel sofort wieder zurückzog, sobald der Wind ihn anhob. Gelang dies nicht, kippte der ganze Apparat um, und Otto kam auf dem Kopf zu stehen. Um wie die Vögel besser gegen den Wind laufend starten zu können, verfiel er auf die Idee, am hinteren Ende der Maschine zur Steuerung einen vertikalen Schwanz anzubringen.

Im Frühjahr 1891 übte Otto in seinem Garten an einer durch Bäume geschützten Stelle von einem Sprungbrett aus vorsichtige

Sprünge. Beim Bau der mit Schirting, einem leichten Baumwollgewebe, bespannten Apparate hatte ihm Agnes' Schwester Hulda geholfen, die in jener Zeit bei ihnen wohnte. Von einem Meter, später zwei Metern Höhe aus hatte er bei völliger Windstille nach einigem Anlauf erstmals das Gefühl, als ruhte der Körper in der Luft. Noch im selben Jahr machte Otto erste richtige Flugübungen in Derwitz bei Potsdam.

Hier, in den über zwanzig Meter hohen Krielower Bergen an der Magdeburger Bahnlinie, wo der Wind aus verschiedenen Richtungen wehen konnte, verbrachte Lilienthal fast jeden Sonntag des Sommers 1891. Gustav begleitete ihn nur selten. Er war seit jenen ersten Versuchen in Lichterfelde auch kaum noch Gesprächspartner seines Bruders in der »Flugsache«. Gustav war zum Zuschauer geworden und verfolgte – zunehmend kritisch –, was Otto in den nächsten Jahren daraus machen sollte.

Die Landschaft um Derwitz hatte Otto bei einem Besuch von Annas Onkel, Pfarrer Bournot, kennen gelernt. Der Windmühlenberg, von dessen recht steil abfallendem Nordhang es nur 50 Meter zu den Bahngleisen waren, schien ihm besonders geeignet. Er war überwiegend mit Heidekraut und Dünengräsern bewachsen und erlaubte auch Sprünge in westlicher und östlicher Richtung. Außerdem konnte er seinen Apparat in der Scheune des Müllers Hermann Schwach unterstellen – ein nicht zu unterschätzender Vorteil, da der Transport vom Potsdamer Bahnhof eine gar zu anstrengende und obendrein Aufsehen erregende Angelegenheit war. Hugo Eulitz, ein Vetter von Agnes, der in Ottos Fabrik als Schlosser arbeitete, hatte ihm dabei geholfen und war zur Sicherheit im Gepäckwagen mitgefahren.

Nach den letzten Winderfahrungen hatte Otto einen neuen Apparat aus Weidenholz gebaut, der 18 Kilogramm wog und nicht besonders handlich war. Am Ende hatte Otto außer dem vertikalen noch einen horizontalen Schweif angebracht, was die Stabilität erhöhte. Außerdem hatte er die Flügelfläche nun in zwei einzelne

Flugpause in Südende, 7. August 1892

Flügel geteilt, die durch ein Gestell in der Mitte miteinander verbunden waren. Das ermöglichte dem Flieger wesentlich mehr Bewegungsfreiheit. Seine Unterarme lagen auf gepolsterten Holmen, die Hände umfassten Griffe. Geriet er in Gefahr, war er nicht in den Apparat eingeklemmt, sondern konnte sich fallen lassen. Bei den zahlreichen Stürzen, die Otto in den kommenden Monaten erlitt, erwies sich das als ein nicht zu unterschätzender Vorteil.

Er und der 21-jährige Eulitz waren bald ein eingespieltes Team. Während der eine vom Berg herabsegelte und gleich darauf das Fluggerät wieder nach oben trug, hatte der andere sich in der Zwischenzeit ausgeruht, um sofort den nächsten Sprung zu wagen. Einer der beiden oder Müller Schwach, der oft zuschaute, maß anschließend die zurückgelegte Flugstrecke. Dutzende Male glitten die beiden den Hang hinab, wenn der Wind günstig war. Oft waren sie allein, manchmal jedoch brachte Otto die Familie oder Freunde aus Berlin oder Lichterfelde mit. Auch Schauspieler vom Ostend-Theater, darunter Mathilde van Hüngen, kamen in den Genuss, ihren baldigen Herrn Theaterdirektor durch die Luft segeln zu sehen. Die Dorfbewohner von Derwitz oder Krielow hatten sich bereits an den verrückten »fliegenden Berliner Fabrikanten« gewöhnt. Und so mancher von ihnen pilgerte sonntags mit seiner Familie zum Windmühlenberg, um an diesem seltsamen Schauspiel teilzuhaben.

Anfangs sahen die Flüge noch recht unbeholfen aus. Und mehr als einmal mussten sich Lilienthal oder Eulitz aus dem Apparat fallen lassen, damit sie sich nicht ernsthaft verletzten. Aber selbst mit verstauchten Beinen und geprellten Armen stieg Otto gewöhnlich gleich wieder auf den Berg. Er verbiss sich die Schmerzen und machte weiter – sehr zum Erstaunen des Müllers, der sich häufig Sorgen um ihn machte. Lilienthal hatte nur eines im Sinn: immer sicherer, immer weiter zu kommen. Bis Eulitz eines Tages 25 Meter maß. Ursache für diesen neuen Streckenrekord war, dass die anfangs relativ geringe Windstärke sich während des Fluges in einer Höhe von fünf bis sechs Metern verstärkt hatte.

Es waren nur wenige Sekunden gewesen, die Otto in der Luft verbracht hatte, aber es waren die bisher erhabensten für ihn. Danach hatte er beschlossen, den Meteorologen Carl Kassner zu fragen, ob er ihn nicht fotografieren wolle. Dessen Aufnahmen sollten die ersten eines fliegenden Menschen überhaupt werden, noch vor den Fotografien von Anschütz und Krajewski. Lilienthal war sich des historischen Augenblicks durchaus bewusst, als er die Bilder am 16. November 1891 den staunenden Zuhörern im »Verein zur Förderung der Luftschiffahrt« vorlegte. Er hatte den Beweis erbracht, dass sich »der schräg abwärts geführte Segelflug mit einem sehr einfachen Apparat ... gefahrlos einüben lässt«. Damit hatte die Ära des Menschenflugs begonnen. Es war der »Anfang einer neuen Kulturepoche«, wie ihn Otto zwei Jahre zuvor in seinem Buch vorausgesagt hatte.

Anderthalb Jahre später, im Frühjahr 1893, hatte Otto Lilienthal den ersten »Flugplatz« der Welt errichtet – seine Fliegestation auf der Steglitzer Maihöhe, etwa zwei Kilometer nördlich von seinem Haus. Dort entstanden die Fotos von Ottomar Anschütz, veröffentlicht in jenem Septemberheft des *Prometheus*, die bald um die Welt gingen. Zusammen mit einem vier Meter hohen, pultartigen Schuppen hatte der Hügel eine Höhe von etwa zehn Metern. Die Flugrichtung war Westen, aber durch die Rundung waren auch Sprünge in etwas abweichende Richtungen möglich. Das Dach des Schuppens, unter dem die Apparate aufbewahrt wurden, war mit Rasen belegt, die Rückseite durch ein Geländer gesichert, das den Flieger vor den von vorn kommenden Böen schützte. Mit einer neuen Apparatvariante gelangen hier auf der Maihöhe erstmals Flüge von 50 Metern Weite.

Der Aufwand hatte sich gelohnt. Dieses neue Flugzeug sollte der Prototyp für Lilienthals Patentanmeldung werden. Im Jahr zuvor hatte er nicht weit entfernt, an einer Sandgrube zwischen Steglitz und Südende, einen anderen sehr ausgefeilten Apparat mit beidseitig bespannten Tragflächen und zehn Metern Spannweite ausprobiert. Aber schon der Transport dieses Gleiters war ein aufwändiges Unterfangen gewesen. Außerdem hatte Otto den riesigen Apparat nur bei mäßigem Wind beherrscht. Der neue Apparat war deshalb wieder leichter, kleiner und mit wenigen Handgriffen zusammenlegbar.

Zuschauer, die Otto Lilienthal von der Maihöhe fliegen sahen, waren beeindruckt. Hatten sie ihn anfangs noch »für einen Wagehals erklärt«, überzeugte sie nun der Anblick »vollkommener Sicherheit«. Ruhig schwebte er dahin und kam manchmal sogar – als besondere Attraktion – ohne zu wanken auf einem Bein zu stehen. Lilienthal freute dieses zunehmende Interesse. Er fühlte sich nicht als einsamer Kämpfer für seine »Fliegesache«, sondern wollte so viele Menschen wie möglich daran teilhaben lassen. Wer immer es sich zutraute, durfte Probeflüge machen. Freimütig gab Otto dabei seine Erfahrungen weiter. »Es ist keine einzige Belustigung im Freien denkbar«, schreibt er in der *Zeitschrift für Luftschiffahrt*, »welche mit soviel Übung in der Gewandtheit des Körpers, mit soviel Schärfung der Sinne und Förderung der Geistesgegenwart verbunden wäre als dieses schwungvolle Dahingleiten durch die Luft.« Otto Lilienthal setzte deshalb alles daran, das Fliegen als Sport zu etablieren.

Sport war gegen Ende des 19. Jahrhunderts zu einem Massenphänomen geworden, eine immer beliebtere Freizeitbeschäftigung und sogar Schulpflicht. Man gründete Vereine für Turnen, Rudern, Leichtathletik, Fußball, Boxen und inzwischen auch Radfahren. Eislaufen erfreute sich großer Beliebtheit, und künstliche Eisbahnen waren Treffpunkte künftiger Ehepaare. Auch die Lilienthals waren begeisterte Schlittschuhläufer. Sport füllte bald nicht nur Sonderseiten in den Zeitungen, er wurde ein eigener Wirtschaftszweig. Und »mit dem wundervollen, anstrengungslosen Dahingleiten durch die Luft«, war Lilienthal überzeugt, ließe »sich keine der bisherigen Sportbewegungen vergleichen«.

Das Fliegen über den Sport populär zu machen, war eine geniale Idee Lilienthals. Zum einen »gäbe es kein Mittel, welches mehr als dieses zur Förderung der Flugfrage beitragen würde«. Außerdem könnte er mit dem Verkauf von Flugzeugen Geld verdienen, das aufgrund des um 1893 wieder einmal »miserabel« gehenden Maschinengeschäfts und seiner Theateraktivitäten recht knapp war. Er war sich sicher, »Hunderte von jungen kräftigen Leuten würden sich solche billig herzustellenden Segelapparate halten und in der Weite der Segelflüge zu überbieten suchen«.

Drei wesentliche Voraussetzungen waren hierfür allerdings notwendig: ein Flugplatz in der Nähe einer Großstadt, das Patent auf sein Flugzeug und das richtige »Marketing«. Mit Letzterem hatte Otto Lilienthal schon seit 1889 begonnen. Der Fachwelt berichtete er in seinen regelmäßig erscheinenden Jahresberichten im »Verein zur Förderung der Luftschiffahrt, die dann in der *Zeitschrift für Luft-*

schiffahrt abgedruckt wurden. Allgemein Interessierte erfuhren von Lilienthals Fortschritten in zahlreichen Artikeln des *Prometheus*, und die später darin veröffentlichten Abbildungen gaben dem Ganzen eine besonders sensationelle Note. Außerdem verstand Otto es, als fesselnder Redner auf sein Publikum einzugehen.

Wichtiger und überzeugender als all das aber waren seine praktischen Vorführungen, seine Schauflüge, die er beherrschte und genoss und die ihn zum Liebling von Publikum und Presse werden ließen. Die Inszenierung war wichtig für den Erfolg: ein geheimnisvoller Apparat, auffällige Garderobe, die Konzentration vor dem Start, die Helfer mit Windsack und Stoppuhr. Otto ging nicht umsonst im Theater ein und aus.

Noch pilgerten allerdings nur wenige Neugierige sonntagvormittags zur Maihöhe, vor allem Familienmitglieder und Freunde. Manch Fremder schämte sich sogar ein wenig dafür, diesem »verrückten Mann« zuzuschauen, »der da mit vogelähnlichen Flügeln ›herumhüpfen‹ sollte« – wie der Artillerieleutnant und Ingenieur Alfred Hildebrandt: »Dass ich diese Versuche als eine ernstzunehmende Sache ansah, wagte ich damals nicht zu sagen, da ich nicht ausgelacht und geuzt werden wollte. So zog ich denn das ›schlichte Gewand eines Bürgers‹ an, um möglichst wenig aufzufallen, und pinscherte nach Steglitz.« Aber Lilienthals Schau genügte, um ihn »für die Flugsache einzufangen«. Hildebrandt wird danach zu den eifrigsten Förderern der Flugtechnik gehören. Er organisierte die ersten »Flugtage« in Deutschland und holte im Jahr 1909 Orville Wright erstmals nach Berlin.

Letztlich war die Maihöhe nur ein erster Schritt auf dem Weg zu einem geeigneteren Flugplatz, denn sie hielt nicht, was Otto sich von ihr versprochen hatte. An der Dachkante war der Wind unberechenbar, die Höhe nicht wirklich ausreichend, und der nötige Westwind ließ ihn häufig im Stich, so dass Otto viel seltener fliegen konnte als erhofft. Für eine größere Fliegestation aber fehlte ihm Geld, und Unterstützung von staatlicher Seite konnte er nicht erwarten, obwohl damals »fast alle Nationen um die Ehre, die erste wirklich brauchbare Flugmaschine hergestellt zu haben«, wetteiferten. Doch die Flugpioniere bezahlten ihre Versuche weitgehend aus der eigenen Tasche. »Die Staatsverwaltungen«, prophezeite Otto, »werden später ihr Interesse bekunden, wenn schon Jemand wirklich einmal frei die Luft durchflogen hat und eigentliche Erfindungsopfer nicht mehr zu fürchten sind.«

Vorerst musste Lilienthal deshalb Privatleute für den geplanten Sport gewinnen. Zwar kamen die Schaulustigen bisher durchaus auf ihre Kosten, wenn sie Lilienthal frei schwebend in der Luft mit seinen Freunden »ordentlich ein Wörtchen erzählen« hörten, aber noch waren die Flüge nicht weit und damit nicht attraktiv genug.

Im Sommer 1893 hatte Otto seinen Hauptübungsplatz in die Rhinower Berge verlegt. Dort waren ihm auch jene von Krajewski fotografierten sagenhaften Flüge von 250 Metern gelungen. Sie ließen keinen Zweifel mehr daran, dass professionelles Fliegen nur noch eine Frage der Zeit war.

Immer mehr Besucher begleiteten Lilienthal daraufhin nach Rhinow. Sie wollten einmal selbst dieses Gefühl des Schwebens erleben, von denen ihnen Otto so begeistert erzählte. Auch Wilhelm Meyer-Förster hatte er eines Tages neugierig gemacht. Als Otto dem Autor des »Zehnpfennig-Theaters« von seinen Flugversuchen erzählte, hatte dieser dem Gast anfangs zwar »mit der Artigkeit zugehört«, die man derartigen Geschichten eben gewöhnlich entgegenbrachte: »Ein bisschen Sport, viel unnütze Zeitverschwendung – in Summa eine kleine Albernheit.« Nachdem Otto ihm allerdings sein Buch über den Vogelflug zu lesen gegeben hatte, war ihm die Sache schon seriöser erschienen, obwohl der Unternehmer und Theaterdirektor seiner Meinung nach nicht aussah »wie Leute, die Bücher schreiben«. Meyer-Förster war, wie er in seinen Erinnerungen schreibt, verblüfft, welches »Maß von Wissen, scharfer Beobachtungsgabe und mathematischer Gelehrsamkeit« Lilienthal darin entfaltete.

Einige Monate später war der Dramatiker bereit, mit nach Rhinow zu fahren. Unterwegs stieß noch ein Gehilfe zu ihnen. Der Mechaniker Rauh, wie Eulitz in Ottos Fabrik angestellt, war laut Meyer-Förster »eine Art Kreuzung von Kutscher und Maschinenschlosser«, das, was man später einen Flugzeugmonteur nennen wird, und offensichtlich bei der ganzen Sache die Hauptperson. »Denn dieser außerordentlich schweigsame Mensch war der, welcher die Oberaufsicht über den Flugapparat führte, ihn aus dem Schuppen holte, flickte, schleppte und zurechtbog und der meiner Schätzung nach an dem angenehm warmen Herbsttage wohl zwanzigmal die Flugmaschine die Rhinower Berge hinauftrug. Notabene, ohne zu schwitzen, denn er war ausgezeichnet trainiert und trotz der schweren Last noch imstande, bergauf seine Zigarre nicht ausgehen zu lassen.«

Nachdem Meyer-Förster Lilienthal eine ganze Weile beim Fliegen zugeschaut hatte, ließ er sich überreden, es selbst einmal zu versuchen. Es wäre »wirklich nicht viel zu fürchten«, meinte Lilienthal. Er gab sich alle Mühe, seinem Theaterfreund die Angst zu nehmen, was dem Neuling allerdings wenig nützte. »Die Heide unter den Rhinower Bergen lag noch genauso friedlich und still und nahe wie vorhin, mir aber schien sie unendlich weit gerückt tief unten wie in einem Abgrunde zu liegen. ›Also Gott befohlen‹, dachte ich, ›blamieren kannst du dich hier nicht.‹ ... Und dann lief ich drei Schritt – und dann – ja dann f l o g ich. Ich hatte keinen Boden mehr unter den Füßen, stützte mich auf meinen Balken und ließ die Beine im freien Weltenraum hängen und stierte geradeaus in die Unendlichkeit des Äthers. Denn ich konnte ja nicht hinuntersehen, weil mir das verboten war. Sieht man hinunter, so hatte auch der schweigsame Famulus zu mir gesagt, dann bückt man sich auch vorwärts und hält die Flügel nicht mehr richtig – ... Ich hatte das lächerliche Gefühl ..., dass ich ins Grenzenlose, ins Unbekannte, in ungewisse Fernen, in ungeheure Höhen mich verliere. Ich hatte nur noch den einen Wunsch: Hinunter! Nur noch das eine Ziel: Die alte treue

Mutter Erde! Und ich beugte mich vor und blickte hinunter ...« Im nächsten Moment stürzte Meyer-Förster »mit lautem Krachen kopfüber ins Heidekraut«. Zwar verletzte er sich kaum, aber er versuchte es nie wieder. Und er war nicht der Einzige, dem es so erging.

Otto Lilienthal wunderte diese Zurückhaltung, denn er hätte gern einen Flugverein gegründet, in dem er vor allem Jugendliche um sich scharen konnte, die noch jene Kraft und Mut hätten, welche ihm bald fehlen würden. Doch noch hatte er nicht einen gefunden, der sich freiwillig dafür interessiert hätte. Andererseits war er durchaus selbst ambivalent in dieser Sache. Die Verantwortung gegenüber den jungen Leuten war groß. Stürzte einer von ihnen ab, wäre er, Otto, der Schuldige. Seinem Volontär Gerhard Wehr zum Beispiel, der nicht nur gern bei ihm arbeitete, sondern ihn inständig bat, auch einmal fliegen zu dürfen, verbot er es kurzerhand. Wehr sollte sich besser auf seine Arbeit als Maschinenschlosser konzentrieren. »Glauben Sie, ich will mir Vorwürfe machen, wenn Ihnen etwas passiert?« Otto Lilienthal trug also vorläufig lieber seine »eigene Haut dabei zu Markte« und konzentrierte sich auf den Verkauf seiner Flugzeuge.

Am 3. September 1893 meldete er ein Patent auf einen »Flugapparat« an, zunächst in Deutschland, später auch in England und in den USA. In der Patentschrift beschreibt er recht allgemein eine Flugmaschine, die »zur Ausübung des freien Fluges für den Menschen dienen und sowohl den Segelflug ohne Flügelschlag als auch den Ruderflug mit bewegten Flügeln bewirken« soll. Als Patentansprüche werden die Bauform mit gewölbten, zusammenlegbaren Flügeln, die Flughaltung des Piloten, die Steuerflächen, ein möglicher Flügelschlagmechanismus und eventuelle ventilklappenartige Flügelspitzen genannt. Offenbar sollte das Patent alle Varianten, die er zu erproben gedachte, abdecken.

Wenn jene »patentirten Flugapparate zur Anwendung kämen«, hoffte Otto, würde sich ihm »eine gute Einnahmequelle eröffnen«.

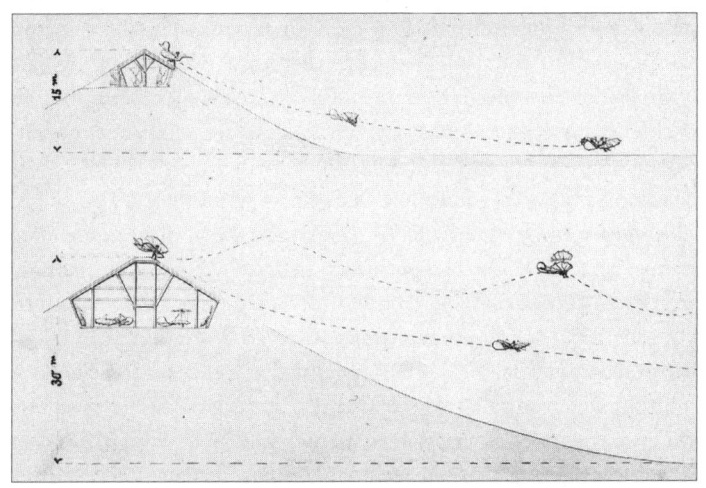

Der Fliegeberg von Otto Lilienthal, in existierender
und geplanter vergrößerter Form

Erste Bestellungen, die bis Ende Dezember des Jahres eingingen, machten ihm Mut. Seine Zeitschriftenartikel hätten »überall großes Interesse erregt«, woraufhin ihm von »mehreren Seiten die Herstellung von Segelapparaten übertragen wurde«, schreibt Otto am 8. November 1893 an Alois Wolfmüller. Der flugtechnisch interessierte Ingenieur aus Landsberg in Bayern war gerade dabei, den Begriff »Motorrad« zu patentieren und mit der ersten Serienproduktion der Welt zu beginnen.

Die ersten Apparate verkaufte Otto ohne Profitinteresse. Noch hatte man ihm das Patent nicht erteilt. »Die Kosten eines Segelapparates betragen für mich ohne Verdienst ca. 300 Mark, und da ich hieraus kein Geschäft ableiten möchte, so habe ich die Apparate den Interessenten für 300 Mk geliefert.« Ein knappes Jahr später war das Geschäft angelaufen, und nun bot er die Apparate für 500 Mark an. Das war ein stattlicher Preis, immerhin mehr, als die kleinste Dampfmaschine aus seiner Fabrikation kostete. Wenn er jedoch aufgrund des Patents aus der Fliegerei einen wirtschaftlichen Erfolg machen wollte, musste er anders kalkulieren. Neben den Selbstkosten – 20 Quadratmeter Schirting, etwa 20 drei- bis vierjährige Weidenruten, ein Bambusrohr, Draht und verschiedene andere Materialien – schlug besonders die Arbeitszeit zu Buche. Zwei Mechaniker konnten den Apparat in einem Monat herstellen, wenn sie eingespielt waren und die Weiden bereits im Frühjahr vorbereitet hatten. Jetzt legte Otto Lilienthal zusätzlich die Kosten für die Entwicklung, für das Einfliegen und für die Versuche an seinem neuen Fliegeberg mit auf die Apparate um. Allzu groß war der Profit trotzdem nicht, und da die Zahlungsmoral der Kunden offensichtlich schlecht war, machte er »die vorherige Einsendung des Betrages zur Bedingung«.

Sollte sich die Erfolgsgeschichte seines Schlangenrohrkessels wiederholen lassen? Otto schien das nicht mehr unwahrscheinlich. Er arbeitete hart daran – und das nicht nur für sich. Wenn das Geschäft mit den Flugapparaten gut liefe, hatte er schon ein Jahr zuvor Marie nach Neuseeland geschrieben, könnten sie und ihre Familie endlich nach Deutschland kommen, »denn wenn man gutes Auskommen hat, ist es hier doch besser«.

Noch glaubte seine Familie nicht so recht an ein erfolgreiches Fluggeschäft. »Es wäre zu wünschen«, schreibt Anna am 16. November 1894 an ihre Schwägerin Marie, »dass Otto einen Teil des Geldes, das er der Fliege-Sache opfert, einmal wiederbekäme. Agnes ist über diesen ebenso gefahrvollen wie kostspieligen Sport nicht erbaut, und da sie nicht ehrgeizig ist, hat sie nicht einmal an der Tatsache, dass ihr Mann jetzt zu den oft und rühmlich genannten Männern gehört, einen Ersatz.«

Ihre Sorge war nicht unbegründet. Im Frühjahr 1894 hatte Otto nicht nur einen gefährlichen Unfall in den Rhinower Bergen gehabt. Viel Geld war auch in den Bau eines neuen Flugplatzes geflossen, der im Sommer 1894 fertig geworden war. Zwei Kilometer südlich von der Boothstraße hatte Lilienthal die Abraumhalde einer Ziegelei zu einer beeindruckenden Arena für seine Flugversuche aufschütten lassen. Heute ist dieser Berg dicht von Häusern umgeben, aber damals stand er vollkommen frei in einer ansonsten flachen Landschaft. Einzig die Schornsteine der Ziegelei zerteilten den weiten Himmel. Ein idealer Platz für Flugsport.

Hier in der Nähe der Millionenstadt Berlin, glaubte Otto, würde es ihm nun gelingen, einen Fliegesport aufzubauen. Vor allem aber könnte er seine neuen Modelle ausprobieren, bevor er sie in die Rhinower Berge transportierte. Es war ein gigantisches Projekt. Der reiche Ziegeleibesitzer hatte Otto die Umgestaltung der Abraumhalde zwar pachtfrei gestattet. Die Kosten von 9000 Mark für das Aufschütten der Halde musste Otto allerdings selbst übernehmen. 3000 Mark steuerte Gustav bei, der damit – kaum dass es ihm finanziell etwas besser ging – einen Teil seiner Schulden bei Otto tilgte.

15 Meter wurde der »Fliegeberg« hoch, 30 Grad steil. Diese Lösung schien Otto Lilienthal geeigneter als die auf der Maihöhe. Dort hatten unberechenbare Wirbel den Absprung immer wieder zum Wagnis gemacht. In die Spitze hinein ließ er einen verdeckten Schuppen bauen, in dem er die zusammengelegten Gleiter aufbewahrte. Das Dach war erneut mit Rasenplatten belegt. Eine kleine glatte Steinplatte sorgte für den sicheren Stand des Fliegers. Otto jubelte, als er das erste Mal den Berg hinuntersegelte.

Nun verbrachte er nicht mehr nur die Wochenenden in Rhinow und Stölln, sondern war in den Sommermonaten die Nachmittage auch noch am Fliegeberg. Sehr zum Unmut von Agnes, denn abends war er im Theater. Wenn sie ihren Mann sehen wollte, musste sie zum Fliegeberg mitkommen. Die Kinder begleiteten sie gern, denn Otto verband das gleich mit einer Radtour, wie sein Sohn Fritz sich erinnerte. Sie seien alle sehr früh Rad gefahren, er auf einem Hochrad. Langweilig wurde es den Kindern am Fuße des Berges nie; wenn das Fliegen sie nicht mehr interessierte, vergnügten sie sich mit den Loren der Ziegelei.

Otto Lilienthal mit dem »Normalsegelapparat«
am Fliegeberg, 29. Juni 1895

Gustav betrachtete Ottos Flugschauen am Fliegeberg eher skeptisch. Den neuen Flugplatz sowie Ottos Engagement fürs Theater hielt er für reine Geldverschwendung und die Idee eines Sportvereins für eine Illusion. Nach Aussagen von Max Samst, der oft in Lichterfelde war, nannte Gustav die Flugsache inzwischen hin und wieder sogar »Blödsinn«. Das Fliegen war zu einem sensiblen Thema zwischen den Brüdern geworden, und immer häufiger gerieten sie darüber nun in Streit. Ottos Aktivitäten, vor allem die Flugschauen, hatten für Gustav etwas Äußerliches bekommen. Er selbst habe »Fähigkeiten, mit denen man schon von weitem glänzt, … nie zu erlangen angestrebt«. Otto hingegen bestand auf der Notwendigkeit praktischer Flugübungen. Wenn sein Bruder doch einmal am Fliegeberg erschien, sagte Otto zu seinen Begleitern sofort: »Jetzt ist es für heute genug.«

Otto Lilienthals engste Vertraute bei den Flugübungen waren inzwischen der Ingenieur Paul Schauer und vor allem Paul Beylich geworden, den er als Monteur speziell für den Flugzeugbau eingestellt hatte. Beylich stand Lilienthal »besonders nahe«. Der Sohn eines Schmiedemeisters, dessen Werkstatt in der Nähe des Hügels lag, hatte den Ingenieur oft fliegen sehen und ihm schließlich beim Aufschütten des Berges geholfen. Otto mochte den ehrlichen und intelligenten Jungen. Beylich sollte ihm bis zum Schluss ein treuer Helfer und Begleiter sein. Keinen einzigen Flug mehr wird Otto ohne seinen Monteur machen.

Otto Lilienthals Flugplatz sprach sich herum, seine Shows wurden berühmt. Bald pilgerten die Berliner mit ihrem Spürsinn für alles Neue sonntags nach Lichterfelde wie zu einem Wallfahrtsort, lagerten mit ihren Picknickkörben am Fuße des Hügels und machten ihre Kommentare, klatschten oder buhten, je nach Länge der Flüge. Nur wenn sie Otto vor dem Absprung einsam oben stehen sahen, hielten sie für einen Augenblick den Atem an. Und »als Dank für die prächtige Schaustellung«, so Gustav, hinterließen sie »ihr bekanntes Stullenpapier«.

Der Berliner Unternehmer mit dem auffälligen roten Sweater und den knielangen Hosen war »eine Jahrmarktsensation«. Manche Schaulustige lachten ihn aus, doch das störte Otto wenig. Die Show machte ihm Spaß, und sie war wichtig, denn neben den Fachjournalen schrieben immer mehr Tageszeitungen über ihn. Sie berichteten von Lilienthals jahrelangen Versuchen, beschrieben detailliert seine Apparate und illustrierten die Geschichte mit Fotos. Plötzlich war das Fliegen keine »Spinnerei« mehr.

Genau diese Popularisierung hatte Otto Lilienthal angestrebt. Dass sich seiner auch Satiriker annahmen, tat dem keinen Abbruch, sondern bewies nur, wie bekannt er mittlerweile war. Immerhin betrachteten die Journalisten es nicht mehr als ausgeschlossen, »dass noch vor Ablauf unseres Jahrhunderts die Menschheit das

Fliegen lernen werde«, mit der Folge, dass »eine große Umwälzung in allen unsern Verhältnissen, eine völlige Veränderung unserer Lebensgewohnheiten eintritt«. Plastisch schilderte zum Beispiel ein Autor der *Dresdner Nachrichten* im November 1894 die Zukunft des »fliegenden Menschen« à la Lilienthal: Schusterjungen, die »mit dem qualmenden Glimmstengel zwischen den Zähnen von einem Kunden zum anderen fliegen, oder Liebhaber, denen Flügel »bei unliebsamen Überraschungen zustatten kommen«.

Aber auch immer mehr Fachleute bezeugten ihr Interesse, indem sie den Fliegeberg besuchten, bald sogar aus der ganzen Welt. Viele von ihnen ließen es sich nicht nehmen und segelten selbst einmal den künstlichen Berg hinab, darunter auch Offiziere und Mitglieder des »Vereins zur Förderung der Luftschiffahrt« wie Georg von Tschudi, der spätere Vizepräsident des Aero-Clubs von Deutschland, und Richard von Kehler, der in den 1920er Jahren Präsident des Aero-Clubs wurde. Sie absolvierten im Herbst 1894 am Fliegeberg einige, wenn auch nicht besonders weite Flüge. Bei aller Begeisterung, so Tschudi später in seinen Erinnerungen, damals habe dennoch niemand geahnt, dass »Lilienthals Apparat der Vorgänger und das Muster für spätere Motor-Flugzeuge sein würde«.

Auch einen anderen Zeitgenossen konnte das Flugexperiment in jenem Jahr nicht so recht überzeugen: Arnold Böcklin. Der Maler der berühmten *Toteninsel* hatte Otto noch vor Tschudi im Juli besucht. Neben seiner eigentlichen Profession beschäftigte sich auch Böcklin seit Jahren intensiv mit dem Fliegen, wobei seine Herangehensweise durchaus Parallelen zu der Lilienthals aufwies. 1886 hatte er in der *Zeitschrift für Luftschiffahrt* zwei Aufsätze über das Schweben der Vögel veröffentlicht und ein Jahr später vor dem Verein einen Vortrag gehalten. Böcklin arbeitete an einem dynamischen Luftschiff, das – allerdings mit geringem Erfolg – den Wellenflug nachahmte. Anschließend experimentierte er mit einem Drachenapparat auf dem Übungsgelände der Luftschifferabteilung in Berlin-Schöneberg. An jeder Seite waren drei ebene Flächen übereinander

Otto Lilienthal mit dem »kleinen Schlagflügelapparat«,
Tongrube am Fliegeberg, 16. August 1894

verstellbar angeordnet. Durch Umstellen der Flügel hoffte Böcklin, eine Aufwärts- und Vorwärtsbewegung zu erreichen. Vergeblich – der Apparat war bereits beim ersten Versuch unter seinem Gewicht zusammengebrochen.

Böcklin war nicht mehr der Jüngste und schon recht krank, als er von Otto Lilienthals spektakulären Versuchen erfuhr. Umso mehr reizte es ihn, »den genialen Flugtechniker in seiner Werkstatt aufzusuchen«. Sein Sohn Carlo Böcklin begleitete ihn. Sie wurden nicht enttäuscht. Unter den Apparaten, die Otto den beiden zeigte, befand sich auch ein brandneues Flügelschlagmodell, in das er gerade einen Kohlesäuremotor einbaute, den er speziell dafür entwickelt hatte. Otto glaubte inzwischen, den nächsten Schritt in seinem Flugprogramm wagen zu können. Den schräg abwärts gerichteten Flug beherrschte er. Nun wollte er ihn durch Motorkraft und Flügelschläge in einen andauernden Flug verwandeln.

Am nächsten Tag besuchten Vater und Sohn Böcklin Lilienthal auf dem Fliegeberg. Bei nur recht schwachem Wind segelte Otto allerdings kaum 50 Meter weit. Carlo, der es auch einmal versuchte, brachte es »nur zu einigen wenigen meterweiten Sprüngen«, die unfreiwillig komisch aussahen. Zu schwierig sei es für den Neuling gewesen, »den Apparat im Gleichgewicht zu halten«. Arnold Böcklin sprach sich anschließend »erfreut und günstig über Lilienthals Versuche aus, glaubte aber nicht an eine Erreichung des Ziels«. Fünf Jahre später starb der Maler, ohne noch nennenswerte Fortschritte mit seinen eigenen Flugexperimenten gemacht zu haben.

Bei den meisten Besuchern überwog nach anfänglicher Begeisterung die Skepsis gegenüber Ottos Flugversuchen. Dennoch kauften einige von ihnen anschließend ein Flugzeug von ihm, und allmählich wurden die Apparate in ganz Deutschland, Europa und bald auch in Übersee bekannt. Wie viele Flugzeuge Lilienthal am Ende tatsächlich verkauft hat, ist unklar. Bekannt sind bis heute neun Käufer, vermutlich aber waren es mehr.

Auch wenn sich der Erfolg vorerst nicht in klingender Münze niederschlug, die Skeptiker noch überwogen und die Gründung eines Sportvereins wohl Utopie blieb – Otto Lilienthal wusste, dass er auf dem richtigen Weg war, und das nicht nur in wissenschaftlicher oder finanzieller Hinsicht. Er habe sich »die Beschaffung eines Kulturelements zur Lebensaufgabe gemacht, das Länder verbindend und Völker versöhnend wirken soll«, schreibt er in jenem im Prolog zitierten Brief an Moritz von Egidy, den er bescheiden schloss: »Ich werde froh sein, wenn ich einen kleinen realen Beitrag liefern kann zu den hohen und idealen Kulturaufgaben, welche Sie verfolgen.«

Seit Anfang der neunziger Jahre hatte das internationale Rennen um die Lösung der Flugfrage eine atemberaubende Entwicklung genommen. Dabei hatten sich zwei Richtungen herausgebildet: die »Schule Lilienthal« der Flugpraktiker, die, zunächst motorlos, das Fliegen mit kleinen Schritten erlernen wollten, und die Maschinentechniker, die das fertige Flugzeug am Boden verwirklichen wollten, um es dann ohne Flugübungen in die Luft zu bringen.

Der Moskauer Professor Nikolai Schukowski war Vertreter der Richtung Lilienthals. Auch er hatte den deutschen Flugpionier im September 1895 am Fliegeberg besucht und war zutiefst beeindruckt nach Russland zurückgekehrt. Auf einem unmittelbar darauf gehaltenen Vortrag nannte er die Apparate Lilienthals die wichtigste Erfindung der letzten Jahre auf dem Gebiet der Flugtechnik. »Die unerhört teure 300-PS-Maschine von Maxim mit riesigen Propellern ist doch im Nachteil gegenüber dem bescheidenen Apparat aus Weidenrutengeflecht des deutschen Ingenieurs.« Neben Hiram Maxim war Samuel Pierport Langley, der Sekretär der weltweit bekannten Washingtoner Wissenschaftsstiftung »Smithonian Institution«, ein berühmter Vertreter der anderen Richtung. Langley traf Otto Lilienthal während seiner Europareise Anfang August 1895. Für Otto war dieser Besuch enorm wichtig, denn er bedeutete nicht nur eine Anerkennung für ihn. Langley war auch ein potenzieller Käufer und Multiplikator für seine Flugzeuge, möglicherweise sogar ein Mäzen für die Erhöhung seines Fliegeberges, die Lilienthal schon seit längerem vorschwebte. Über Langley konnte er vielleicht an Gelder der Smithonian-Stiftung kommen.

Mit der Erhöhung auf 30 Meter, hoffte Otto, würden ihm wie in den Rhinower Bergen Flüge von bis zu 200 Metern gelingen. Der Berg wäre dann nicht nur geeigneter, um seine neuen Steuerungselemente auszuprobieren. Er wäre auch »als Sportplatz«, auf dem sich »die bewegungslustige Jugend austoben soll«, wesentlich attraktiver, wirbt Lilienthal für das Projekt im *Prometheus* 1895. Er hätte eine »gewaltige Anziehungskraft sowohl für das interessierte als auch für das nur schaulustige Publikum ... Wenn dann gar von Zeit zu Zeit ein richtiges Wettfliegen veranstaltet wird, so dürften sich

Otto Lilienthal mit dem »Großen Doppeldecker«
am Fliegeberg, 19. Oktober 1895

bald ähnliche Volksfeste herausbilden wie bei anderen sportlichen Wettkämpfen.« Gelänge es, »die jungen Männer, welche heute zur Stählung ihrer Muskeln und Nerven sich auf das Zweirad oder in das Ruderboot setzen, auch auf den Hügel zu führen«, so würden sich durch den Wetteifer bei diesen Übungen ganz nebenbei auch die noch offenen Fragen des Menschenflugs lösen lassen, »gerade so, wie wir dies z. B. bei den Fahrrädern erlebt haben«. Aber eben dafür fehlte es neben dem generösen Ziegeleibesitzer »noch an einem zweiten reichen Mann«.

Insofern lag Otto viel daran, den Amerikaner mit seinen Versuchen zu beeindrucken. Er hatte sogar Gustav davon überzeugen können, bei dem Treffen mit dabei zu sein, damit dieser für ihn dolmetsche. Vier oder fünf Gleitflüge führte Otto Langley vor, doch dessen Reaktion war verhalten. Für Langley waren die Flüge

»interessant«, ohne dass er das Gefühl hatte, »viel davon lernen zu können«, wie er am 6. August noch aus Berlin an einen Mitarbeiter schreibt. Er empfand Lilienthals Apparat als »unnötig plump«. Auch eine Vorführung von Ottos neuem Flugzeug, einem Doppeldecker, vermochte ihn nicht zu überzeugen. Mit dem Doppeldecker, den Otto auf Fotografien wenig später erstmals der Öffentlichkeit vorstellt, hoffte er, »die lebendige Kraft des Windes erst vollkommen ausnutzen« zu können, wie er im *Prometheus* schreibt. »Sobald mir oder einem anderen Experimentator der volle Kreisflug gelungen sein wird, ist dieses Ergebnis als eine der wichtigsten Errungenschaften auf dem Wege zum vollendeten Fluge anzusehen.«

Der Besuch Langleys hatte Otto enttäuscht. Geld für die Erhöhung des Fliegebergs war von ihm nicht zu erwarten. Und so musste Lilienthal sich auf andere Weise nach Unterstützung umsehen. Und das hieß vor allem: Er musste noch bekannter werden. Intensiver denn je nutzte er deshalb die Möglichkeiten und die Anziehungskraft des neuen Mediums Fotografie und ließ sämtliche neuen Apparate alljährlich dokumentieren. Ebendiese »Augenblicksfotografien«, »nach dem Leben aufgenommen«, wie es auf den auf Karton montierten Abzügen von Anschütz heißt, waren es, die dann in den Zeitungen für Aufsehen sorgten und die Zweifler allmählich zum Verstummen brachten.

Außerdem intensivierte er seine Werbung auch auf einem anderen Gebiet. Die allererste Verkaufsanzeige für ein Flugzeug überhaupt erschien 1895 in Moedebeck's *Taschenbuch für Flugtechniker und Luftschiffer*. »Segelapparate zur Uebung des Kunstfluges fertigt die Maschinenfabrik von O. Lilienthal – Berlin S. – Köpenickerstrasse 113«, heißt es darin. Otto hatte in dem Buch ein Kapitel mit der Überschrift »Der Kunstflug« beigesteuert. Als Kunstflug definierte Moedebeck nach einem Schriftwechsel mit Lilienthal »willkürliches Fliegen eines Menschen mittels eines an seinem Körper befestigten Flugapparates, dessen Gebrauch persönliche Geschicklichkeit voraussetzt«.

Otto Lilienthals Flugversuche hatten gewaltige Fortschritte gemacht. In »kurzer Zeit zum vollkommenen Fluge zu gelangen«, schien ihm »nur noch eine Geldfrage« zu sein, wie er am 24. September 1895 James Means, dem Herausgeber von *The Aeronautical Annual*, nach Boston schreibt. Means, ein großer Verehrer Lilienthals, war ein reicher Mann. 15 Jahre lang hatte er als Fabrikant so viel Geld verdient, wie er brauchte, um sich von seinen Geschäften zurückziehen und sich nur noch seinem Hobby widmen zu können: Flugzeuge zu bauen und den Menschenflug zu befördern. Er tat also genau das, was Lilienthal eines Tages auch gern gemacht hätte.

Die Korrespondenz der beiden Männer hatte im Sommer 1895 begonnen, als Means Lilienthal um eine Veröffentlichung in den *Annuals* bat. In den folgenden Monaten sorgte der Amerikaner nicht nur dafür, dass Ottos flugtechnische Fortschritte in den USA bekannt wurden. Er setzte sich auch mit Anzeigen intensiv für den Verkauf von dessen amerikanischem Patent ein. Vor allem hatte Means vor, in seinem Jahrbuch »für den neuen Sport zu plädieren«. »Mein ganz besonderes Interesse findet, was Sie über die Einführung des Flugsports in Amerika sagen«, schreibt er an Lilienthal in einem seiner ersten Briefe. »Mir scheint, das ist tatsächlich der beste Weg, sich der Unterstützung vieler junger Männer zu versichern.«

Vorerst kannte Means allerdings keinen einzigen jungen Mann, der mit Lilienthals Apparaten übte. Der Grund sei ein »Hindernis«, schreibt er im März 1896 an Lilienthal, »das zu überwinden durchaus in Ihrer Macht steht«. Seiner Auffassung nach glaubten die meisten flugtechnisch Interessierten, »die großen persönlichen Erfolge« Lilienthals seien nur auf dessen ungewöhnliche athletische Fähigkeiten zurückzuführen. Diesem Vorurteil könne man nur das lebendige Beispiel entgegensetzen: Lilienthal müsse mit seinen Flugapparaten »für zwei oder drei Monate nach Amerika« kommen. Die Leute müssten ihn mit eigenen Augen in der Luft sehen und aus seinem Munde hören, »dass jeder andere Sportsmann« auch das

Otto und Agnes Lilienthal, um 1896

Fliegen erlernen könne. Für die entstehenden Kosten würde er, Means, selbstverständlich aufkommen. Als geeigneten Termin schlug er Mitte September vor.

Zwei Wochen später bekräftigte Means noch einmal sein Angebot: »Ich hege die größten Hoffnungen, diesen Plan durchzuführen. Dies wird mehr als alles andere geeignet sein, die Entwicklung der Flugtechnik zu fördern.« Außerdem war er sich sicher, dass Lilienthals »Chancen, das Patent zu verkaufen, sehr viel größer« wären, wenn der deutsche Flugpionier sein Flugzeug selbst vorführen würde.

Welch weitsichtiges und generöses Angebot! Dennoch musste Otto Lilienthal es ablehnen. »Mein hiesiges Geschäft lässt leider nicht zu, dass ich mich auf längere Zeit von demselben fernhalte«, schreibt er Means am 17. April 1896. »Größere Arbeiten und die große Berliner Gewerbeausstellung zwingen mich, für dieses Jahr am Platze zu bleiben.« Vermutlich gab es auch familiäre Gründe. Agnes wäre wenig erbaut gewesen, ihren Mann so lange im Ausland zu wissen. Und ihn zu begleiten, wäre für sie wohl kaum in Frage gekommen. Auf einem Foto des Paares aus dieser Zeit wirkt Agnes nicht glücklich. Ihr Blick, unter den Augen tiefe Ringe, geht nach innen, als schaute sie in eine Zukunft, die nichts Gutes verheißt. Ganz anders hingegen Otto: Selbstbewusst die rechte Hand in die Hüfte gestützt, umfasst er seine kleine Frau und blickt strahlend in die Kamera – ein Mann, der im prallen Leben steht.

Das Jahr 1896 war für Otto Lilienthal bisher sehr erfolgreich verlaufen. Dank des allgemein einsetzenden Aufschwungs kam das Maschinenbaugeschäft endlich wieder in Gang, und die Experimente mit seinem neuen Flugzeugantrieb erwiesen sich als viel versprechend. Zum ersten Mal waren ihm vorsichtige Flügelschläge gelungen. Außerdem hatte sein Stück *Moderne Raubritter* einen Verlag gefunden, und am 13. Mai sollte im Nationaltheater Premiere sein. Das Wichtigste war für Otto jedoch seine Teilnahme an der Berliner Gewerbeausstellung – als Maschinenbauunternehmer ebenso wie zur Verbreitung seiner Flugidee.

Ein geeigneteres Forum für seinen Flugsport konnte Otto sich gar nicht wünschen. Die Ausstellung in Treptow war »etwas Grandioses«, so der Publizist Alfred Kerr, ein internationaler, riesiger Kurort, »umgeben von der gewaltigsten Kraft und der raffiniertesten Eleganz moderner Industrie«. Sie war Laboratorium und Experimentierfeld von Modernität und damit ein Beweis für Berlins neue Rolle als deutscher Hauptstadt und international anerkannter Weltstadt. Vom 1. Mai bis 15. Oktober 1896 kamen Zehntausende Besucher zu dieser Schau, die eigentlich als Weltausstellung gedacht war, was der Kaiser jedoch verhindert hatte. So wurde sie mit über einer Million Quadratmeter Ausstellungsfläche die bis dahin größte Veranstaltung ihrer Art in Europa. Sie bot nicht nur ein vollständi-

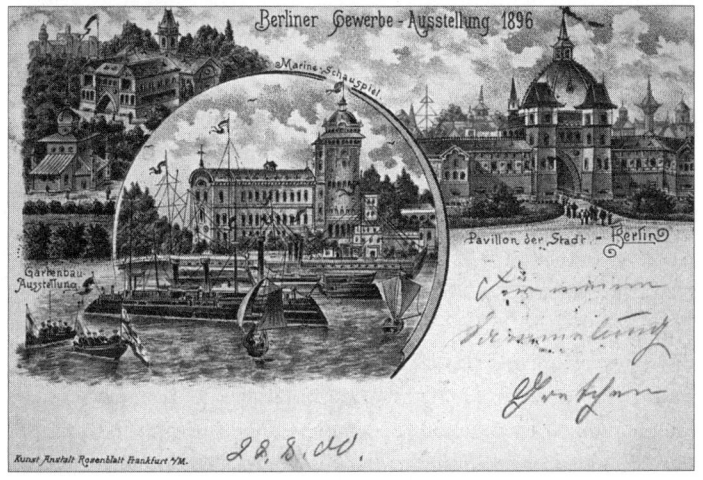

Pavillon der Stadt Berlin und Marine-Schauspiel
auf der Gewerbeausstellung von 1896

ges Bild der industriellen Leistungsfähigkeit Berlins und seines Kunstgewerbes, sondern auch eine Schauausstellung über Kairo und eine Kolonialausstellung über Afrika, einen Vergnügungspark, Theater, Konzerte und Vorträge.

Nahe dem heutigen S-Bahnhof Treptower Park stand die Halle für Maschinenbau, Schiffsbau und Transportwesen. Hier hatte auch Otto Lilienthals Firma ihren Stand und bot ihre neuen Erzeugnisse an. Ein genialer Marketingtrick Ottos bestand darin, dass als eine der Attraktionen stündlich neben dem Kaiserschiff das von ihm erfundene Nebelhorn unter Nennung seines Namens ertönte. Außerdem fuhr auf der Spree ein Dampfboot mit seinem für den Schiffsbau konstruierten Schlangenrohrkessel.

Beinahe hätte es auf dem Gelände auch einen »Fliegeberg« gegeben, eine von Otto Lilienthal entworfene Ballonhalle, die gleichzeitig als ein Sporthügel für Gleitflüge gedacht war. Sein Entwurf zeigt die Seitenansicht und Aufsicht eines runden festen Baus von 20 Metern Höhe und 32 Metern Durchmesser, aus dem Ballonaufstiege möglich waren. Seitlich ist eine Rampe eingezeichnet, unter der, zusammengeklappt, zwei seiner Flugzeuge stehen. Sein Plan wurde jedoch – vermutlich aus Kostengründen – abgelehnt. Noch hielt man den Flugsport offensichtlich nicht für gewerbefähig. Am Ende gelang Otto trotzdem ein großer Auftritt für die Popularisierung seiner Flugidee – es sollte sein letzter werden.

Im Morgenblatt der *Volkszeitung. Organ für jedermann aus dem Volke* stand am Mittwoch, dem 10. Juni, Folgendes zu lesen: »Im Hörsaal des Chemiegebäudes spricht heute der Ingenieur Otto Lilienthal über praktische Flugversuche. Der Vortragende wird nach Besprechung der Arbeiten hervorragender Experimentatoren auf dem Gebiete der Flugtechnik zu einer Erklärung eigner Versuche an kleinen Modellen und an einem großen Segelapparat übergehen.« Nahezu 500 Zuhörer fesselte Lilienthal an jenem Abend mit seiner Vision vom Menschenflug. Er sprach über seine Schwierigkeiten wie über seine Fortschritte und plädierte leidenschaftlich dafür, dass das Fliegen bald ebenso ein Sport sein könnte wie Radfahren und Segeln. Und er deutete an, »dass er gerade jetzt auf einem Wendepunkte angelangt sei und vor einer neuen Erfindung stehe, die ihn in seinen Bestrebungen um einen großen Schritt vorwärts bringen würde«.

Otto Lilienthal war ein begnadeter Redner, der seine Zuhörer zu begeistern wusste. Da stand kein Scharlatan vor ihnen, sondern ein seriöser Mathematiker und Ingenieur, der eine schlüssige Theorie und jahrzehntelange systematische Versuche vorzuweisen hatte, dessen Namen mittlerweile jedem Besucher der Ausstellung ein Begriff war. In den offiziellen Publikationen der Gewerbeausstellung von den täglich stattfindenden Vorträgen im Chemiegebäude findet sich später als einzige Illustration überhaupt eine Zeichnung zu ebenjenem Vortrag von Otto Lilienthal. Nur diesem sei es bisher gelungen, »praktisch nachzuweisen, dass der mechanische Flug möglich ist und dass die Flugtechnik voraussichtlich eine große Zukunft hat«.

Vortrag Otto Lilienthals im Chemiegebäude der Gewerbeausstellung

Der Vortrag verfehlte seine Wirkung nicht. Immer mehr Neugierige fanden sich nun am Fliegeberg in Lichterfelde ein. Selbst der Kaiser sei, wie Lilienthals ehemaliger Monteur Schauer später berichtet, auf Otto aufmerksam gemacht worden und habe die Absicht gehabt, sich »demnächst etwas vorfliegen zu lassen«. Wer Otto Lilienthal von seinem Berg hinabschweben sah, war wie der amerikanische Physiker Robert William Wood nach einer Flugstunde überzeugt, »dass das Zeitalter des Fliegens tatsächlich begonnen hatte«.

Der 9. August 1896 war ein Sonntag, ein kühler, windiger Sommertag. Otto war dieses Mal allein nach Stölln in die Rhinower Berge gefahren. Zuvor war er noch bei Samst gewesen, aber sein Theaterfreund hatte an jenem Morgen keine Lust, mit zum Gollenberg zu fahren. Otto bedauerte das, denn er hatte seine Freunde beim Fliegen gern um sich. Mit Gustav konnte er nicht mehr rechnen. Sie hatten gerade erst wieder eine heftige Auseinandersetzung gehabt. Der Bruder hatte ihn überzeugen wollen, die Gleitflüge endgültig zu lassen, er sollte an Agnes und die Kinder denken. Aber Otto hatte nur abgewinkt und gelacht.

Beylich war bereits vor Ort, als Lilienthal am Gollenberg eintraf. Später als sonst, gegen Mittag, machte er seinen ersten Flug. Ganz ohne Zuschauer war er dabei nicht geblieben. Der Stellmacher und der Sohn des Bürgermeisters von Stölln hatten sich dieses Mal eingefunden.

Ruhig und gleichmäßig glitt Otto über die Wiese ins Tal. Die Landung war sanft. Nach zwei weiteren Flügen, gegen Viertel nach zwei, gab er Beylich die Stoppuhr, damit dieser die Zeitdauer des nächsten Fluges bestimmte. Seinem Gefühl nach waren es wegen des kräftigen Windes beim letzten Flug vielleicht 30 Sekunden gewesen. Dann stieg er wieder auf den Berg.

Beylich sah, wie Lilienthal Anlauf nahm und der Apparat abhob. Wieder schien es ein ausgezeichneter Flug zu werden. Doch plötzlich, in etwa 15 Meter Höhe, blieb Otto mitten in der Luft stehen. Vorsichtig ruderte er mit den Beinen, um wieder Schwung zu bekommen. Im selben Augenblick neigte sich der Gleiter nach vorn. Dann sah Beylich ihn stürzen, mit dem Kopf nach vorn, steil wie eine Möwe, die im Meer einen Fisch entdeckt hat.

Am Abend des nächsten Tages starb Otto Lilienthal an den Folgen des Sturzes. Eine Sonnenbö, ein plötzlicher Aufwind, hieß es, sei ihm zum Verhängnis geworden. Kurz nach dem Sturz, kaum dass er aus der Ohnmacht erwacht war, hatte er weiterfliegen wollen. Er wusste nicht, dass seine Wirbelsäule gebrochen, sein Unterleib bereits gelähmt war. Er hatte keine Schmerzen verspürt. Am nächsten Morgen holte Gustav seinen Bruder ab und brachte ihn in die Bergmann'sche Klinik nach Berlin. Es war eine lange, holperige Fahrt, bei der Otto für immer das Bewusstsein verlor. Er hatte Gustav noch erkannt, als der sich über ihn beugte, und ihm etwas sagen wollen. Doch Gustav verstand ihn nicht. Später hieß es, seine letzten Worte waren: »Opfer müssen gebracht werden!« Aber das ist wohl Legende.

Agnes war beim Anblick ihres bewusstlosen Mannes am Bahnhof zusammengebrochen. Ihre schlimmsten Ahnungen, mit denen sie in den letzten Jahren umgegangen war, hatten sich bestätigt. Zur Beerdigung erschien sie nicht. Das hätte ihre Kräfte überstiegen. Es war Gustav, der ihre Kinder auf dem Friedhof in Lichterfelde am Grab des Bruders vorbeiführte. Hunderte von Menschen folgten ihnen, aus der Fabrik, aus dem Verein, dem Theater, den Zeitungsredaktionen und vom Patentamt. Selbst Moritz von Egidy erwies Otto Lilienthal die letzte Ehre. »Er war ein klarer Denker und Verwirklichungs-Mensch; dabei von zartem Gemüt«, wird er in seinem Nachruf über den ersten Flieger sagen.

Agnes war wie gelähmt. Wie sollte es weitergehen? Was würde aus der Fabrik? Ihr ganzes Vertrauen galt Gustav. Noch am Todestag hatte er an die Geschäftsfreunde seines Bruders die Traueranzeige verschickt. »Die Fabrik erleidet keine Unterbrechung und wird in bisheriger Weise fortgeführt«, heißt es darin. Als Beylich nach zwei Tagen der Vernehmung über die Ursache des Absturzes die Fabrik in der Köpenicker Straße betrat, erinnerte nichts mehr daran, dass hier die erste Flugzeugfabrik der Welt gewesen war. Alles war verschwunden. »Selbst ein neuer, nach wochenlanger Arbeit entstandener, mit verschiedenen Neuerungen versehener Apparat war auf Anordnung Gustav Lilienthals zerschlagen und unter dem Fabrikkessel verbrannt worden.« Vielleicht wollte Agnes es so, vielleicht hatte Gustav in seinem Schmerz damit das auslöschen wollen, was ihm den Bruder geraubt hat.

Jahre später sollte er es bereuen. Jenseits des Atlantiks beschlossen auf die Todesnachricht hin zwei andere Brüder, sich wieder »mehr als oberflächlich mit dem Fliegen zu beschäftigen«. Sie hießen Wilbur und Orville Wright.

Flugstunde 6

November 1928. Wie ein stiller, gefrorener See liegt das Tempelhofer Feld im Morgengrauen inmitten der Großstadt. Nachts ist das Quecksilber erstmals unter null gesunken. Noch sieht man dem Gelände nicht an, dass es inzwischen zum zentralen Berliner Flughafen geworden ist. Die Hallen am Rande des Platzes sind geschlossen. Nur die Tore der Osthalle mit dem frisch gedeckten Dach sind weit geöffnet. Vor dem Gebäude steht auf einem Gestell mit drei Rädern »das Wunder«, der »große Vogel«. Es ist das Schwingenflugzeug von Gustav Lilienthal. Über 15 Meter messen seine wuchtigen, grünlich grau schimmernden Flügel. Kein Vogel hat sich je mit solchen Schwingen in die Luft erhoben.

Im Innern der Halle sucht Gustav in einem Berg übereinander gestapelter Holzkisten nach Werkzeug. Ein Riss klafft in der Bespannung des einen Flügels. Im Sommer hatte ein Sturm das Dach der Halle herabgerissen und das Flugzeug unter sich begraben. Das Werk von Jahren war in Sekunden dahin gewesen. Als Gustav danach die Trümmer seines »Vogels« sah, hatte er geweint und in der linken Brustseite einen Schmerz verspürt, der ihn seither häufiger befällt. Erstmals hatte er daran gedacht aufzugeben. Sollten andere den Traum vom menschlichen Vogelflug verwirklichen. Er war zu alt dafür. Doch dann hatte er wieder das Bild des Bruders vor sich gesehen, wie er nach dem Sturz auf dem eisernen Bettgestell lag, in den Augen diesen besonderen Blick, diese vertraute Mischung aus Aufmunterung und leichtem Spott. Als wollte er ihm sagen: »Keine Angst, kleiner Bruder, das schaffen wir schon.« Über zehn Jahre hatte er diesen Blick zu vergessen versucht ...

Mit einer Werkzeugkiste und einem Stoffbündel unter dem Arm tritt Gustav aus der Halle. Sein Atem geht schwer, und er muss einen Augenblick stehen bleiben. Das Flugfeld hat sich inzwischen belebt. Junge Männer in Uniform und Mütze schieben Fahrräder vor sich her, ein Motorrad hinterlässt knatternd eine stinkende Abgasfahne. Gustav geht zu seinem »Vogel« und legt sein Gepäck ab. Er fühlt nach dem Stullenpaket in seiner Jackentasche, das seine Frau ihm am Morgen gemacht hat. Er möchte sich hinsetzen und etwas essen. Doch dann geht er zurück in die Halle, holt eine kleine Leiter und stellt sie an den »Vogel«. Als er hinaufklettert, hat er seinen Hunger wieder vergessen. Vorsichtig macht Gustav sich an der defekten Bespannung zu schaffen. Immer wieder steigt er die Sprossen herab, um Stoff zuzuschneiden und Werkzeug zu holen. Er stöhnt dabei, denn seine Hüfte schmerzt. Seine schwindende Kraft wurmt ihn. Morgens muss er jetzt immer einen Helfer suchen, um das große Hallentor aufzuschieben. Gustav ist dankbar, dass ihn niemand seine Altersschwäche spüren lässt. Seit dem Schlaganfall ein Jahr zuvor kann er nicht mehr richtig sprechen. Die Helfer lächeln dann nicht über sein unverständliches Gemurmel, sondern nicken nur, als hätte er ihnen etwas Wichtiges gesagt. Immerhin ist sein Schwingenflieger eine viel fotografierte Besonderheit auf dem Flugplatz geworden. Das erfüllt Gustav mit Stolz und gibt ihm die Kraft weiterzumachen. Zwar rollt der Flieger bereits flügelschlagend vorwärts, aber noch hat er nicht vom Boden abgehoben.

Als der Riss abgedeckt ist, klettert Gustav in den Rumpf des Flugzeugs und wirft den kleinen Motor an. Tuckernd setzt er die Schwingen in Bewegung. Langsam und ungelenk flattern sie auf und ab, während am anderen Ende des Flugfeldes mit ohrenbetäubendem Gebrumm die Frühmaschine aus Königsberg landet. Aus dem glänzenden Wellblech des Junkers-Flugzeugs steigen einige Passagiere. Verwundert blicken sie zu Gustavs »Riesenvogel« hinüber, der vor der Halle mit dem Schriftzug »Luft Hansa« steht.

EPILOG

Gustav überlebte Otto um knapp 37 Jahre, fast ein halbes Leben, in dem er sich der Rolle als Nachlassverwalter des ersten Fliegers nicht entziehen konnte und »zum kleinen Bruder eines großen Mannes« gemacht wurde. Gustavs Wirken als Architekt und seine weiteren Erfindungen erregten nicht halb so viel Aufmerksamkeit wie eine Denkmaleinweihung für Otto. Und als er nach fast zwanzig Jahren mit der Erforschung des Vogelflugs wieder dort ansetzte, wo sein Bruder aufgehört hatte, wurde er in den Augen seiner Zeitgenossen zum störrischen Außenseiter. Auf seine Weise blieb er sich und Otto damit treu.

Ottos Tod hatte eine große Lücke in sein Leben gerissen, auch wenn die Brüder in der letzten Zeit eher getrennte Wege gegangen waren. Trauer und Wut darüber, dass Otto nicht auf seine Warnungen gehört hatte, erfüllten Gustav unmittelbar nach dem Absturz so stark, dass er in seiner Verzweiflung Agnes wiederholt heftige Vorwürfe machte, weshalb sie ihren Mann nicht vom Fliegen abgehalten hatte. Seine Wut richtete sich auch gegen Beylich, gegen die Fliegerei und die Apparate, die in der Maschinenfabrik auf ihre Erprobung warteten. Gustav wollte einfach nicht wahrhaben, dass sein starker, fröhlicher Bruder, sein »zweites Ich«, mit dem ihn so viel verbunden hatte, nun nicht mehr am Leben war. Irgendjemand musste doch Schuld haben!

Agnes wiederum hatte andere Sorgen. Nur zwei Monate nach Otto starb durch einen Unfall ihr Vater, zu dem sie ein sehr enges Verhältnis gehabt hatte, und im Dezember musste sie sich einer schweren Operation unterziehen. Obendrein stellten sich bald existenzielle Ängste ein. Wie sollte es mit der Fabrik weitergehen?

Agnes selbst fühlte sich nicht in der Lage, die Geschäfte zu führen. Otto II. war mit 17 Jahren noch zu jung und psychisch zu labil für eine so verantwortungsvolle Aufgabe, und der zweite Sohn Fritz war erst elf Jahre alt. Anfangs übernahm Gustav provisorisch die Leitung. Dann leitete Ottos ehemaliger Mitarbeiter Paul Schauer die Fabrik, später sein langjähriger Assistent Hugo Eulitz. Ohne Ottos innovativen Geist fehlte der Fabrik jedoch ein entscheidendes Element ihres Erfolgs. 1905, als die Geschäftslage immer hoffnungsloser wurde, musste das Unternehmen schließlich verkauft werden. Hugo Eulitz, der sein Interesse bekundet hatte, konnte den erwarteten Kaufpreis nicht aufbringen, und so geriet die Fabrik in fremde Hände. Sie existierte noch bis zum Ersten Weltkrieg unter dem Namen »Otto Lilienthal« mit dem Doppeldecker im Firmenwappen.

Einige Jahre blieb Agnes mit ihren Kindern noch in der Boothstraße wohnen. Als sie jedoch die hohen Hypotheken nicht mehr bedienen konnte, musste 1902 auch das Haus verkauft werden. Sie blieb in Lichterfelde, musste aber mehrmals umziehen. Zuletzt bezog sie eine kleine Mansardenwohnung in der Moltkestraße, wo sie bis zu ihrem Tod im Dezember 1920 lebte.

Die ehemals wohlhabende Unternehmergattin musste nach Ottos Tod mit geringsten Mitteln auskommen, ein Schicksal, das schon ihrer Schwiegermutter und Großmutter Pohle, die ebenfalls früh verwitweten, nicht erspart geblieben war. Und obwohl sich Gustav und Anna später alle Mühe gaben, Agnes das Leben zu erleichtern, wurden die Beziehungen zwischen den Lilienthal-Familien immer gespannter. »Niemals«, schreibt Otti Binswanger, »konnte ich meine Tante und die vier Kinder, die mein Onkel hinterließ, mit jenem Ikarus, der sich drei Monate vor meiner Geburt das Genick gebrochen hatte, in Verbindung bringen. Sie stellten für meinen Vater eine nie endende Sorge, Unruhe und Enttäuschung dar. Ihre Feindseligkeit gegen alles Geniale und ihre kleinbürgerliche Aggression gegen uns, ließ mich früh über die Unzulänglichkeiten von Halbgöttern nachdenken.« Agnes war gezeichnet –

das Geniale hatte ihr Glück und Unglück zugleich gebracht. Dennoch schaffte auch sie es, wie Caroline und Großmutter Pohle unter großen Entbehrungen, ihren Söhnen und selbst ihren Töchtern eine Ausbildung zu ermöglichen.

Gustav konnte Agnes finanziell nicht unterstützen. Er selbst hatte große Mühe, seine siebenköpfige Familie zu ernähren. Die Sparsamkeit im Hause Lilienthal war berüchtigt. Über den Traum vom fliegenden Menschen verlor niemand ein Wort. Das Thema war tabu, ein tragisch zu Ende gegangenes Kapitel. Gustav widmete sich mit Hingabe seinem Projekt »Freie Scholle« und gründete die »Terrast«-Baugesellschaft, mit der er seine Patente für den Hausbau vermarktete. Den Fliegeberg umgab bald dichtes Strauchwerk. Nur selten ergab es sich, dass Gustav neugierige Besucher über die primitive Granitsteintreppe zum Gipfel führte.

So ganz ließ Gustav die Flugidee jedoch nie los. Vor allem, als sich 1903 die Brüder Wright mit einem motorgesteuerten Doppeldecker erstmals in die Luft erhoben und ihren Erfolg nicht zuletzt der Vorarbeit Otto Lilienthals zuschrieben, war plötzlich nicht nur seine Meinung gefragt. Ihn selbst packte allmählich wieder die Lust, das Werk seines Bruders fortzusetzen.

1909 veröffentlichte er in der *Deutschen Zeitschrift für Flugtechnik und Motorluftschiffahrt* einen »Aufruf zur Gründung einer Studiengesellschaft für gefahrlosen Menschenflug«. Die Gesellschaft sollte mit einem Stammkapital von 20 000 Mark beginnen, als kleinsten Anteil konnte man 100 Mark einbringen. Einer der ersten Flugbegeisterten, die diesem Aufruf folgten, war Alfred Kurzer. Der Wäschezuschneider hatte wenige Monate zuvor nach der Patentschrift Ottos einen Gleiter gebaut, mit dem er jedoch bei seinen Flugversuchen in der Berliner Umgebung kläglich gescheitert war. Mit Otto Lilienthals artistischer Gewandtheit als »Flugkünstler« hatte er einfach nicht mithalten können. Gustav Lilienthal sah in Kurzer dennoch einen geeigneten Mitarbeiter für seine neuerlichen Versuche an einer Vorrichtung für Flügelschlagmessungen.

Jeden Sonntag sah man nun Gustav, der eine Bauleiter über der Schulter trug, und Kurzer, der einen Handwagen, auf dem Spiralfedern, Hammer, Nägel und Säge lagen, hinter sich herzog, durch Lichterfelde in Richtung Kadettenanstalt laufen, ehrerbietig gegrüßt von herausgeputzten Spaziergängern, die es sich längst abgewöhnt hatten, über die schäbige Arbeitskleidung des Architekten zu lästern. Später gesellte sich noch der mathematisch begabte Gerhard Halle zu ihnen, der Gustavs Tochter Olga heiraten sollte. Mit ihm führte Gustav vor allem Messungen an einem Rundlaufgerät im Steglitzer Elektrizitätswerk durch. Während die Flugvorführungen der Wrights in Frankreich und Deutschland für Aufsehen sorgten und den Ehrgeiz der Flugpioniere in beiden Ländern herausforderten, arbeitete Gustav wieder an der Idee des großen, einen Menschen tragenden Vogels mit bewegten Schwingen. Praktische Versuche lehnte er dabei nach wie vor ab. Zuerst müsse die Theorie perfektioniert werden. Damit beschritt er ebenjenen Weg weiter, von dem Otto überzeugt gewesen war, dass er die Flugforschung nicht weiterbrachte. Die Theorien, die Gustav dabei entwickelte, hielten einer wissenschaftlichen Überprüfung allerdings nicht stand, weshalb er sich mit namhaften Flugforschern überwarf. Das hielt ihn gleichwohl nicht davon ab, seine Ergebnisse in Vorträgen vor Vereinen und Gesellschaften publik zu machen.

1910 schrieb Gustav Lilienthal einen Brief an James Means, jenen Mann, der neun Jahre zuvor vergeblich versucht hatte, Otto nach Amerika zu holen. Means hatte Gustav sein neuestes Buch geschickt, und dieser nutzte seinen Dankesbrief, um Means von seinen neuerlichen Experimenten zu berichten und für den »Verein Lilienthal«, den er zu gründen beabsichtigte, zu werben. »Ich würde mich sehr freuen, wenn eine Chance bestände, dass Freunde von Ihnen bereit wären, sich hieran zu beteiligen.« Und nicht nur dafür hoffte er einen Mäzen zu finden – auch für Agnes.

»Die Familie meines Bruders«, schreibt er im gleichen Brief, »lebt in ziemlich armseligen Verhältnissen. Der älteste Sohn, der zu früh geboren wurde, ist nicht in der Lage, das Geringste zu verdienen, und der zweite Sohn, ein feiner Junge, studiert Technik und wird noch einige Jahre Kosten verursachen, bevor er Geld verdienen kann. Eine Tochter ist Lehrerin, und die andere Tochter wird jemanden heiraten, der auch nichts besitzt. Das Einkommen meiner Schwägerin beträgt 80 Mark im Monat. Ich selber bin nicht in der Lage, sie zu unterstützen, weil ich selbst eine große Familie und nur ein geringes Einkommen habe. Könnte nicht jemand von Ihren reichen Freunden in Amerika etwas zur Unterstützung der Pioniere der Flugtechnik hier tun?« Mit gleicher Post schickte Gustav Means die zweite Auflage von Ottos Buch *Der Vogelflug*, das er mit einem ausführlichen Vorwort und Kommentaren unter dem Titel »Die Entwicklung« versehen hatte, um auch eine amerikanische Ausgabe anzuregen.

Während der »Verein Lilienthal« am Ende keine finanzielle Zuwendung aus Amerika erhielt, bekam Agnes im Dezember 1911 auf Empfehlung Means' von den Brüdern Wright als ein Zeichen ihrer »großen Wertschätzung« einen Scheck über 1000 Dollar zugestellt. Später wurde ihr darüber hinaus eine kleine monatliche Ehrenrente der preußischen Staatskasse zuerkannt. Orville Wright war im Spätsommer 1909 zu Schauflügen in Berlin gewesen. Gustav hatte ihn, da er zu jenem Zeitpunkt in Italien weilte, nicht gesehen, ihm aber in einem kurzen Brief »vollen Erfolg in Berlin« gewünscht und seine Hoffnung ausgedrückt, »dass Sie nicht mit Flügen bei zu stürmischem Wetter Ihr Leben riskieren«.

Im April 1911 waren die Brüder Wright erneut in Berlin gewesen und hatten an Ottos Grab einen Kranz niedergelegt. Bei der Gelegenheit hatten sie auch Agnes einen Besuch abgestattet. »Wie Sie bereits wissen«, schrieben die Wrights in einem Begleitbrief zu dem Scheck, »empfinden wir große Bewunderung für das Werk Ihres verstorbenen Gatten Otto Lilienthal, und wir bedauern es sehr, dass es uns nicht vergönnt war, noch seine persönliche Bekanntschaft zu machen. Er war ein bedeutender Mann.«

Die Anteilnahme der Brüder Wright war für Gustav erst recht Ansporn, die Flugsache weiterzuverfolgen, auch wenn er gegenüber dem Motorflug skeptisch blieb. Bevor er all seine Energie und die letzten Geldmittel nur noch den Flugexperimenten widmete, stellte er sich aber noch einmal einer anderen großen Herausforderung. Gustavs »Terrast«-Bauweise, dem Prinzip des Modellbaukastens verwandt, hatte sich nach Übersee herumgesprochen. 1912 zeigte eine brasilianische Baufirma Interesse an diesen leicht transportablen, feuer- und termitensicheren Häusern und bat Gustav, ob er diese Bauweise in Rio de Janeiro einführen könnte. Zu jenem Zeitpunkt war er bereits 63 Jahre alt.

Nach anfänglichem Zögern blieb Gustav schließlich zwei Jahre in Rio de Janeiro, Jahre, in denen Anna oft nicht wusste, woher sie das Geld zum Lebensunterhalt ihrer Familie nehmen sollte. Gustav seinerseits arbeitete unter klimatischen Bedingungen, die ihm körperlich das Letzte abforderten. Mit geradezu wissenschaftlicher Akribie hatte er sich darauf eingestellt. »Erste Bedingung ist die Abwehr jeglichen alkoholischen Getränks. Ferner habe ich mich in meiner Nährweise gleich von vornherein auf die Nährweise des Landes eingestellt ..., ich fühlte mich sehr wohl bei dieser Kost.«

Doch die Einführung der »Terrast«-Bauweise in Rio de Janeiro scheiterte. Die Zusammenarbeit mit dem jungen brasilianischen Chef, der später die Leitung des Projekts übernehmen sollte, war nicht so, wie Gustav sie sich vorgestellt hatte. Außerdem konnte Gustav kein Portugiesisch, weshalb er seinen Arbeitern selbst die einfachsten Handgriffe stets vormachen musste und immer als Letzter die Baustelle verließ.

Als Gustav nach Berlin zurückkehrte, hatte er seine Mission in Brasilien zwar nicht erfüllt, dafür aber den Aufenthalt dort genutzt, um intensiver denn je die Vögel zu beobachten und in einem verlassenen Sklavenquartier abermals Messungen an Flügeln durchzuführen. Die alte Leidenschaft, die ihn einst mit Otto so intensiv verbunden hatte, hatte ihn wieder gepackt. Er beschloss, sein

Berufsleben für immer zu beenden, veräußerte seine Patente zur Fertigbauweise und widmete sich nur noch der Flugleidenschaft – mit einer Besessenheit, die zunehmend tragikomische Züge annahm. Unentwegt zeichnete er Entwürfe und baute er Modelle für Flugversuche, so dass die Wohnräume der Marthastraße 5 immer mehr einer einzigen großen Werkstatt glichen. Die Zeichnungen der riesigen Versuchsflügelflächen in natürlicher Größe bedeckten manchmal den Fußboden über zwei Zimmer. Selbst die Töchter wurden zur Arbeit mit herangezogen. Mehr denn je hielt Gustav Vorträge, schrieb Zeitungsartikel und demonstrierte öffentlich seine Apparate und Messmethoden.

Immerhin wurde er trotz aller Skepsis unter vielen Flugforschern so ernst genommen, dass er als Einziger neben dem Flugzeugkonstrukteur Waldemar Geest persönlich 20 000 Mark für flugtechnische Projekte aus der »National-Flugspende des deutschen Volkes« erhielt. Solche finanziellen Zuwendungen erfolgten in der Regel nur für den Ankauf von Flugzeugen, die Anlage von Flugplätzen und die Ausbildung von Piloten und wurden zuvor von der »Wissenschaftlichen Gesellschaft für Luftfahrt« sorgfältig geprüft.

Mit dem Geld verwirklichte Gustav einen lang gehegten Plan. Im Sommer 1914 ließ er am Watt in der Nähe von Cuxhaven eine Versuchsstation für Messungen des Luftwiderstands seiner großen Vögel bauen: zwei 20 Meter hohe Masten, zwischen denen im Abstand von je 40 Metern ein großes vogelartiges Modell aufgehängt werden sollte. Doch kaum waren die Masten aufgestellt, brach der Erste Weltkrieg aus. Gustav, für den Krieg »der zur Vernunft erhobene Blödsinn« war und der einen gewonnenen als das »größte Unglück für die Deutschen« ansah, bekam die Folgen unmittelbar persönlich zu spüren. Cuxhaven und Umgebung wurden militärisches Sperrgebiet und seine Masten als gefährliche Zielmarken abgerissen. Ein halbes Jahr später fand sich Ersatz am Stettiner Haff in Altwarp, in der Gegend, die Gustav noch aus Kindertagen vertraut war. Den Winter hatte er genutzt, um sein

Schwingenflugzeug von Gustav Lilienthal auf dem
Tempelhofer Flugfeld, um 1927

Vogelmodell fertig zu bauen. Im Frühjahr 1915 nahm Gustav in Altwarp, unterstützt von jungen Mitarbeitern, mit »sorgloser Waghalsigkeit«, wie Anna erst später erfährt, in 20 Metern Höhe an den fast 14,5, später sogar 17,5 Meter langen Flügeln des »Vogels« seine Messungen vor – ohne damit jedoch die weitere Entwicklung der Flugtechnik in irgendeiner Weise zu beeinflussen.

Auch leben konnte die Familie Lilienthal von der Flugsache nicht. Ebenso wenig von Gustavs neuen Erfindungen im Spielzeugbereich. In der Nachkriegszeit waren die Lilienthals so arm, dass sie zur Linderung ihrer Not immer wieder Unterstützung aus dem Familienkreise erhielten. Schließlich stellte Gerhard Halles Vater, der Präsident der Reichsschuldenverwaltung war, Gustav pro forma sogar als Nachtwächter ein, ohne dass dieser regelmäßig erscheinen musste. Gustav nahm das Angebot dankbar an, war Anna dadurch doch ein wenig von den Existenzsorgen entlastet. Seine eigentliche Arbeit aber sah er in der Flugforschung.

Mehr denn je war Gustav Lilienthal auch in den zwanziger Jahren ein Außenseiter. Selbst als in der Rhön und auf der Kurischen Nehrung der heutige Segelflug geboren wurde, blieb er auf kritischer Distanz. Der »Vogelflug ist damit noch nicht nachgeahmt«, meinte er wiederholt in Zeitschriftenartikeln und veröffentlichte seine Ansichten auch in mehreren Büchern. Für das Schreiben des Buchs *Vogelflug und Menschenflug* bekam Gustav von der »Wissenschaftlichen Gesellschaft für Luftfahrt« monatlich 400 Reichsmark. Sein eigentliches Ziel war nach wie vor der Ruderflug mit schlagenden Flügeln – nur so könne man zum richtigen Segelflug gelangen. Dass dies kein Hirngespinst sei, wollte er der Flugwelt mit einem riesigen, motorbetriebenen Schwingenflieger beweisen.

Gustav, der mittlerweile über 75 Jahre alt, extrem schwerhörig und zunehmend von Krankheiten gezeichnet war, baute Jahre daran. Die Flughafenverwaltung Tempelhof hatte ihm dafür eine ihrer Hallen zur Verfügung gestellt, die nötigen Geldmittel erhielt er von der 1924 gegründeten »Otto-Lilienthal-Gesellschaft«. Später bekam er zudem einen Ehrensold von der Stadt Berlin, der Gustav und Anna Lilienthal endlich von ihren Finanznöten erlöste. Anfangs wurde Gustav von jungen Technikern aus Freude an der Sache unterstützt, doch sie hatten nur abends nach der Arbeit Zeit dafür. Als ihr Interesse im Verlauf der Jahre langsam erlahmte, machte Gustav mit einer fast störrischen Verbissenheit weiter, die selbst seinen Gegnern Respekt abnötigte. Sein Enthusiasmus und seine scheinbar nie ermüdende Energie hatten etwas Faszinierendes. »Des Morgens um 8 Uhr spätestens«, schreibt Anna, »machte er sich auf den Weg – das Frühstück in der Tasche – im Flughafen arbeitete er auf seinem Platz in der Halle ohne Pause, ohne Mittagbrot, in Sommerhitze, in Winterkälte mit halb erstarrten Fingern. Oft kam er am späten Abend erst nach Hause, nach zwölfstündiger Arbeit, erschreckend bleich und matt aussehend – ...«

Der wundersame »Riesenvogel« sollte nie auch nur einen Meter vom Boden abheben. Dennoch gab Gustav nicht auf, und selbst als 1927 ein Schlaganfall sein Sprachzentrum lähmte und im Jahr darauf ein Sturm seinen Schwingenflieger fast zerstörte, ließ er sich nicht davon abbringen, jeden Morgen erneut auf das Tempelhofer Flugfeld, wo mittlerweile ein reger Flugverkehr nach München, Zürich und Königsberg herrschte, und später zum Flugplatz Johannisthal bei Adlershof zu fahren. Noch immer hoffte er, dass mit seinem Flieger »zum erstenmal ein Flugzeug sich vom Erdboden lösen« wird, »das infolge seiner ... Flügelschläge fähig ist, die Tragkraft des Windes in weit besserem Maße auszunutzen, als es jetzt das starre System vermag«.

Gustav Lilienthal starb am 1. Februar 1933 auf dem Weg zum Flughafen an einem Herzanfall. Es war ein sehr kalter Winter gewesen. Wochenlang hatte er deshalb nicht nach Adlershof fahren können. Als er am Todestag, bevor er losfuhr, einen Blick in die Zeitung warf, schüttelte er den Kopf und sagte plötzlich zur Verwunderung von Anna, die ihn in den letzten Jahren kaum noch hatte fließend sprechen hören: »Das geht nicht gut.« Zwei Tage zuvor war Adolf Hitler an die Macht gekommen.

Gustav Lilienthals Begräbnis auf dem Parkfriedhof wurde zum Entsetzen der Angehörigen schamlos zur Glorifizierung der deutschen Luftwaffe benutzt. Die reformerischen Ideen von Otto Lilienthal und das sozialpolitische Engagement Gustavs sollten posthum gleichgeschaltet werden. »Man hatte den Namen Lilienthal auf die Nazipropagandaliste gesetzt«, erinnert sich Otti Binswanger, die in jener Zeit bereits gegen die »drohende Gefahr des Nationalsozialismus aktiv« geworden war, »und man zweifelte nicht, dass wir ihn dort belassen würden«. SA-Jungen flankierten den Sarg, und von einem über Lichterfelde kreisenden Flugzeug aus segelte ein von Hermann Göring gespendeter Kranz herab. Zur Erleichterung Annas und ihrer Töchter fiel er weitab des Grabes nieder. Noch am

Einweihung der »Otto-Lilienthal-Gedenkstätte«
am Fliegeberg am 10. August 1932

gleichen Tag legte man der Witwe nahe, der NSDAP beizutreten, dann würde man ihr auch die bisher ihrem Mann gewährte Pension weiterzahlen. Anna, der das neue Regime zutiefst suspekt war, lehnte ab. Die Lilienthals ordneten sich niemals den Nationalsozialisten unter.

Ein halbes Jahr zuvor, am 10. August 1932, dem 37. Todestag Ottos, war der Name Lilienthal noch nicht für die Aufwertung des deutschen Nationalgefühls vereinnahmt worden. Bei der Einweihung der »Otto-Lilienthal-Gedenkstätte« am Fliegeberg wurde Wert auf Weltoffenheit gelegt. Noch einmal hatten die beiden Lilienthal-Familien zusammengefunden. Selbst Nachfahren von Marie, die 1912 gestorben war, hatten es sich nicht nehmen lassen, zu kommen. Es war ein großes Ereignis mit erlesenen Gästen, das im Rundfunk, dem neuen Massenmedium, übertragen wurde. Flieger umkreisten den Hügel. »Alle Welt blickt auf Steglitz«, war in der Zeitung zu lesen. Auf einer silbernen Weltkugel an der Spitze des Fliegeberges waren die großen Flugrekorde seit Ottos ersten Anfängen verzeichnet. In Grußadressen würdigten Vertreter von Wissenschaft, Flugsport, Militär und Politik den ersten Flieger. Jene drei Männer aber, die damals dabei gewesen waren – Paul Beylich, Hugo Eulitz und Paul Schauer –, legten gemeinsam einen Kranz nieder, der ausdrücklich nicht nur den Flieger ehrte. »Dem Andenken an den Menschen Otto Lilienthal – gewidmet von seinen flugtechnischen Mitarbeitern«, stand auf dem Schleifenband des Kranzes. Der »weltumspannende Luftverkehr«, Ottos Vision, als er gerade einmal 200 Meter weit flog, war Wirklichkeit geworden, und auch der Segelflug hatte sich tatsächlich zu einem Sport entwickelt. Die Nachfahren der Pioniere hatten bereits mehrfach den Atlantik überquert, und der Zeppelin war auf Weltfahrt gegangen. Luftverkehrsgesellschaften boten internationale Linienflüge an.

Die Idee aber vom künstlichen Vogel, der sich flügelschlagend in die Luft erhebt, ist Vision geblieben.

ANHANG

DANK

Viele Personen haben zur Entstehung dieses Buches beigetragen. Nur einigen kann hier besonderer Dank ausgesprochen werden.

Die Autoren konnten sich bei ihren Recherchen ausgezeichnet bearbeiteter Bestände in verschiedenen Archiven und Sammlungen bedienen. Das Deutsche Museum nennt seine Lilienthal-Bestände heute einen »angereicherten Teilnachlass«, da der Sammlungsbestand erst sukzessive, als Ergebnis langjähriger Bemühungen und Recherchen entstanden ist. Besonders zu nennen sind in diesem Zusammenhang die Arbeiten von Gerhard Halle, Dr. Klaus Kopfermann und Werner Schwipps, für den die Lilienthal-Forschung über Jahrzehnte zur Herzenssache geworden ist. Ihre Arbeit soll an dieser Stelle ausdrücklich genannt sein, da ihre Archive heute in uneigennütziger Weise in den Sammlungen des Deutschen Museums München, des Landesarchivs Berlin, des Otto-Lilienthal-Museums Anklam und des Deutschen Technikmuseums Berlin aufgegangen sind.

Darüber hinaus danken die Autoren folgenden Personen für ihr besonderes Engagement bei der Entstehung des Buches:
Dr. Ludger Ikas, unserem Lektor vom Berlin Verlag; Heike Wilhelmi, unserer Agentin in Hamburg; den Mitarbeiterinnen und Mitarbeitern des Otto-Lilienthal-Museums Anklam; den Nachfahren der Brüder Lilienthal, besonders Waltraud Arens-Kröger, Itzehoe, Reinhard Halle, Dr. Winfried Halle, Gisela Faust und Dr. Maria Heinze in Berlin und Martin Springer in Fürstenfeldbruck; sowie Juliane Puls, Städtische Sammlungen Freital; Günter Siebert,

Freital; Wolfgang Burkhardt, Kreisarchiv im Landratsamt Weißeritzkreis; Dr. Werner Lauterbach, Freiberg; Dr. Fabrice Larat, Mannheim, und Karl-Dieter Seifert, Dr. Hazel Rosenstrauch, Dr. Bernhard Runge, Ilona Heinemann und Thomas Diecks in Berlin.

QUELLENNACHWEIS

Hinweis: Die orthographische Schreibweise der unveröffentlichten Briefe wurde heutigen Gebräuchen behutsam angeglichen.

SIGLEN

Archive

AH: Familienarchiv Reinhard Halle
DM: Deutsches Museum München
DTM: Deutsches Technikmuseum Berlin, Historisches Archiv, hier: Sammlung Feldhaus, Akten 452
LA: Landesarchiv Berlin, hier: Nachlass von Gustav Lilienthal, E Rep. 200-54
MF: Museum Städtische Sammlungen Freital auf Schloss Burgk
OLM: Otto-Lilienthal-Museum Anklam
SH: Sächsisches Bergarchiv Freiberg im Sächsischen Hauptstaatsarchiv Dresden, hier: Bestand 40113, Steinkohlenwerk Zauckerode, Nr. 242, zit. nach Transkription: OLM L 4152

Briefe

FPB: Otto Lilienthal, Feldpostbriefe, 1870–1871; DM, Sammlung Kopfermann, zit. nach: OLM L 1001 ff.
OaA: Otto Lilienthal an Agnes Fischer, 1877–1878; DM, Sammlung Kopfermann, zit. nach: OLM L 1298 ff.
GaA: Gustav Lilienthal an Anna Rothe/Lilienthal; AH, zit. nach: OLM L 1607 f.
AaG: Anna Rothe/Lilienthal an Gustav Lilienthal; AH, zit. nach: OLM L 1607 f.
FTK: *Warum es so schwierig ist, das Fliegen zu erfinden. Otto Lilienthals flugtechnische Korrespondenz.* Hrsg. von Werner Schwipps. Anklam 1993

Zeitschriften

ZfL: *Zeitschrift für Luftschiffahrt*, siehe unten.
BM: *Berlinische Monatsschrift*. Edition Luisenstadt. Berlin 1992–2001. Zit. nach www.luise-berlin.de

Sonstige Internetquellen

IQ: wie unten verzeichnet (3/2005)

PROLOG

9 »Wir beide waren uns genug«: Gustav Lilienthal im Vorwort zu: Otto Lilienthal, *Der Vogelflug*, 1910, S. XI
9 »Mein Bruder Gustav«: Otto Lilienthal, Familienchronik, Blatt 24
9 »Mit Begeisterung habe ich«: FTK, S. 44

1. KAPITEL

13 Die Erzählung vom Storch: Gustav Lilienthal im Vorwort zu: Otto Lilienthal, *Der Vogelflug*, 1910, S. IX
14 »einen leidlichen Verdienst«: Otto Lilienthal, Familienchronik, Blatt 16
14 »Nichts verleiht uns«: Pohle, Tagebuch, 24.1.1854
14 »Wie oft schon«: Pohle, Tagebuch, 24.1.1854
15 »alles Gute und Schöne«: Otto Lilienthal, Familienchronik, Blatt 17
15 »meist Kunstwerke«: ebenda
15 »Oh! wäre ich doch«: Pohle, Tagebuch, 30.11.1843
15 »Man kann alles«: Pohle, Tagebuch, Frühjahr 1843
17 »unentschlossene Wesen«: ebenda, 11.11.1846
18 Die Vorfahren Liliendal: Binswanger, Albatros, S. 15
18 »tigerhaften Verteidigung«: ebenda
18 »sehr angenehm«: Pohle, Tagebuch, 11.11.1846
18 »kein Trauerspiel«: ebenda, Oktober 1845
18 »gemütliches Leben«: ebenda, 24.2.1847

18 »zum zweiten Male«: ebenda, 20.6.1847
19 »mit den Händen«: Otto Lilienthal, Familienchronik, Blatt 15
20 »Die heute Mittag«: *Pommersches Volks- und Anzeigen-Blatt*, 24.5.1848
22 »Gefahr, Kampf, Krieg«: *Pommersches Volks- und Anzeigen-Blatt*, 30.12.1848
23 »durch den Zuschlagbescheid«: Acta des Königl. Kreisgerichts zu Anklam betreffend die Vormundschaft für die Kinder des hier am 8. April verstorbenen Kaufmanns Gustav Carl Friedr. Lilienthal; OLM L 1603, Blatt 69
24 »schleichenden Schleimfieber«: Wilhelm Lilienthal an Otto Lilienthal, 22.11.1885; FTK, S. 107
24 galoppierenden Schwindsucht: Binswanger, Albatros, S. 17
25 »kalt und bleich«: Otto Lilienthal, Familienchronik, Blatt 23
25 »Ich war Frau« und Folgendes: Pohle, Tagebuch, 22.5.1864
27 »Nr. 2«: Anna und Gustav Lilienthal, *Die Lilienthals*, S. 22
27 »für den Organismus«: Otto Lilienthal, *Der Vogelflug*, 1889, S. 46
28 »alle Freud und alles Leid«: Otto Lilienthal, Familienchronik, Blatt 24
28 »Mein Bruder Gustav«: ebenda
29 »Familienzug«: AaG 24.10.1886
29 »Viele Leute haben«: GaA 6.4.1887
30 »Muster eines Schulhauses«: *Der Kreis Anklam*, S. 89 und 84
30 »Werdet mir nur keine Schulfuchser«: Binswanger, Albatros, S. 11
31 »Es ist wirklich lächerlich«: GaA 9.8.1886
31 »Was sind die Helden«: GaA 8.1.1887
31 »nur Geringes«: Zeugnisse vom Gymnasium zu Anklam abgegangener Schüler Ostern 1862 bis Michaelis 1868; OLM L 1520, Blatt 112
32 »hoch wie die Korkstöpsel«: Anna und Gustav Lilienthal, *Die Lilienthals*, S. 21
32 »Zum Gedächtnis Schillers«: OLM Inv.-Nr. 9251
33 »Otto – zum Maschinenbauer bestimmt«: Acta des Königl. Kreisgerichts zu Anklam betreffend die Vormundschaft für die Kinder des hier am 8. April verstorbenen Kaufmanns Gustav Carl Friedr. Lilienthal. Erziehungsbericht vom 25. November 1864; OLM L 1603, Blatt 25
33 »Ich will an barem Gelde«: zit. nach: Seifert, *Otto Lilienthal*, S. 21

2. KAPITEL

39 »Vorschule des Unternehmertums«: Kiaulehn, *Berlin*, S. 140
41 »Wie eine Sturmflut«: Mugay, *Die Friedrichstraße*, S. 22
42 Roll- und Droschkenkutscher: Halle, *Otto Lilienthal*, S. 10
42 »ein Ehepaar mit einer Verwandten«: Lange, *Berlin*, S. 123
43 »der muss der Kneipe«: Kuczynski, *Geschichte des Alltags*, S. 214
43 »klapperte ein etwas stubenfarbiger«: Seidel, *Leberecht Hühnchen*, S. 24
44 Mathematik und Physik als Hilfswissenschaften: Matschoss, *Männer der Technik*, S. 219
45 »als ein umsichtiger«: vom 13.9.1867; OLM L 1401
46 »vollständige Freiheit«: Seifert/Waßermann, *Otto Lilienthal*, S. 10
46 »nicht nur allgemeine Bildung«: Wefeld, *Ingenieure*, S. 109
49 »mittleres breiteres Flügelpaar«: Otto Lilienthal, *Der Vogelflug*, 1889, S. 44 ff.
51 »Ja, wenn mit dem Fliegen«: Otto Lilienthal, *Das Flugproblem*, Blatt 1
52 »Wir fühlten die Erschütterung«: Anna und Gustav Lilienthal, *Die Lilienthals*, S. 23
52 zum Tretrad: DTM, Blatt 304
54 »dass man Gefahr lief«: Gustav Lilienthal an Dr. Feldhaus 16.3.1926: ebenda
54 »recht gute, ja in einzelnen«: zit. nach: Seifert/Waßermann, *Otto Lilienthal*, S. 10
55 »die Berliner Ausdrucksweise«: GaA 11.1.1887
55 »wie die Fürsten«: Anna und Gustav Lilienthal, *Die Lilienthals*, S. 23
56 Architekten Ende & Böckmann: Halle, *Mutter Lilienthals Flugtraum*, S. 43

3. KAPITEL

59 »Alles was mir passiert«: FPB 25.12.1870
60 »Ich hatte immer geglaubt«: FPB 4.10.1870
61 »die deutsche Einheit«: zit. nach: Haffner, *Von Bismarck zu Hitler*, S. 43
62 »Die einzig richtige Politik«: zit. nach: Gall, *Bismarck*, S. 438 f.
63 »Erst wenn die deutschen«: *Staatsanzeiger*, 30.8.1870, zit. nach: IQ zur deutschen Kriegspropaganda

63 »Durch die Zeitungen« und Folgendes: FPB 1.10.1870
65 »nichts mehr als den Frieden«: FPB 29.9.1870
65 zu deutschen Kriegszielen: vgl. Nipperdey, *Deutsche Geschichte*, Bd. 2, S. 66
65 »hungrige, hohläugige Katzen« und Folgendes: FPB 1.10.1870
66 »Du glaubst gar nicht«: FPB 28.9.1870
67 »sogenannten Kochkollegen«: FPB 6.10.1870
67 »erst den bunten Rock«: FPB 7.1.1870
67 »lauter kleinen Buchtenwaben«: FPB 19.10.1870
68 »keine Pläne bauen«: FPB 30.11.1870
68 »Ihr schreit viel«: FPB 7.10.1870
68 »Mir könnte nichts Besseres«: FPB 28.9.1870
68 »denn nach dem Krieg«: FPB 17.10.1870
68 »Du schreibst, dass dir«: FPB 29.10.1870
69 »Wandergedanken«: FPB 20.2.1871
69 »Was Gustav von seinen Studien«: FPB 15.11.1870
69 »die meiste Gelegenheit«: FPB 20.3.1871
69 »Anstatt der Steine«: FPB 26.10.1870
69 »Mengen von Journalen«: FPB 19.10 1870
70 »Viele Leute hört man«: FPB 26.10.1870
70 »Wein ist billiger«: FPB 15.10.1870
70 »Soviel ich weiß«: FPB 4.10.1870
70 »wie die tollen Hunde«: zit. nach: Gall, *Bismarck*, S. 442
70 »die daran Spaß«: FPB 19.10.1870
71 »von dem Infanteriegewehr«: FPB 15.10.1870
71 »In der Nacht schoss«: FPB 17.10.1870
71 »schauerlich schwarze Schatten«: FPB 23.10.1870
71 zum Einsatz von Ballonen: Gross, Vortrag des Sekond-Lieutnant in der Luftschifferabteilung: »Die Ballon-Brieftaubenpost während der Belagerung von Paris im Jahre 1870–71«, in: *Zeitschrift des Deutschen Vereins zur Förderung der Luftschiffahrt*, Heft 4, 1887
73 »Gestern allein wurden 6 Pferde«: FPB 25.10.1870
73 »Eingeborenen mit blauen Blusen«: FPB 30.10.1870
73 »Es gehen Gerüchte«: FPB 17.10.1870
73 »dass die Belagerung«: FPB 28.10.1870
74 »sondern eine Schlacht«: FPB 4.11.1870

75 zum Kampf um Le Bourget: vgl. *Geschichte des Königlich Preußischen 4. Garde-Regiments*, S. 231 ff.
75 »Wahrscheinlich wegen der großen Kälte«: ebenda, S. 233
75 »Essen gekocht«: FPB 28.12.1870
75 »Es machte einen eigentümlichen«: FPB 31.1.1871
75 »besonders heftig«: Fontane, *Lebenszeugnis aus siebzig Jahren*, S. 217
76 »Gott sei gelobt«: Caroline Lilienthal, undatierter Brief, vermutlich an Gustav Lilienthal; FPB L 1174
76 »In der Nacht«: FPB 25.2.1871
77 »den Philistern«: Engels, *Einleitung zu »Der Bürgerkrieg in Frankreich«*, S. 198
77 »einst der Schlachtruf«: August Bebel, *Aus meinem Leben*, Berlin 1964, S. 593; zit. nach: Lange, *Berlin*, S. 52
77 »Hier lässt sich das Leben«: FPB 12.4.1871
78 »im großen Weltentrubel«: FPB 17.5.1871
78 »Mitunter habe ich«: FPB 7.4.1871
78 »redeten über nichts«: FPB 23.4.1871
79 »mord- und branderfüllten Schauspiel«: *Geschichte des Königlich Preußischen 4. Garde-Regiments*, S. 255
79 »jetzt keine Lebensmittel«: FPB 8.5.1871
79 »halbes Notizbuch«: FPB 12.3.1871
79 »bedeckt von Rauch und Qualm«: FPB 25.5.1871
79 »Es müssen fürchterliche Straßenkämpfe«: FPB 22.5.1871
80 »ein grausiges Schauspiel«: FPB 28.5.1871
80 »ein warnendes Beispiel«: FPB 25.5.1871

4. KAPITEL

81 »Hurra, Hurra, Hurra«: 9.6.1871; OLM 9299
81 »Einen so unregelmäßigen Parademarsch«: Sebastian Hensel, *Ein Lebensbild aus Deutschlands Lehrjahren*, S. 297 f.; zit. nach: Lange, *Berlin*, S. 29 f.
81 »Wie glücklich konnte ich«: FTK, S. 90
82 »so viel Arten«: Engels, *Vorwort zur dritten Auflage zu: Karl Marx, Das Kapital*, S. 34
83 »während seiner Dienstzeit«: Führungs-Attest; OLM L 4127
83 »ein brauchbarer Reserve Offizier«: Qualifications-Attest; OLM L 4126

83 »Spottgeld«: FPB 7.4.1871
83 zu 1869, dem Hungerjahr: vgl. Nipperdey, *Deutsche Geschichte*, Bd. 1, S. 284
84 »excellente Stelle«: FPB 21.4.1871
84 »50–100 Taler«: Gustav an Caroline, 9.6.1871; DM; zit. nach: OLM L 4118
84 »noch die ganze Frauentracht«: FPB 8.5.1871
84 »mit Heiratsgedanken«: FPB 7.4.1871
84 »eine ewige Qual« und Folgendes: Caroline an Gustav; FPB 4.9.1871
85 »Erkundigt Euch doch«: ebenda
86 »Als im vorigen Jahr«: *Neuer Social-Demokrat*, 12.7.1871; zit. nach: Lange, *Berlin*, S. 128
86 »Hundekarren, Tragbahren«: Lange, *Berlin*, S. 126
87 »lange Leichenzug« und Folgendes: Otto Lilienthal, Familienchronik, Blatt 17
87 »ganze Leben«: GaA 26.2.1889
89 »Wir haben immer ausgerechnet«: FPB 12.3.1871
89 »noch unzählige Versuche«: FPB 10.3.1871
91 »Die Bauwerke aus früherer Zeit«: Franz Grillparzer, *Tagebuch auf der Reise nach Deutschland*, August 1826. In: *Liebe zu Böhmen, ein Land im Spiegel deutschsprachiger Dichtung*. Hrsg. von Bruno Brandl, Berlin 1990, S. 69
91 »2 Stiegen, bei Hambursky«: Acta des Königl. Kreisgerichts zu Anklam betreffend die Vormundschaft für die Kinder des hier am 8. April verstorbenen Kaufmanns Gustav Carl Friedr. Lilienthal; OLM 1603, Blatt 119
93 »schwarzen Bratenrock« und Folgendes: GaA 25.1.1887
94 »mehr Eisenbahnen, Fabriken«: Friedrich Engels, *Der Sozialismus des Herrn Bismarck*; zit. nach: Lange, *Berlin*, S. 284
96 »der soziale Krieg«: Engels, *Die Lage der arbeitenden Klasse*, S. 257 f.
97 »wenig geeignet nach der Art«: Otto Lilienthal, Theorie des Vogelflugs, Blatt 10
97 »das Problem des Vogelflugs«: Otto Lilienthal, *Der Vogelflug*, 1889, S. 10
97 »Jetzt werden wir es machen«: Anna und Gustav Lilienthal, *Die Lilienthals*, S. 24

5. KAPITEL

99 »Von der Hand«: Otto Lilienthal, Theorie des Vogelflugs, Blatt 12
99 »zu denjenigen Erfindungen«: ebenda, Blatt 2
100 »auch durch den allergeschicktesten«: Helmholtz, *Über ein Theorem*, S. 509
101 »Die Kenntnis der mechanischen«: Otto Lilienthal, *Der Vogelflug*, 1889, S. III
102 »Geheimnis der ganzen Fliegekunst«: Otto Lilienthal, *Der Vogelflug*, 2003, S. 77
103 »Ich habe die Hoffnung«: FTK, S. 100
103 »ein ungezähmtes reißendes Tier«: zit. nach: *Otto-Lilienthal-Museum Anklam. Der Dampfmotor*, S. 14
104 »keine wesentliche Neuerung«: DTM, Blatt 68 ff.
105 »Jetzt lärmen die schrillen Pfeifen«: Ludwig Richter, *Lebenserinnerungen eines deutschen Malers. Selbstbiographie nebst Tagebuchniederschriften und Briefen*. Leipzig 1909. Zit. nach: *Der Plauensche Grund*, S. 39 und 57
105 Industriegeschichte Burgk: Ausstellungstext, MF 1E Burgk W, Tafel 5
106 Zur Geschichte der Montanindustrie: Nipperdey, *Deutsche Geschichte*, Bd. 1, S. 285
107 »einen ängstlichen Blick«: OaA 7.12.1877
108 »das Feuer sprühte«: Hoppe an Förster, 24.11.1876; SH, S. 212
108 »Um 4 Uhr morgens«: Halle, *Otto Lilienthal*, S. 38
108 »Technische Unmöglichkeiten«: Anna und Gustav Lilienthal, *Die Lilienthals*, S. 26
109 »Mein Bruder und ich«: SH, S. 205
110 »diese Angelegenheit«: ebenda, S. 206
110 zum weiteren Patent: Otto Lilienthal, *Der Vogelflug*, 1910, S. II
110 »wobei die Kurbel«: SH, S. 231
110 »unzweifelhaft gewisse Vorteile«: SH, S. 268
110 »Gut damit eingearbeitete Arbeiter«: SH, S. 261
111 »Burgwartsberge in Pesterwitz«: Otto Lilienthal, Familienchronik, Blatt 32
111 »die zünden immer« und Folgendes: OaA 1.2.1878
112 »wir beide wollen«: OaA 28.2.1878
113 »Ich bin in ein eigentümliches«: OaA 16.10.1877
113 »Bis Krakau war«: OaA 4.12.1877

113 »Land der Unbegreiflichkeiten«: Franzos, *Aus Halb-Asien*, Bd. 1, S. XXXVI und XIII f.
113 Briefwechsel Lilienthal-Franzos: nicht mehr zugänglich, vgl. Seifert, *Otto Lilienthal*, S. 73, und Schwipps, *Otto Lilienthal*, S. 316
114 »sanftes Hügelland« und Folgendes : OaA 16.10.1877
115 »sämtliche galizische Eier«: OaA 28.1.1878
115 »ewige Gezischel«: OaA 16.10.1877
115 »wo man im Stande«: OaA 24.2.1878.
115 »das Geschimpfe der Leute«: OaA 4.12.1877
115 »Befriedigung darin«: OaA Januar1878
115 »halbnackten Mädchen«: OaA 1.12.1877
115 »Nicht wahr?«: OaA 20.2.1878.
117 »Wenn ich heute so«: OaA 3.1.1878
117 »eine genauere Beobachtung« und Folgendes: SH, Blatt 178
117 »graue Gold«: Podlecki, *Wieliczka*, o. S.
117 »kalt über«: OaA 7.12.1877
117 »Höllenfahrt« und Folgendes: OaA 15.2.1878
118 »Man bewegt sich«: OaA 7.12.1877
118 »alle Tage die doppelte«: OaA 20.2.1878
118 »Dass meine Maschine«: OaA 30.1.1878
118 *Österreichische Zeitschrift für Berg- und Hüttenwesen*: Jg. 1878, S. 184 f.; SH, S. 304
118 »also wieder zwei Seelen«: OaA 7.12.1877
118 »Ich habe Wieliczka« und Folgendes: OaA 4.2.1878
119 »Zum Schluss habe ich«: OaA 24.2.1878
119 »in Schneehaufen«: OaA 28.1.1878
119 »Einen Kuss sogar« und Folgendes: OaA 28.2.1878
119 »Wir haben die Rechte«: OaA 6.12.1877
119 »sonderbaren Menschen« und Folgendes: OaA 9.12.1877
120 »durchschlagender Erfolg«: SH, S. 304

6. KAPITEL

121 »Das Gehen auf unbetretenen Wegen«: GaA 23.2.1889
121 »maschinenartige Erledigung« und Folgendes: GaA 22.10.1887

121 »versauernd«: GaA 20.5.1887
121 zur Feuerbestattung: IQ
122 »Ohne sonderliche Wahl«: *Glückauf*, 23.3.1874
123 »kunstgewerblichen Reform«: Aus der Publikation des 1866 gegründeten kleinen Gerwerbemuseums im Schwäbisch-Gemünd; zit. nach: Mundt, *Die deutschen Kunstgewerbemuseen*, S. 12
123 »Gustav Lilienthal – Architekt«: OLM U 204/9
124 »Keine Dilettantin soll«: IQ, zum Kunstgewerbe
126 »sehr zustatten« und Folgendes: Gustav an Agnes, 5.5.1877; OLM L 1300
127 »Gustav hat mir«: OaA 9.12.1877
129 »Die Schule hat Gustav«: OaA 19.2.1878
129 »Meister des Geschmacks«: Otto Lilienthal, Familienchronik, Blatt 25
130 »Was fangen wir an«: OaA 28.2.1878
131 »von einem intellektuellen Unterschiede«: AaG 1.7.1887
131 »aus einem so ganz anderen« und Folgendes: AaG 5.–6.6.1887
132 »glaube nicht«: GaA ohne Dat., Mai/Juni 1887
132 »Es ging uns damals«: ebenda
132 »Ein Dritter ist aber«: AaG 25.5.1887
133 »1879 erfanden wir«: Otto Lilienthal, Familienchronik, Blatt 25
133 »Er konnte sehr begeisternd«: GaA 21.11.1886
134 »die drei Seiten des Lebens«: Noschka/Knerr, *Bauklötze staunen*, S. 18
135 »niemand hatte ›Meinung‹«: Anna und Gustav Lilienthal, *Die Lilienthals*, S. 31
136 »Geheimmittel« und Folgendes: Elsemarie Maetzke, »Klötzchen fürs Leben«, in: *Die Zeit*, Nr. 51, 17.12.1993
137 »Dr. Richter …«: Adolf Richter in: *Anker-Zeitung*, ca. 1920, S. 2 f.; zit. nach: *Gustav Lilienthal*, S. 65
139 »eine Welt, in der«: *Prometheus*, Nr. 61, 1890, S. 143
140 »das seine Fähigkeiten als Architekt«: Halle, Mutter Lilienthals Flugtraum, S. 49

7. KAPITEL

143 zur Firmengeschichte: *Otto-Lilienthal-Museum Anklam. Der Dampfmotor*, S. 11–33
145 »nach und nach eine Decentralisation«: DTM, Blatt 68
145 Zur Entwicklung der Großindustrie: *Geschichte Berlins*, S. 427
146 »Ich hatte mir die Geschäftspraxis« und Folgendes: Otto Lilienthal, *Moderne Raubritter*, 1. Bild, 6. Szene
147 »hatte für jeden« und Folgendes: Wehr, Als Volontär
147 »die praktischen Ziele der Sozialdemokratie«: *Preußen*, S. 302
148 »geschäftige Dienerin«: Franz Reuleaux, »Cultur und Technik«, in: *Prometheus*, Nr. 40, 1890, S. 625
148 »humanistisch verbildeten Preußen«: GaA 12.11.1886
148 »Ich bin jetzt durch das Dickste«: FTK, S. 103
149 »unmittelbarer Nähe des Flusses«: Fontane, *Frau Jenny Treibel*, S. 15
151 »sehr einfach eingerichtet«: Anna und Gustav Lilienthal, *Die Lilienthals*, S. 43
151 »Kleide dich unter deinem Stand«: AaG 16.2.1887
151 »der ganz eigenen Liebenswürdigkeit«: Anna und Gustav Lilienthal, *Die Lilienthals*, S. 43
151 »so manchen netten«: FTK, S. 101
152 »Fabrikgeheimnis« und Folgendes: Otto Lilienthal, *Moderne Raubritter*, 1. Bild, 7. Szene
152 »Wir leben hier außerordentlich«: FTK, S. 101
152 »stürmischen Drängen«: AaG 11.4.1888
152 »Die Frau eines Erfinders«: Anna Lilienthal in: Halle, Die Geschwister Lilienthal und die Musik
154 »Agnes ist insofern schlecht dran«: FTK, S. 100
154 »Spielplatz, amphitheatralisch gebaut«: AaG 5.–6.6.1887
155 »einem Privathause«: Otto Lilienthal, Familienchronik, Blatt 36
155 »weniger Geld als Arbeit«: Otto Lilienthal, *Moderne Raubritter*, 2. Bild, 1. Szene
155 »Schreibe mir doch«: GaA 21.12.1886
155 »Dein Bruder«: AaG 26.12.1886
156 »einen ganz, gelinde gesagt«: AaG 15.1.1887
156 »die Geschäfte brillant«: AaG 13.4.1887

157 »Wer in einem Lebensverhältnisse«: zit. nach: *Preußen*, S. 225
159 »große Depression«: Nipperdey, *Deutsche Geschichte*, Bd. 1, S. 285
161 »denselben Druck«: AaG 15.3.1890
161 »schon immer etwas«: GaA 18.1.1887
161 »Geld über Geld«: AaG 22.3.1890
161 »seinen Kopf voll«: ebenda
162 »Ein Bild blühenden«: Halle, *Otto Lilienthal*, S. 142
162 »außerordentliches Buch«: Wilbur Wright an Octave Chanute, 2.11.1901, in: *The Papers of Wilbur and Orville Wright*, S. 148
162 »das Beste, was gedruckt«: Wilbur Wright, »Otto Lilienthal«, in: *Aero Club of America Bulletin*, September 1912; zit. nach: Schwipps, *Die Brüder Wright*, S. 32
163 »sämtlich höheren Lohn«: AaG 22.3.1890
163 zur »Konstitutionellen Fabrik«: *Otto Lilienthal. Flugpionier, Ingenieur, Unternehmer*, S. 16
165 »Um das Interesse« und Folgendes: OLM L 4106
165 »solange er lebte«: Gustav Lilienthal, Otto Lilienthal. Das Charakterbild
166 »große, von einer Galerie«: Wehr, Als Volontär

8. KAPITEL

167 »Nie werde ich die Freude«: Gustav Lilienthal, Melbourner Bauten, S. 455
168 »richtig zu bewegen«: GaA 1.9.1886
169 »wegen grober dienstlicher Vergehen«: GaA 20.5.1887
169 »Was kümmerten uns«: GaA 16.12.1886
170 zum Freundeskreis: Halle, Mutter Lilienthals Flugtraum, S. 50 f.
170 »eingelebten Molltonart«: GaA 22.10.1887
170 »immer Leben«: Selina Hooper an Gerhard Halle, 29.6.1923, AH
171 »unsere Bahnen in Viktoria«: GaA 30.4.1887
173 »bei Nacht ein schauerlich«: Gustav Lilienthal, Australische Wälder, S. 261
173 »vom Sturm gepeitschte Meer«: GaA 30.11.1886
173 »Charakter der neuen Zeit«: Gustav Lilienthal, Melbourner Bauten, S. 471

173 »ein prächtiges Bankgebäude«: ebenda, S. 454
174 »unvergleichlich mehr Komfort«: ebenda
174 »In dieser alten Welt«: GaA 7.12.1886
174 »Man hat sich schön gehütet«: GaA Juni 1887
175 »praktisch und arbeitsam«: Halle, Mutter Lilienthals Flugtraum, S. 51
175 »in diesem schwach civilisierten« und Folgendes: FTK, S. 103
176 »als Sklaverei« und Folgendes: Halle, Mutter Lilienthals Flugtraum, S. 56 f.
176 »Entschuldige mein Gekritzel«: Halle, Die Geschwister Lilienthal und die Musik
177 »vor dem alle übrigen Bedingungen«: GaA 10.10.1887
177 »seine erste Liebe«: Selina Hooper an Gerhard Halle, 29.6.1933; AH
178 »allerhand Erfindungen« und Folgendes: Otto an Marie, Frühjahr 1885; FTK, S. 100
178 »My dear Boy«: GaA 7.12.1886
178 »ein wildes Herz«: AaG 13.6.1886
179 »die nie die Wirkung« und Folgendes: Anna Rothe an Anna Rothe, geb. Hartwig, ohne Dat., Herbst 1886; OLM L1608/1
179 »tollkühner Arzt«: Binswanger, Albatros, S. 21
180 »besser und billiger«: Anna Rothe an Anna Rothe, geb. Hartwig, ohne Dat., Herbst 1886; OLM L 1608/1
180 »Otto Lilienthal überlässt«: OLM L 1630
181 »höchst originell«: GaA 12.7.1886
181 »ein Lotteriespiel«: AaG 30.8.1886
182 »Vergebens besinne ich mich«: AaG 6.8.1886
182 »Man hat in dieser Zeit«: AaG 7.10.1886
182 »10 Menschen«: AaG 14.6.1887
182 »leicht vibrierendes Nervensystem« und Folgendes: AaG 22.6.1887
182 »Ich weiß, es wird«: GaA ohne Dat., Juni 1887
182 »hellsehend«: AaG 1.7.1887
183 »brave deutsche Hausfrau«: AaG 13.6.1886
183 »Frauen bei gleicher Schulung«: GaA 12.4.1888
183 »in reiferen Jahren«: GaA 24.9.1886
183 »vor unästhetischen Sachen«: AaG 22.8.1886
183 »Du hast im Wesen«: GaA 7.12.1886
183 »Uns verbindet der Geist«: GaA 12.7.1886

183 »von dem ganzen Ballast«: GaA 6.4.1887
183 »ein frisches frohes«: GaA ohne Dat., Juni 1887
184 »Die Forderung ist nicht«: Anna und Gustav Lilienthal, *Die Lilienthals*, S. 44
184 »die beiden Skeptiker«: AaG 24.10.1886
184 »als eine Art von verlorenem«: Binswanger, Albatros, S. 28
184 »so einen kleinen Kravall«: GaA 18.8.1886
185 »vielen kleinen schwarzen Tierchen«: GaA 27.10.1886
185 »ein ganz kleines Stübchen«: GaA 1.9.1886
185 »grausiger Mord«: GaA 8.9.1886
185 »wo nicht allzu viel Verkehr«: AaG 19.10.1886
185 »Es fehlt mir nicht«: AaG 24.20.1886
185 »gegenseitige Versteckspielen«: GaA 3.10.1886
186 »phantasiereichen Franzosen«: GaA 2.1.1886
186 »Niemand war versichert«: GaA 21.9.1886
186 »Ich bin mein Leben«: AaG ohne Dat., Sept. 1886
187 »Mit dem schweren Eingeständnis«: AaG 13.10.1886
187 »eine sehr unangenehme Art«: GaA 24.9.1886
187 »Es ist nicht böse«: GaA 24.9.1886
188 »dass er, da er die Steinsache«: GaA 15.6.1887
188 »Geraden Weges«: AaG 14.5.1887
188 »Verfahren patentiert«: GaA 6.6.1887
188 »für das schlechteste«: GaA 25.3.1887
189 »Hangen und Bangen«: GaA 10.5.1887
189 »das beste« und Folgendes: GaA 25.3.1887
189 »Nur wenn ich auf diese«: GaA 10.5.1887
189 »sprach ziemlich unwillig«: AaG 25.5.1887
189 »hauptsächlich der Wunsch«: AaG 14.5.1887
190 »später vielen Nutzen«: GaA 29.7.1887
190 »und wenn der älteste«: GaA 27.8.1887
190 »Aufgelegt zu jedem Scherz«: GaA 6.4.1887
190 »Es ist ein Vergnügen«: GaA 9.7.1887
190 »in allen Städten Erfolg«: GaA 29.7.1887
190 »ein Rundschreiben umgehen«: GaA 24.7.1887
191 »angesichts der drohenden Gefahr«: AaG 30.7.1887
191 »Wieder ist gegen mich«: GaA 5.11.1887
191 »eine enge Schlucht«: GaA 22.10.1887

191 »eine aufrichtige Zuneigung«: Gustav an Dr. Rothe, 5.11.1887; AH; zit. nach: OLM L 1607 f.
192 »Das Leben«: GaA 30.11.1886
192 »kein großer Ozeandampfer«: Anna und Gustav Lilienthal, *Die Lilienthals*, S. 47
192 »wenigstens armen Leuten«: AaG 28.2.1889

9. KAPITEL

193 »hatte eine angeborene«: Dopp, Das war Rose
193 »Massengrab des fernen Ostens«: *Das Rose-Theater*, S. 7
193 »die nicht leben«: Anna und Gustav Lilienthal, *Die Lilienthals*, S. 72
193 »für Narren aller Art« und Folgendes: Feldhaus, Otto Lilienthal als Räuberhauptmann
194 zur Kleiderordnung bei den Galavorstellungen: Lange, *Berlin*, S. 687
194 zum Entstehen privater Theater: *Das Rose-Theater*, S. 4
195 »Das Ostend-Theater übertrifft«: ebenda, S. 6
196 »die kläglichste und widerwärtigste«: Krull, *Hans Rose*, S. 17
196 »von ungeschlachten Burschen«: *Vossische Zeitung*, 14.7.1890; zit. nach: *Das Rose-Theater*, S. 13
197 »Die Kunst soll dem Volke«: IQ zur Volksbühnenbewegung
197 zur Volksbühne im Ostend-Theater: Seifert/Waßermann, *Otto Lilienthal*, S. 89
198 »die Wahrheit des unabhängigen«: *Freie Bühne*, 29.1.1890, S. 1
199 »Denken und Handeln«: GaA 30.11.1886
199 »ein nettes, liebes Ding«: Max Samst über Otto Lilienthal; Feldhaus, Gedächtnisprotokoll
199 »die bescheidensten Spesen« und Folgendes: Meyer-Förster, Vom Schreibtisch und aus dem Atelier, S. 544
201 »Geld, Gut und Blut«: Feldhaus, Otto Lilienthal als Räuberhauptmann
201 »Erfolg ein derartiger«: Otto Lilienthal »an ein Hohes Königliches Ministerium« [Unterrichts-Ministerium], 17.7.1893; FTK, S. 172
201 »vor Freude geweint«: *Berliner Tageblatt*, 11.8.1896
202 »das Theater brechend«: Meyer-Förster, Vom Schreibtisch und aus dem Atelier, S. 545

203 »110 Volksvorstellungen« und Folgendes: Otto Lilienthal »an ein Hohes Königliches Ministerium« ..., 17.7.1893; FTK, S. 172
203 zur fehlenden Reaktion des Ministeriums: Anna und Gustav Lilienthal, *Die Lilienthals*, S. 75
204 »die ganze Staats- und Gesellschaftsordnung«: *Von der Freien Bühne zum Politischen Theater. Drama und Theater im Spiegel der Kritik*. Hrsg. von Hugo Fetting. Teil 1: 1889–1918, Leipzig 1987; zit. nach: Seifert/Waßermann, *Otto Lilienthal*, S. 91
204 »die Bourgeoisie, die«: zit. nach: Lange, *Berlin*, S. 709 f.
204 »die Musik liebgewinnen«: GaA 11.1.1887
204 »Seht, wir sind«: Pius Alexander Wolff, *Preciosa*, S. 28 f.
205 »Der Mann der unbegrenzten«: Anna und Gustav Lilienthal, *Die Lilienthals*, S. 74 f.
206 »hatte es nicht gerade leicht«: Dopp, Das war Rose
206 »als Lehrmeister des Volkes«: Kiaulehn, *Berlin*, S. 98
206 »Die Deutschen sind«: zit. nach: ebenda
207 »sicher«: GaA 24.9.1886
207 »Denke nur, unser Otto«: AaG 30.10.1886
208 »fast alle Abende«: AaG 8.1.1887
208 »Hastiges, Krampfhaftes«: Anna und Gustav Lilienthal, *Die Lilienthals*, S. 75
208 »Feinsinn«: GaA 24.9.1886
208 »jeder erwachsene Mensch«: AaG 18.3.1890
209 »furchtbar rüplige«: AaG 24.8.1887
209 »eigentümliche«: AaG 1.7.1887
209 »ganz in Ruhe«: AaG 24.8.1887
209 »der größte Städtebauer«: Kiaulehn, *Berlin*, S. 53
210 »wie ein kleines, unscheinbares Singvögelchen«: Anna und Gustav Lilienthal, *Die Lilienthals*, S. 52
211 »mit spitzem Schnabel«: ebenda, S. 53
211 »verstocken und verfallen«: AaG 19.10.1886
211 »in jedem Brief über das Haus«: GaA 18.1.1887
211 »gründlich wie Lilienthals«: GaA 1.7.1887
212 »Sehr zum Schaden«: Anna und Gustav Lilienthal, *Die Lilienthals*, S. 81
212 »die nur auf eine Gelegenheit«: Otto Lilienthal, *Moderne Raubritter*, 8. Bild, 1. Szene

212 »wenn se mal Gesellschaft geben«: ebenda, 2. Bild, 1. Szene
212 »das Schlimmste«: ebenda, 8. Bild, 1. Szene
213 »eine ausgezeichnete Beobachtung«: *Berliner Tageblatt*, 11.8.1896
213 »Die ganze Welt looft«: Otto Lilienthal, *Moderne Raubritter*, 3. Bild. 1. Szene
213 »Es wird großartig«: Anna und Gustav Lilienthal, *Die Lilienthals*, S. 80
213 »An ein Verdienen« und Folgendes: Otto an Marie, 3.9.1893; FTK, S. 105
214 »Wenn ich einen solchen«: ebenda; FTK, S. 104 f.

10. KAPITEL

217 »In einem Villenvorort«: Binswanger, Albatros, S. 1 f.
217 »unruhige, heftige, zärtliche Vater«: ebenda, S. 6
217 »In der gemeinsamen Ablehnung«: ebenda
217 »Luxus«: GaA 10.5.1887
218 »Wenn man bedenkt«: GaA 25.2.1889
218 »der Helle, der Sieger«: Binswanger, Albatros, S. 26
218 »Ich bin wie ein Fisch«: GaA 15.10.1886
218 »Je größer der Kampf«: GaA 30.11.1886
218 »Du weißt«: AaG 24.10.1886
219 »ein angemaßter Wahn«: GaA 21.2.1887
219 »Wie froh bin ich«: AaG 28.2.1889
219 »monatlich 2 Mark kosten«: AaG 3.5.1889
219 »Frische und Natürlichkeit« und Folgendes: AaG 20.9.1886
219 »an üppigen Kaffeetafeln«: Binswanger, Albatros, S. 24
220 »Luftschlösser für die Zukunft«: AaG 31.10.1886
220 »vermögenslos war«: Halle, *Otto Lilienthal*, S. 47
220 »reizende Erfindung« und Folgendes: »Bücherschau. Modellbaukasten«, in: *Prometheus*, Nr. 61, 1891, S. 143 f.
221 »100 Kästen verkaufen«: GaA 15.4.1888
222 »genormte Streifen aus Metall«: Brit. Patent Nr. 587, 9.1.1901; zit. nach: Noschka/Knerr, *Bauklötze staunen*, S. 94
222 »Herstellung von Modellbauten«: Kaiserliches Patentamt. Patentschrift 46312 (77) vom 8. April 1888; OLM 3935

222 »im schönen Deutschland«: GaA 12.11.1886
223 »Mehr wie satt«: AaG 31.10.1886
223 »hüpfend über die Schwerpunktverlagerung«: GaA 15.4.1888
223 »künstliches Reittier«: Kaiserliches Patentamt. Patentschrift Nr. 149865 (77e) vom 25. März 1903; OLM L 3930
223 »die Lampen zu lange konserviert«: GaA 15.10.1886
223 »leicht u. schnell«: GaA 15.6.1887
224 »die beste Kritik«: GaA 15.4.1888
224 »Ingenieur und Sozialist«: Binswanger, Albatros, S. 27 d
224 »gab ihm die größte Befriedigung«: GaA 11.2.1887
225 »den Ruhm genoss«: Anna und Gustav Lilienthal, *Die Lilienthals*, S. 57
225 »Wir leben in Deutschland«: Gustav Lilienthal, Das Vororthaus, S. 26
225 »Wer nicht kann halten«: Anna und Gustav Lilienthal, *Die Lilienthals*, S. 57
225 »kleiner, gesunder Häuser«: GaA 22.10.1887
225 »Werden vielleicht einst«: GaA 11.2.1887
226 »die Strömung, außerhalb der Stadt«: GaA 21.2.1887
227 »Weit auskragende Gesimse« und Folgendes: Gustav Lilienthal, Das Vororthaus, S. 21 ff.
227 zu Gustav Lilienthals Lichterfelder Bauten: Iris Hanika, »Eine Bastion der Bürgerlichkeit«, in: *Frankfurter Allgemeine Zeitung*, 25.6.2002
228 »leidenschaftlicher Zähigkeit« und Folgendes: Binswanger, Albatros, S. 1 ff.
229 »in der Jugend«: Ottilie Binswanger, geb. Lilienthal, an Familie Springer, 7.10.1956; AH
229 »keine Dauer-Miséren«: Binswanger, Albatros, S. 4 f.
230 »viele Träger«: ebenda, S. 27 a
230 »Eigentümlichkeit des Menschen«: GaA 10.10.1887
230 »ihren Wirkungskreis«: Binswanger, Albatros, S. 27 b
230 zu Moritz von Egidy: Hugler, *Moritz von Egidy*, S. 28
230 »Nicht mehr der regierende«: Moritz von Egidy, *Versöhnung*; zit. nach: *Der Sozialist*, Nr. 2, 1893, S. 5
231 »Willst du den Frieden«: Flugblatt des Herrn von Carstenn-Lichterfelde für den 1. Berliner Wahlbezirk; 1893; LAB Nr. 95
231 »werden keine Kriege«: »Einiges Christentum. Volksschrift zur Förderung der Bestrebungen Moritz von Egidys«; LAB Nr. 95

231 »Geistige Selbständigkeit«: Wahlaufruf Moritz von Egidys für die Reichstagswahl 1893; LAB Nr. 95
231 »ein tief frommer Mensch«: Ottilie Binswanger, geb. Lilienthal, an Familie Springer, 7.10.1956; AH
231 »mit dem Zweifel«: GaA 27.7.1886
232 »auf den einsamen Pfaden«: GaA 10.10.1887
232 »die ihrer Zeit«: Otto Lilienthal an die Redaktion einer nicht bekannten Zeitschrift, 17.2.1895; FTK, S. 46
232 »Gerade Sie«: ebenda, S. 45
233 »ein geistiges Erlebnis«: Anna und Gustav Lilienthal, *Die Lilienthals*, S. 67
233 »Ergebnis ernsten, nüchternen Nachdenkens«: Hertzka, *Freiland*, S. 329
233 »Anzahl von Männern«: ebenda, S. 3
234 »mit Straßen und Plätzen«: ebenda, S. 52
234 »das Gedankenbild«: Oppenheimer, *Mein wissenschaftlicher Weg*, S. 81
234 »stärkeren Civilisationsform«: Hertzka, *Freiland*, S. 152 f.
234 »und entschlossen waren«: Oppenheimer, *Mein wissenschaftlicher Weg*, S. 81
234 »am schönen Kilimandscharo«: Anna und Gustav Lilienthal, *Die Lilienthals*, S. 66
235 »Die Arbeit vieler«: GaA 6.6.1887
235 »aus dem kapitalistischen Ozean« und Folgendes: Franz Oppenheimer, Der Kampf um die Siedlung
236 »ein erprobter Anstrich«: Nachruf auf Gustav Lilienthal, in: *Edener Mitteilungen*, 9/10 1994, S. 22
237 »den großen Vorteil« und Folgendes: Katalog zur »Terrast«-Bauweise, in: *Gustav Lilienthal*, S. 113
238 »jeder wirklich Arbeitsunfähige«: GaA 1.3.1887
238 »Herr Lilienthal, der«: Brief des Abgeordneten Plate an Friedrich von Bodelschwingh, 20.4.1905, Archiv Hoffnungstaler Anstalten, Lobetal; Zitat nach: OLM L 1612
239 »Unsere Verhältnisse sind«: Anna Lilienthal an Marie Squire, ohne Datum, vermutl. Anfang Dezember 1893; FTK, S. 105
239 »viel zu optimistisch«: Binswanger, Albatros, S. 27 c
239 »die Pionierarbeit« und Folgendes: Anna und Gustav Lilienthal, *Die Lilienthals*, S. 68
240 »so dass die ›Freie Scholle‹«: Anna und Gustav Lilienthal, *Die Lilienthals*, S. 68

240 »dem kapitallosen Arbeiter«: zit. nach: Uta Grüttner, »Hier weg – niemals!«, in: *Berliner Zeitung*, 8.5.1995
240 »ein schmerzlicher, unersetzlicher Verlust«: Anna und Gustav Lilienthal, *Die Lilienthals*, S. 67
241 »wahres Kind«: Binswanger, Albatros, S. 27 b
241 »erfreulich geglückt«: Franz Oppenheimer, Der Kampf um die Siedlung

11. KAPITEL

244 »Den Tag, an welchem«: Ferber, *Die Kunst zu fliegen*, S. 65
245 »dass man das Fliegen nur«: Otto Lilienthal, Über die Grundlagen der Flugtechnik, Blatt 8
246 »diejenige Bewegung in der Luft«: ebenda, Blatt 9
246 »das auf richtiger Grundlage« und Folgendes: Otto Lilienthal, Über Theorie und Praxis, S. 153 ff.
246 »Experimentierens vor der Tür«: Wilbur Wright, »Otto Lilienthal«, in: *Aero Club of America Bulletin*, Sept. 1912; zit. nach: Schwipps, *Die Brüder Wright*, S. 32
247 »als was die ersten unsicheren Kinderschritte«: Otto Lilienthal, Über die Grundlagen der Flugtechnik, Blatt 10
247 »von denen der nur theoretisch«: Otto Lilienthal, Zur Flugfrage, S. 769
247 »größtes flugtechnisches Verdienst«: FTK, S. 191
247 »immer mit einer Katastrophe gerechnet«: Paul Beylich; zit. nach: Hans Scholz, »Spaziergänge durch die Mark Brandenburg«, in: *Der Tagesspiegel*, 11.4.1976
247 »mit dem Kopf nach unten«: Halle, *Otto Lilienthal*, S. 71
248 Beim Bau der mit Schirting: Aufzeichnungen von Hulda Schneider, 1894; MF
250 »der schräg abwärts geführte Segelflug«: Otto Lilienthal, Ueber meine diesjährigen Flugversuche, S. 286 ff.
250 »Anfang einer neuen Kulturepoche«: Otto Lilienthal, Der Vogelflug, 1889, S. 187
251 »für einen Wagehals erklärt«: Otto Lilienthal, Ueber den Segelflug und seine Nachahmung, S. 277 ff.

252 »Es ist keine einzige Belustigung im Freien«: Otto Lilienthal, Allgemeine Gesichtspunkte, S. 143 ff.
252 »mit dem wundervollen, anstrengungslosen«: Otto Lilienthal, Zur Flugfrage, S. 769 ff.
252 »gäbe es kein Mittel«: ebenda
252 »miserabel«: Otto an Marie, 3.9.1893; FTK, S. 105
252 »Hunderte von jungen kräftigen Leuten«: Otto Lilienthal, Zur Flugfrage, S. 773
253 »verrückten Mann«: Alfred Hildebrandt, »Der Flug-Lehrer der Menschheit«, in: Berliner Lokal-Anzeiger, 8.8.1936
254 »fast alle Nationen um die Ehre« und Folgendes: Otto Lilienthal, Zur Flugfrage, S. 754
254 »mit der Artigkeit zugehört«: Meyer-Förster, *Vom Schreibtisch und aus dem Atelier*; zit. nach: Halle, *Otto Lilienthal*, S. 138 f.
255 »eine Art Kreuzung« und Folgendes: ebenda
256 »Glauben Sie, ich will mir Vorwürfe«: Wehr, Als Volontär
256 »eigene Haut dabei zu Markte«: Halle, *Otto Lilienthal*, S. 137
256 »Flugapparat« und Folgendes: Kaiserliches Patentamt. Patentschrift Nr. 77916 Otto Lilienthal in Berlin. Flugapparat; OLM 3907
256 »patentirten Flugapparate«: Otto an Marie, 3.9.1893; FTK, S. 105
257 »überall großes Interesse erregt« und Folgendes: Otto Lilienthal an Alois Wolfmüller, 8.11.1893; FTK, S. 184
258 »die vorherige Einsendung«: ebenda, S. 186
258 »denn wenn man gutes Auskommen«: Otto an Marie, 3.9.1893; FTK, S. 105
258 »Es wäre zu wünschen«: Anna Lilienthal an Marie Squire, 16.11.1894; FTK, S. 106
259 Die Kosten von 9000 Mark: Anna und Gustav Lilienthal, *Die Lilienthals*, S. 59
259 3000 Mark steuerte Gustav bei: Halle, *Otto Lilienthal*, S. 158
260 »Blödsinn«: Max Samst über die Brüder Lilienthal; DTM, Blatt 259
260 »Fähigkeiten, mit denen man schon von weitem«: GaA 9.8.1886
260 »Jetzt ist es für heute genug«: Beylich über Lilienthal; DTM, Blatt 168
261 »besonders nahe«: ebenda, Blatt 216
261 »als Dank für die prächtige Schaustellung«: Gustav Lilienthal, Otto Lilienthal. Das Charakterbild

261 »eine Jahrmarktsensation«: Anna und Gustav Lilienthal, *Die Lilienthals*, S. 60

261 »dass noch vor Ablauf unseres Jahrhunderts«: *Kladderadatsch*, 6.5.1894

261 die Zukunft des »fliegenden Menschen«: *Dresdner Nachrichten*, 17.11.1894

262 »Lilienthals Apparat der Vorgänger«: Georg von Tschudi; zit. nach: Schwipps, *Lilienthal*, S. 273

263 »den genialen Flugtechniker« und Folgendes: Runkel/Böcklin, *Neben meiner Kunst*, S. 283 f.

264 »die Beschaffung eines Kulturelements«: Otto Lilienthal an Moritz von Egidy; FTK, S. 44

265 »Die unerhört teure 300-PS-Maschine«: D. A. Sobolew, »Das Russische Echo – Otto Lilienthal und die Entwicklung der Luftfahrt in Rußland«. In: *Otto Lilienthal – 100 Jahre Menschenflug – Ausgewählte Beiträge*. Bonn 1995, S. 42

265 »als Sportplatz« und Folgendes: Otto Lilienthal, Fliegesport und Fliegepraxis, S. 169 ff.

267 »interessant« und Folgendes: Samuel P. Langley an Augustus M. Herring, 6.8.1895; FTK, S. 87

267 »die lebendige Kraft des Windes«: Otto Lilienthal, Fliegesport und Fliegepraxis, S. 170

267 »Segelapparate zur Uebung des Kunstfluges«: Otto Lilienthal, Der Kunstflug, S. 592

268 »kurzer Zeit zum vollkommenen Fluge«: Otto Lilienthal an James Means, 24.9.1895; FTK, S. 132

268 »für den neuen Sport zu plädieren«: James Means an Otto Lilienthal, August 1895; FTK, S. 130 f.

268 »Hindernis ..., das zu überwinden«: James Means an Otto Lilienthal, 10.3.1896; FTK, S. 136

269 »Ich hege die größten Hoffnungen«: James Means an Otto Lilienthal, 20.3.1896; FTK, S. 138

269 »Mein hiesiges Geschäft lässt«: Otto Lilienthal an James Means, 17.4.1896; FTK, S. 139

270 »etwas Grandioses«: Kerr, *Mein Berlin*, S. 103

272 »Im Hörsaal des Chemiegebäudes spricht«: zit. nach: Seifert/Waßermann, *Otto Lilienthal*, S. 152

272 »dass er gerade jetzt auf einem Wendepunkte«: Nachruf vom Herausgeber des *Prometheus*, in: *Prometheus*, Nr. 360, 1896

272 »praktisch nachzuweisen, dass«: *Offizielle Ausstellungsnachrichten. Organ der Berliner Gewerbeausstellung*, 12.6.1896
273 »demnächst etwas vorfliegen zu lassen«: Paul Schauer, »Weitere Erinnerungen an Otto Lilienthal«, in: *VDI-Nachrichten*, Nr. 33, 14.8.1929
273 »dass das Zeitalter des Fliegens«: zit. nach: Schwipps, *Lilienthal und die Amerikaner*, S. 124
274 »Opfer müssen gebracht werden!«: Anna und Gustav Lilienthal, *Die Lilienthals*, S. 83
275 Ottos Grab auf dem Friedhof in Lichterfelde: heute Friedhof Lankwitz
275 »Er war ein klarer Denker«: Moritz von Egidy, in: *Versöhnung*; zit. nach: Seifert/Waßermann, *Otto Lilienthal*, S. 161
275 »Die Fabrik erleidet keine Unterbrechung«: Todesanzeige; OLM 4097
275 »Selbst ein neuer«: Paul Beylich; DTM, Blatt 168
275 »mehr als oberflächlich mit dem Fliegen«: zit. nach: Schwipps, *Lilienthal*, S. 306

EPILOG

279 Agnes musste sich einer schweren Operation unterziehen: Otto Lilienthal/Nachtrag von Agnes Lilienthal, Familienchronik, Blatt 45
280 »Niemals konnte ich meine Tante«: Binswanger, Albatros, S. 27
282 »Ich würde mich sehr freuen«: Gustav Lilienthal an James Means, 1.7.1910; FTK, S. 143
283 »großen Wertschätzung«: Orville Wright an Agnes Lilienthal, 2.12.1911; FTK, S. 200
283 »vollen Erfolg in Berlin« und Folgendes: Gustav Lilienthal an Orville Wright, 31.8.1909; FTK, S. 198 und 200
283 »Wie Sie bereits wissen«: Orville Wright an Agnes Lilienthal, 2.12.1911; FTK, S. 200
284 »Erste Bedingung ist die Abwehr«: Anna und Gustav Lilienthal, *Die Lilienthals*, S. 98
285 20 000 Mark für flugtechnische Projekte für Gustav Lilienthal: *Gustav Lilienthal*, S. 135
285 »der zur Vernunft erhobene Blödsinn«: GaA 3.4.1887
285 »größte Unglück für die Deutschen«: Binswanger, Albatros, S. 75

286 »sorgloser Waghalsigkeit«: Anna und Gustav Lilienthal, *Die Lilienthals*, S. 111 f.

287 »Der Vogelflug ist damit«: Gustav Lilienthal, »Die Erfindung des Fliegens«, *Werden. Ein Blatt für die Deutsche Jugend aller Stände*; 1. Januar 1916; OLM 3009

287 Für das Schreiben des Buchs: Brief der WGL an A. Springer, 15.8.1935; OLM 1485

287 Später bekam er einen Ehrensold: Binswanger, Albatros, S. 104

287 »Des Morgens um 8 Uhr«: Anna und Gustav Lilienthal, *Die Lilienthals*, S. 120 f.

288 »zum erstenmal ein Flugzeug«: Anna und Gustav Lilienthal, *Die Lilienthals*, S. 123 f.

288 »Das geht nicht gut«: Binswanger, Albatros, S. 120

288 »Man hatte den Namen Lilienthal«: ebenda

288 »drohende Gefahr des Nationalsozialismus«: ebenda, S. 117

288 »und man zweifelte nicht«: ebenda, S. 120

290 »Alle Welt blickt auf Steglitz«: [Zeitung unbekannt], 10.8.1932; OLM 9278/1/004

290 »Dem Andenken an den Menschen«: *Berliner Lokalanzeiger*, 11.8.1932; ebenda

BENUTZTE LITERATUR

Heinz Bemowski, Geschichte der Stadt Anklam. 1989 (Entwurf); OLM A 219
Berg- und Hüttenmännisches Jahrbuch im Königreich Sachsen, 1879
Otti Binswanger-Lilienthal, Der Albatros. Ein Weg durch die Zeit. Unveröffentlichtes Manuskript aus dem Familiennachlass; OLM L 2145
Hans Blum, Das Deutsche Reich zur Zeit Bismarcks. Politische Geschichte von 1871 bis 1890. Leipzig und Wien 1893
Das Rose-Theater, seine Geschichte, seine Direktion, seine Mitglieder. 1877–1927. Hrsg. von Hans, Paul u. Willi Rose. Berlin 1927
Der Kreis Anklam. Ein Heimatbuch des Kreises Anklam. Magdeburg 1935
Der Plauensche Grund zwischen Romantik und Idealisierung. Hrsg. von Juliane Puls u. a. Freital 1997
Deutsche Bauzeitung, Verkündigungsblatt des Verbandes Deutscher Architekten und Ingenieurvereine, 17.11.1894, S. 566 ff.
Hannelore Deya, »Swartsuer frät de Buer«, in: *Heimatkurier*, 1.1.2004
Werner Dopp, »Das war Rose für Berlin – Nach Aufzeichnungen Paul Roses«, in: *Der Tagesspiegel*, 23.10.1966
Friedrich Engels, Die Lage der arbeitenden Klasse in England. In: Karl Marx/Friedrich Engels, Werke, Band 2, Berlin 1972
Friedrich Engels, Einleitung zu Karl Marx: »Der Bürgerkrieg in Frankreich« (1891). In: Karl Marx/Friedrich Engels, Werke, Band 22, Berlin 1963
Friedrich Engels, Vorwort zur dritten Auflage von: Karl Marx, Das Kapital. Kritik der politischen Ökonomie, Band 1, Berlin 1977
Franz Maria Feldhaus, »Otto Lilienthal als Räuberhauptmann. Erinnerungen an den Pionier des Fluges«, [Zeitung unbekannt], um November 1928; MF
Ferdinand Ferber, Die Kunst zu fliegen. Ihre Anfänge, ihre Entwicklung. Berlin 1910
Karlheinz Fingerle, Fragen an die Museumsdidaktik am Beispiel des Deutschen Museums. München 1992

Theodor Fontane, Lebenszeugnis aus siebzig Jahren. Naunhof und Leipzig o. J.
Theodor Fontane, Frau Jenny Treibel oder »Wo sich Herz zum Herzen findet«. Berlin und Weimar 1967
Karl Emil Franzos, Aus Halb-Asien. Culturbilder aus Galizien, Bukowina, Südrußland und Rumänien (1876). Band 1 und 2, Stuttgart 1889
Heinrich Freese, Die konstitutionelle Fabrik. Jena 1909. Zit. nach: Martin Küster, »Ein konstitutioneller Fabrikmonarch. Der Berliner Sozialreformer Heinrich Freese«; BM 1999
Freie Bühne, 1. Jg., 29.1.1890
Lothar Gall, Bismarck. Der weiße Revolutionär. Berlin 1995
Henry Georges, Fortschritt und Armut. Eine Untersuchung über die Ursache der industriellen Krisen und der Zunahme der Armut bei zunehmendem Reichtum. Berlin 1880
Alexander C. T. Geppert, »Gewerbeausstellung/Weltausstellung. Ausstellungsmüde: Deutsche Großausstellungsprojekte und ihr Scheitern, 1880–1930«, in: *Internationale Zeitschrift für Theorie und Wissenschaft der Architektur*, 5. Jg., Heft 1, Juli 2000
Geschichte Berlins. Von den Anfängen bis 1945. Hrsg. von Laurenz Demps u. a. Berlin 1987
Geschichte des Königlich Preußischen 4. Garde-Regiments zu Fuß 1860 bis 1884. Berlin 1885
Glückauf. Anzeiger für den Plauenschen Grund und dessen Umgegend, 1874–1878
Gustav Lilienthal 1849–1933. Baumeister, Lebensreformer, Flugtechniker. Katalog zur Ausstellung des Landesarchivs Berlin, 22. Juni bis 31. Oktober 1989. Hrsg. von Hans J. Reichardt. Berlin 1989
Sebastian Haffner, Von Bismarck zu Hitler. Ein Rückblick. München 2001
Gerhard Halle, Die Geschwister Lilienthal und die Musik. Unveröffentlichtes Manuskript; AH
Gerhard Halle, Mutter Lilienthals Flugtraum. Unveröffentlichtes Manuskript; zit. nach OLM Z 110
Gerhard Halle, Otto Lilienthal. Düsseldorf 1936. Zit. nach: 3. Auflage, Düsseldorf 1976
Iris Hanika, »Eine Bastion der Bürgerlichkeit«; in: *Frankfurter Allgemeine Zeitung*, 25.6.2002
Hermann von Helmholtz, »Über ein Theorem, geometrisch ähnliche Bewe-

gungen flüssiger Körper betreffend, nebst Anwendung auf das Problem, Luftballons zu lenken«, in: *Monatsberichte der Königlich preußischen Akademie der Wissenschaften zu Berlin*, Berlin 1873

Jahrbuch für den Berg- und Hüttenmann im Königreich Sachsen, 1906

Theodor Hertzka, Freiland. Ein sociales Zukunftsbild. Dresden und Leipzig 1890

Christine Hoh-Slodczyk/Michael Schauder, Eden. Gemeinnützige Obstbau-Siedlung E. G. M. B. H. Eine bauhistorische Bestandsaufnahme. Oranienburg 1993

Klaus Hugler, Moritz von Egidy (1847–98). »Ich hab's gewagt«. Kropstädt 1998

100 Jahre Eden. Hrsg. von der Eden-Genossenschaft e. G. Oranienburg/Berlin 1993

100 Sätze über das Fliegen von Otto Lilienthal. Hrsg. von Werner Schwipps. Anklam 1998

N. Israel, *Album 1906. Das Theater.* O. J.

Alfred Kerr, Mein Berlin. Schauplätze einer Metropole. Berlin 1999

Walther Kiaulehn, Berlin. Schicksal einer Weltstadt. München 1996

Kleine deutsche Geschichte. Hrsg. von Ulf Dirlmeier u. a. Stuttgart 1995

Edith Krull/Hans Rose, Erinnerungen an das Rose-Theater. Berlin 1960

Jürgen Kuczynski, Geschichte des Alltags des deutschen Volkes. Band 3: 1818–1870 und Band 4: 1871–1918. Berlin 1982

Martin Küster, »Ein konstitutioneller Fabrikmonarch. Der Berliner Sozialreformer Heinrich Freese«, in: *Berlinische Monatschrift*, 1999

Liebe zu Böhmen, ein Land im Spiegel deutschsprachiger Dichtung. Hrsg. von Bruno Brandl. Berlin 1990

Anna und Gustav Lilienthal, Die Lilienthals. Stuttgart und Berlin 1930

Gustav Lilienthal, »Australische Wälder«, in: *Prometheus*, Nr. 17, 1890

Gustav Lilienthal, »Das Vororthaus für eine Familie«, in: *Prometheus*, Nr. 54, 1891

Gustav Lilienthal, »Melbourner Bauten«, in: *Prometheus*, Nr. 81 und 82, 1891

Gustav Lilienthal, »Otto Lilienthal. Das Charakterbild eines zu früh Verstorbenen«, in: *Flug, Amtliches Organ des deutschen Fliegerbundes*, 10.8.1917

Otto Lilienthal, »Allgemeine Gesichtspunkte bei der Herstellung und Anwendung von Flugapparaten«, in: ZfL, Heft 6, 1894

Otto Lilienthal, »Das Flugproblem«. Manuskript; DM, HS 6253; zit. nach: OLM 2045

Otto Lilienthal, »Der Kunstflug«. In: Hermann Moedebeck, Taschenbuch für Flugtechniker und Luftschiffer (1895). Berlin 1911

Otto Lilienthal, Der Vogelflug als Grundlage der Fliegekunst. Berlin 1889

Otto Lilienthal, Der Vogelflug als Grundlage der Fliegekunst, 2. verm. Aufl. mit einer biographischen Einleitung und einem Nachtrag von Gustav Lilienthal. München und Berlin 1910

Otto Lilienthal, Der Vogelflug als Grundlage der Fliegekunst, Reprint. Mit einem Vorwort von Bernd Lukasch. Friedland i. Mecklenburg 2003

Otto Lilienthal, Familienchronik, Ende 1894. Fortgeführt von Agnes und Fritz Lilienthal; DM; zit. nach: OLM L 1518

Otto Lilienthal, »Fliegsport und Fliegepraxis«, in: *Prometheus*, Nr. 322 und 323, 1895

Otto Lilienthal, Moderne Raubritter. Bilder aus dem Leben. Nach wahren Begebenheiten bearbeitet für die Bühne von Otto Lilienthal. Berlin 1896

Otto Lilienthal, »Theorie des Vogelflugs«. Vortrag vor dem Gewerbeverein Potsdam (1873), Manuskript; DM, HS 6256; zit. nach: OLM 2013

Otto Lilienthal, »Ueber den Segelflug und seine Nachahmung«, in: ZfL, Heft 11, 1892

Otto Lilienthal, »Über die Grundlagen der Flugtechnik«, Manuskript zum Vortrag im Architektenverein; DM; HS 6524; Zit. nach: OLM L 2062

Otto Lilienthal, »Ueber meine diesjährigen Flugversuche«, in: ZfL, Heft 12, 1891

Otto Lilienthal, »Über Theorie und Praxis des freien Fluges«, in: ZfL, Heft 7/8, 1891

Otto Lilienthal, »Zur Flugfrage«, in: *Prometheus*, Nr. 204 und 205, 1893

Elsemarie Maetzke, »Klötzchen fürs Leben«, in: *Die Zeit*, 17.12.1993

Karl Marx, Das Kapital. Kritik der politischen Ökonomie. Band 1, Berlin 1977

Conrad Matschoss, Männer der Technik. Berlin 1925

Wilhelm Meyer-Förster, »Vom Schreibtisch und aus dem Atelier. Auf den Rhinower Bergen. Eine Erinnerung an Otto Lilienthal«, in: *Velhagen und Klasings Monatshefte*, 24. Jg., Band 3, 1909/10

Peter Mugay, Die Friedrichstraße. Geschichte und Geschichten. Berlin 1991

Barbara Mundt, Die deutschen Kunstgewerbemuseen im 19. Jahrhundert. München 1974

Thomas Nipperdey, Deutsche Geschichte 1800–1866. Band 1 und 2, München 1998

Annette Noschka/Günther Knerr, Bauklötze staunen. Zweihundert Jahre Geschichte der Baukästen. München 1986

Ingrid Nowel, London. Biographie einer Weltstadt. Köln 1995

Franz Oppenheimer, »Mein wissenschaftlicher Weg«. In: Die Volkswirtschaftslehre der Gegenwart in Selbstdarstellung. Hrsg. von Felix Meiner. Band 2, Leipzig 1929

Franz Oppenheimer, »Der Kampf um die Siedlung«, in: *Vossische Zeitung*, 24.8.1930

Otto Lilienthal. Flugpionier, Ingenieur, Unternehmer. Katalog zur Ausstellung im Deutschen Museum. Hrsg. von Werner Heinzerling und Helmuth Trischler. München 1991

Otto-Lilienthal-Museum Anklam. Der Dampfmotor des Flugpioniers. Leichte Wanddampfmaschine Nr. 137, 1889. Dampfkessel- und Maschinenfabrik Otto Lilienthal, Berlin. Köpenicker Straße 110/113. Kulturstiftung der Länder – *Patrimonia* 271. Anklam 2004

Janusz Podlecki, Wieliczka. Das königliche Salzbergwerk. Krakau 1997

Caroline Pohle, Tagebuch 1843–1864. Unveröffentlichtes Manuskript; OLM L 1571

Pommersches Volks- und Anzeigen-Blatt, 1848–1852

Prag. Hrsg. von Ingeborg Fiala-Fürst. Frankfurt am Main 1992

Prag und seine Umgebung. Griebens Reiseführer. 1928

Preußen. Zur Sozialgeschichte eines Staates. Eine Darstellung in Quellen. Bearbeitet von Peter Brandt. Katalog zur Ausstellung. Band 3, Berlin 1981

Prometheus. Illustrirte Wochenschrift über die Fortschritte der angewandten Naturwissenschaften, Berlin 1889–1900

Juliane Puls, Freital. Auf dem Weg zur Stadt. Erfurt 2000

Ferdinand Runkel/Carlo Böcklin, Neben meiner Kunst – Flugstunden, Briefe und Persönliches von und über Arnold Böcklin. Berlin 1909

Max Samst über Otto Lilienthal, in: Franz Maria Feldhaus, Gedächtnisprotokoll vom 8.10.1928; DTM; zit. nach: OLM L 1860

Ulrich Schuster, »Die Alternativen der Kaiserzeit – Die Lilienthals in Lichterfelde«; Manuskript; OLM A 220

Werner Schwipps, Die Brüder Wright und ihre Flugzeuge in Deutschland. Schwerin und Anklam 1998

Werner Schwipps, Lilienthal. Berlin 1979

Werner Schwipps, Lilienthal und die Amerikaner. München 1985

Heinrich Seidel, Leberecht Hühnchen (1882). Frankfurt am Main und Leipzig 1985

Karl-Dieter Seifert, Otto Lilienthal. Mensch und Werk. Neuenhagen 1961

Karl-Dieter Seifert/Michael Waßermann, Otto Lilienthal. Leben und Werk. Eine Biographie. Hamburg 1992

The Papers of Wilbur and Orville Wright. Hrsg. von M. W. McFarland. McGraw-Hill 2001

Hans Joachim Wefeld, Ingenieure aus Berlin. 300 Jahre technisches Schulwesen. Berlin 1988

Gerhard Wehr, »Als Volontär bei Otto Lilienthal«, in: *Luftwelt*, Nr. 11, 1934

Pius Alexander Wolff, Preciosa. Schauspiel in vier Aufzügen. Halle 1901

Zeitschrift des Deutschen Vereins zur Förderung der Luftschiffahrt, Berlin 1881–1900. Ab 1888 unter dem Titel *Zeitschrift für Luftschiffahrt*. Ab 1892 unter dem Titel *Zeitschrift für Luftschiffahrt und Physik der Atmosphäre*.

INTERNETQUELLEN

Zur deutschen Kriegspropaganda: *Staatsanzeiger*, 30.8.1870; www.marlesreuth.de/krieg1870schlachten

Zur Feuerbestattung: vgl. Dr. phil. Norbert Fischer, Vortrag auf der »eternity 2001«; www.postmortal.de/Diskussion/Vortrag-eternity2001/vortrag-eternity2001

Zum Gasmotor: www.erft.de/schulen/gymlech/2004/Auto/lenoir

Zu Josef Kainz: www.geocities.com/Hollywood/Club/4297/lex/kainz_josef; www.knerger.de/schauspieler

Zum Kunstgewerbe: Eine Präsentation des Deutschen Historischen Museums zur großen Ausstellung »Victoria & Albert, Vicky & the Kaiser – Ein Kapitel deutsch-englischer Familiengeschichte 10.1.1997–25.3.1997«, Katalog, Kapitel 4.6.5.; www.kronberger-maler.de/victoria/arden_46

Zu Kurt Pierson: www.diegeschichteberlins.de/mitteilungen/index.shtml> 3/1975

Zur Siedlung »Eden«: Christian Böttger, »Alternatives Leben vor den Toren Berlins. Die Obstbausiedlung Eden«, in: BM, 1997

Zur South Australian Railways (SAR): www.natrailmuseum.org.au/common/nrm_a01_index.html

Zur Volksbühnenbewegung: www.volksbuehne-berlin.de/volksbuehne-berlin-cgi/vbbNav.pl?fID=B12&pID=56

Zu Wilhelm Foerster: de.wikipedia.org/wiki/Wilhelm_Foerster

ABBILDUNGSNACHWEIS

Archiv Eden e. G., Oranienburg: S. 237
Bildarchiv Preußischer Kulturbesitz, Berlin: S. 269, 271
Deutsches Museum, München: S. 29, 150, 153
Familienarchiv Reinhard Halle, Berlin: S. 28, 171
Die Gartenlaube. Blätter und Blüten, Berlin o. J., S. 41: S. 74
N. Israel, *Album 1906. Das Theater*: S. 194
Landesarchiv, Berlin: S. 128, 241
Gustav Lilienthal, *Melbourner Bauten*: S. 172
Gustav Lilienthal, *Das Vororthaus*: S. 226
Otto Lilienthal, *Fliegesport und Fliegepraxis*; hier mit Retusche für Otto Lilienthal, *Der Vogelflug*, 1910: S. 257
Otto Lilienthal, *Der Vogelflug*, 1889: S. 50
Museum Städtische Sammlungen Freital auf Schloß Burgk: S. 106, 112
Österreichische Zeitschrift für Berg- und Hüttenwesen, 2.5.1878 (Sächsisches Bergarchiv Freiberg im Sächsischen Hauptstaatsarchiv Dresden): S. 109
Offizielle Ausstellungsnachrichten. Organ der Berliner Gewerbeausstellung 1896, Nr. 56, 12.6.1896: S. 273
Otto Lilienthal Museum, Anklam: S. 16, 26, 44, 53, 88, 89, 125, 158, 164, 179, 202, 205, 207, 210, 214, 221, 245, 249, 260, 263, 266, 286, 289, Vor- und Nachsatz
Janusz Podlecki, *Wieliczka. Das königliche Salzbergwerk*, Krakau 1997: S. 116
Richters Bauvorlagen, Nr. 28, neue Folge, S. 10, ca. 1898; OLM: S. 138
Kurt W. Streit, *Geschichte der Luftfahrt*. Künzelsau o. J.: S. 72

PERSONENREGISTER

(kursiv gesetzte Seitenzahlen verweisen auf Bildlegenden)

Abbe, Ernst C. 163, 165
Adderley, Rita 177
Alban, Ernst 19
Albert von Sachsen-Coburg-Gotha, Prinz von England 124
Anschütz, Ottomar 244, 250 f., 267
Archenhold, Friedrich Simon 232

Bebel, August 77
Benz, Carl 44, 159
Beuth, Christian Peter Wilhelm 45 f., 124, 158
Beylich, Paul 243, 261, 274 ff., 279, 290
Binswanger, Otti, geb. Lilienthal 217, 228 f., 231, 280, 288, 290
Bismarck, Otto von 37, 45, 60 ff., 65, 76, 78, 82, 92, 145, 160, 164
Blumenthal, Graf Leonhard von 70
Bodelschwingh, Friedrich von 238 f.
Böcklin, Arnold 262 ff.
Böckmann, Wilhelm 56
Borsig, August 39 f., 45 f., 55, 144 f.
Bournot, Carl Otto 248
Bülow, Graf von 124

Cäsar, Julius 32
Carstenn-Lichterfelde, Johann Wilhelm von 209, 231
Cayley, George 246
Christoffel, Elwin Bruno 51
Clément Thomas, Jacques Léonard 76
Crossland, William Henry 95, 97, 126 ff.

Daimler, Gottfried 159
Damaschke, Adolf 232
Darwin, Charles 170
Deakin, Alfred 170
Degen, Jacob 49 f.
Dittmar 184 ff., 191
Drowatzky, W. 34
Dürer, Albrecht 136

Egells, Franz Anton 39
Egidy, Moritz von 9, 198, 230 ff., 240, 264, 275
Elisabeth, Kaiserin von Österreich 92
Ende, Hermann Gustav Louis 56
Engels, Friedrich 77, 82, 95 f.
Erhard, Ludwig 234
Eulitz, Hugo 207, *214*, 248 ff., 255, 280, 290

Ferber, Ferdinand 244
Fischer, Carl Hermann 109, 111
Fischer, Fam. 111, 131
Fischer, Hulda 248
Förster, B. 106 f., 109 f., 117, 120
Foerster, Wilhelm Julius 230, 232
Fontane, Theodor 75, 149 f.
Franz Joseph I. 92
Franzos, Karl Emil 113 f.
Freese, Heinrich 163, 165
Friedrich-Wilhelm, Prinz von Preußen 124
Friedrich Wilhelm IV., König von Preußen 21, 30
Fröbel, Friedrich 133 f.

Gambetta, Léon 72
Gayette, Jeanne Marie von 127
Georgens, Jan Daniel 127 ff., 133–137
Gersal, Luc 206
Gesell, Silvio 236
Göring, Hermann 288
Goethe, Johann Wolfgang von 203
Grillparzer, Franz 91
Gropius, Walter 138

Halle, Gerhard 282
Hart, Heinrich 198
Hauptmann, Gerhart 198, 203, 211
Helmholtz, Hermann von 100, 215
Hertzka, Theodor 233 ff.
Hildebrandt, Alfred 253
Hitler, Adolf 288
Hobrecht, James 42, 56
Holz, Arno 198

Homer 31
Hooper, Mary 170, 177
Hooper, Selina 170
Hoppe, Carl 39, 104, 106 ff., 110, 113, 118, 149
Hornby, Frank 222
Hüngen, Mathilde van 206 f., 250
Humboldt, Alexander von 124

Ibsen, Henrik 198
Irvine, William 170

Kainz, Josef 196 f.
Kaselowsky, Emil 44
Kassner, Carl 214 f., 250
Kehler, Richard von 262
Keller, Gottfried 121
Kerr, Alfred 270
Kinkel, Gottfried 122, 140
Kleist, Heinrich von 203
Knorre, Viktor 228
Körner, Theodor 203
Krajewski, Alex 244, 250, 254
Krupp, Friedrich 124

Landauer, Gustav 232
Langen, Eugen 44
Langley, Samuel Pierport 215, 265 ff.
Lecomte, Claude Martin 76
Lenoir, Etienne 144
Leo VIII., Papst 137
Leonardo da Vinci 44
Lessing, Gotthold Ephraim 17, 203
Liebknecht, Wilhelm 232

Lilienthal, Agnes (geb. Fischer) 111, *112*, 112f., 115, 117ff., 126f., 130ff., 134, 138, 140, 151–155, 161, 163, 182, 206–212, 217, 219, 248, 258f., *269*, 270, 273ff., 279ff.
Lilienthal, Anna 24
Lilienthal, Anna (geb. Rothe) 132, 151, 153, 155, 162, 178f., *179*, 181–192, 205–209, 211ff., 217–220, 223, 225, 228ff., 233f., 239f., 248, 258, 280, 284, 286–289
Lilienthal, Anna (Kind von Otto u. Agnes) 209
Lilienthal, Caroline (geb. Pohle, Mutter) 13–26, *26*, 30f., 33, 41, 47, 64, 67f., 70, 76, 78, 81f., 84–87, 125, 211f., 281
Lilienthal, Eduard 24
Lilienthal, Elfriede (Tochter Gustav u. Anna) 217
Lilienthal, Emmy 217
Lilienthal, Fritz 151, 209, 259, 280
Lilienthal, Gustav (Vater) 17–25
Lilienthal, Helene 209
Lilienthal, Louise 24
Lilienthal, Marie (Schwester) 15, 25f., 28, *29*, 48, 66, 68, 78, 80f., 84f., 87ff., *88*, 93, 102f., 123, 130f., 139ff., 149, 167–170, 174–178, 182, 214, 239, 258, 289
Lilienthal, Marie 217
Lilienthal, Mathilde 24
Lilienthal, Olga 217, 282
Lilienthal, Therese 119, 155, 178
Lilienthal, Wilhelm 14, 33, 69
Lind, Jenny 17

Marx, Karl 95
Maxim, Hiram 265
Means, James 268ff., 282f.
Mehring, Franz 203f.
Meyer-Förster, Wilhelm 200ff., 254ff.
Michaux, Pierre 53
Moedebeck, Hermann 267
Moltke, Graf von 65, 73
Monash, John 170
Montgolfier, Brüder Joseph-Michel und Jacques-Etienne 13, 100
Mouillard, Louis Pierre 246

Napoleon I., Kaiser der Franzosen 59
Napoleon III., Kaiser der Franzosen 60–63
Nasr-ad-Din, Schah von Persien 92
Nottebohm, Friedrich Wilhelm 46, 51

Oeser, Richard 201, *202*
Oppenheimer, Franz 234ff., 241
Otto, Nicolaus August 144
Ovid (Publius Ovidius Naso) 32

Pagenkop, M. Peter 33
Peters, Bernhard *16*, 31
Pflug, F. A. 40
Philipps, Horatio F. 102
Pius IX., Papst 115

Poe, Edgar Allan 95
Pohle, Carl (Pseudonym von Otto Lilienthal) 211
Pohle, Wilhelmine Friedericke Elisabeth Caroline (Großmutter) 18, 81, 87 f., 125, 280 f.

Redtenbacher, Jacob Ferdinand 44
Reichard, Gottfried 105
Reichard, Wilhelmine 105
Reuleaux, Franz 44, 51, 54 f., 104, 148
Reuter, Fritz 19, 114
Richter, Friedrich Adolf 133, 136 ff., 156 f., 160 ff., 180 f., 184, 188–192, 208, 212, 218, 224
Richter, Ludwig 105
Rose, Paul 206
Rothe, Karl 179, 184 f., 191 f.
Rousseau, Jean-Jacques 70
Runge, Heinrich 151

Samst, Max 193, 196–199, 201 ff., 202, 206, 211 f., 260, 273
Schauer, Paul 261, 273, 280, 290
Schiller, Friedrich von 32, 202 f.
Schinkel, Karl Friedrich 45, 56, 124
Schlimp, Carl 90
Schukowski, Nikolai 102, 265
Schumann, Robert 17
Schurz, Carl 122
Schwach, Hermann 207, 214, 248 f.
Schwartzkopff, Louis 40, 43–47, 44, 144
Seidel, Heinrich 43, 144, 149
Shakespeare, William 203

Siemens, Werner 16, 39 f., 105, 147 f., 238
Slaby, Adolf 46, 103
Smith, Adam 46
Spörer, Gustav 31
Squire, Annemarie 176
Squire, George 169, 175
Squire, Marie 313 f.
Stirner, Max 198
Suttner, Bertha von 230, 232

Thiers, Adolphe 76 ff.
Thomas, Clément 76
Thorén, Magnus 181, 187 f.
Tschudi, Georg von 262

Viktoria, Deutsche Kaiserin und Königin von Preußen 124
Viktoria, Königin von Großbritannien und Irland 95, 124
Voss, Fritz 181

Wagner, Richard 16 f.
Weber, Carl Maria von 17
Weber, M. 83
Wehr, Gerhard 256
Weiß, Gottfried 204
Wenham, François 246
Wieck, Clara 17
Wieck, Friedrich 17
Wieck, Marie 17
Wilhelm I., Deutscher Kaiser und König von Preußen 37, 52, 75, 81 f.
Wilhelm II., Deutscher Kaiser und König von Preußen 160, 164

Wilhelmi, Bruno 235 f.
Wille, Bruno 197, 203
Wittgenstein, Ludwig 54
Wöhlert, Friedrich 39, 43
Wolff, Pius Alexander 204
Wolfmüller, Alois 257
Wood, Robert William 273

Wright, Orville 162, 253, 275, 281–284
Wright, Wilbur 162, 246, 281–284, 275
Wyszowati, Emilie 33

Zambeccary, Graf 13

Frank Westerman

»*Wirkungsvolle Munition gegen Gewissheiten.*«
Süddeutsche Zeitung

Frank Westerman
El Negro
Eine verstörende Begegnung

In einem Museum in Spanien entdeckt Frank Westerman
1983 einen ausgestopften Afrikaner. Er folgt dem Weg, den
»El Negro« gegangen ist: von Afrika über Paris bis in die
Pyrenäen. Die Recherchen konfrontiert er mit eigenen
Erfahrungen aus Peru, Sierra Leone, Jamaika und Südafrika.
El Negro ist Kolonialgeschichte, Kriminalstory, literarische
Reisereportage und Entwicklungsroman in einem.

»Frank Westerman erhöht die Komplexität von Debatten um
den Kolonialismus.« *Literaturen*

Berliner Taschenbuch Verlag
Weitere Informationen: www.berlinverlage.de

Jürgen Schreiber

»*Gewissermaßen ein Fotobild von Gerhard Richter.*«
Ernst Piper, Frankfurter Rundschau

Jürgen Schreiber
Ein Maler aus Deutschland

In einer faszinierenden Spurensuche wird hier erstmals die unglaubliche Familiengeschichte des weltberühmten Malers Gerhard Richter enthüllt – eine Geschichte, die drei Deutschlands umspannt und in der sich die Lebensläufe von Opfern und Tätern auf dramatische Weise kreuzen.

»Ein erschütterndes, ein aufklärendes Buch – die einzigartige Recherche eines brillanten Reporters.«
Hans-Ulrich Jörges, Stern

Berliner Taschenbuch Verlag
Weitere Informationen: www.berlinverlage.de